Die privatrechtsgestaltende Wirkung
des öffentlichen Rechts im Umwelthaftungsrecht

Europäische Hochschulschriften

Publications Universitaires Européennes
European University Studies

Reihe II

Rechtswissenschaft

Série II Series II
Droit
Law

Bd./Vol. 1568

PETER LANG
Frankfurt am Main · Berlin · Bern · New York · Paris · Wien

Gijsbert Onno van Veldhuizen

Die privatrechtsgestaltende Wirkung des öffentlichen Rechts im Umwelthaftungsrecht

PETER LANG
Europäischer Verlag der Wissenschaften

Die Deutsche Bibliothek - CIP-Einheitsaufnahme

Veldhuizen, Gijsbert Onno van:

Die privatrechtsgestaltende Wirkung des öffentlichen Rechts im Umwelthaftungsrecht / Gijsbert Onno van Veldhuizen. - Frankfurt am Main ; Berlin ; Bern ; New York ; Paris ; Wien : Lang, 1994

(Europäische Hochschulschriften : Reihe 2, Rechtswissenschaft ; Bd. 1568)
Zugl.: Osnabrück, Univ., Diss., 1993
ISBN 3-631-47305-2

NE: Europäische Hochschulschriften / 02

D 700
ISSN 0531-7312
ISBN 3-631-47305-2

Vorwort

Das vorliegende Werk ist die überarbeitete Fassung der Arbeit, die im Sommersemester 1993 der rechtswissenschaftlichen Fakultät der Universität Osnabrück als Dissertation vorgelegen hat. Das Manuskript wurde im November 1992 abgeschlossen. Rechtsprechung und Schrifttum sind bis zu diesem Zeitpunkt berücksichtigt.

Ohne die Hilfe vieler Personen und Instanzen wäre ein erfolgreiches Beenden dieser Arbeit nicht möglich gewesen.

Dank schulde ich dem DAAD für das mir erteilte Stipendium und meiner Kanzlei Loeff Claeys Verbeke für die Zeit, die sie mir zur Verfügung gestellt hat, die Dissertation zum Abschluß zu bringen. Frau Anke Mokrys möchte ich danken, die mit großartigem Einsatz und Können die maschinenschriftliche Überarbeitung des Manuskripts ausführte. Besonders hervorzuheben ist auch die von den Mitarbeitern des Instituts für Internationales Privatrecht und Rechtsvergleichung in Osnabrück vielfach zu jeder Zeit erbrachte Unterstützung.

Mein Doktorvater, Professor Dr. Christian v. Bar, hat mir in besonderer Weise beim Schreiben der Arbeit geholfen. Seine Unterstützung und Ermutigung war eine conditio sine qua non für das Beenden der Dissertation. Ich bin ihm zu größtem Dank verpflichtet.

Schließlich danke ich meiner Frau und meinen Eltern. Alle Höhen und Tiefen sind wir gemeinsam gegangen. Dieses ist auch Euer Buch!

Rotterdam, im August 1993 — Gijsbert Onno van Veldhuizen

Inhalt

Literatur

Achtnich, Hans	Länderbericht: Bundesrepublik Deutschland, ZLW 1984, 384
Adams, Michael	Zur Aufgabe des Haftungsrechts im Umweltschutz - Eine Abhandlung zur Theorie optimaler Beweislast- und Haftungsregeln bei Unsicherheit, ZZP 99 (1986), 129 ff.
Assmann, Heinz-Dieter	Rechtsfragen des Kausalitätsnachweises bei Umweltschäden, in: Prävention im Umweltrecht, Risikovorsorge, Grenzwerte, Haftung (hrsgg. v. Fritz Nicklisch), S. 168 ff., Heidelberg 1988
Bälz, Ulrich	Ersatz oder Ausgleich, JZ 1992, 57 ff.
v. Bar, Christian	Verkehrspflichten: richterrechtliche Gefahrsteuerungsgebote im dt. Deliktsrecht, Köln, Berlin, Bonn, München 1980 zit.: v. Bar, Verkehrspflichten
ders.	Abwehr und Ausgleich für Umweltbelastungen, Karlsruher Forum 1987, Beiheft z. VersR 1989, 4 ff. zit.: v. Bar, Karlsruher Forum 1987.
ders.	Entwicklungen und Entwicklungstendenzen im Recht der Verkehrs(sicherungs)pflichten, JuS 1988, 169 ff.

v. Bar, Christian	Neues Haftungsrecht durch Europäisches Gemeinschaftsrecht - Die Verschuldens- und die Gefährdungshaftung des deutschen Rechts und das haftungsrechtliche Richtlinienrecht der EG, in: FS. f. Hermann Lange, hrsgg. v. Dieter Medicus, Knut Wolfgang Nörr, Hans-Joachim Mertens, Wolfgang Zöllner, S. 373 ff., Stuttgart 1992
Bartelsperger, Richard	Das Dilemma des baulichen Nachbarrechts, VerwArch. 60 (1969), 35 ff.
Battis, Ulrich/ Hütz, G.	Sportlärm, UTR, Bd. 12, 1990, 133 ff.
Bauer, Fritz	Die privatrechtlichen Auswirkungen des Bundesimmissionsschutzgesetzes, JZ 1974, 657 ff.
Bauer, Hartmut	Altes und Neues zur Schutznormtheorie, AöR 113 (1988), 582 ff.
Baumann, Peter	Die Haftung für Umweltschäden aus zivilrechtlicher Sicht, JuS 1989, 433 ff.
Baumgärtel, Gottfried	Anmerkung zu BGH, Urteil v. 18.09.1984, JZ 1984, 1109
Baumgärtel, Gottfried/ Wittmann, Arno	Zur Beweislastverteilung im Rahmen von § 823 Abs. 1 BGB, in: FS. f. Karl Schäfer, S. 13 ff., Berlin, New York 1980

Baur, Jürgen F.	Das Verhältnis von verwaltungs- und zivilrechtlichem Rechtsschutz gegenüber Immissionen aus der Sicht eines Zivilisten, in: Gedächtnisschrift f. Wolfgang Martens, S. 545 ff., Berlin, New York 1987
Baur, Fritz	Lehrbuch des Sachenrechts, 16. Aufl., München 1992
ders.	Zur Entstehung des Umweltschutzrechts aus dem Sachenrecht des BGB, JZ 1987, 317 ff.
Bender, Bernd/ Sparwasser, Reinhard	Umweltrecht, Eine Einführung in das öffentliche Recht des Umweltschutzes, Heidelberg 1988
Bleckmann, Albert	Staatsrecht II, Die Grundrechte, 3. erweiterte Aufl., Köln - Berlin - Bonn - München 1989
Bodewig, Theo	Probleme alternativer Kausalität bei Massenschäden, AcP 185 (1985), 505
Böhmer, Werner	Grundfragen der verfassungsrechtlichen Gewährleistung des Eigentums in der Rechtsprechung des Bundesverfassungsgerichts, NJW 1988, 2561 ff.
Bosselmann, Klaus	Eigene Rechte für die Natur - Ansätze einer ökologischen Rechtsauffassung -, KJ 1986, 1 ff.
Breuer, Rüdiger	Öffentliches und privates Wasserrecht, 2. Aufl., München 1987

Breuer, Rüdiger	Rechtsprobleme der Altlasten, NVwZ 1987, 751 ff.
ders.	Baurechtlicher Nachbarschutz, DVBl. 1983, 431 ff.
Brüggemeier, Gert	Umwelthaftungsrecht - Ein Beitrag zum Recht der "Risikogesellschaft"?, KJ 1989, 209 ff.
ders.	Deliktsrecht: e. Hand- u. Lehrbuch, 1. Aufl., Baden-Baden 1986
ders.	Justizielle Schutzpolitik de lege lata - Zur Restrukturierung des BGB-Deliktsrechts JZ 1986, 969 ff.
Bull, Hans Peter	Allgemeines Verwaltungsrecht, 3. Aufl., Heidelberg 1991
Bullinger, Martin	Haftungsprobleme des Umweltschutzes aus der Sicht des Verwaltungsrechts, VersR 1972, 599 ff.
Burgi, Martin	Die Rechte Drittbetroffener gegenüber einer wasserrechtlichen Bewilligung bzw. Erlaubnis, ZfW 1990, 245 ff.
Bydlinski, Franz	Aktuelle Streitfragen um die alternative Kausalität, in: FS. f. Beitzke, S. 3 ff., Berlin, New York 1979.

v. Caemmerer, Ernst — Wandlungen des Deliktsrechts, in: Hundert Jahre deutsches Rechtsleben, FS. zum hundertjährigen Bestehen des Deutschen Juristentages 1860 - 1960, Bd. II, S. 49 ff., Karlsruhe 1960,

zit.: v. Caemmerer, Wandlungen des Deliktsrechts

Canaris, Claus-Wilhelm — Grundrechte und Privatrecht, AcP 184 (1984), 201 ff.

Deutsch, Erwin — Fahrlässigkeit und erforderliche Sorgfalt. Eine privatrechtliche Untersuchung, Köln, Berlin, Bonn, München 1963 zugl. Habil. München 1960

ders. — Entwicklungstendenzen des Schadensrechts in Rechtsprechung und Wissenschaft, JuS 1967, 152 ff.

ders. — Die Gesundheit als Rechtsgut im Haftungsrecht und Staatshaftungsrecht, in: 25 Jahre Karlsruher Forum, S. 93 ff., Jubiläumsausgabe 1983

ders. — Nachbarrecht und Sportstätte, VersR 1984, 1001 ff.

ders. — Grundmechanismen der Haftung nach deutschem Recht, JZ 1968, 721

ders. — Gefahr, Gefährdung, Gefahrerhöhung, in: FS. f. Karl Larenz, hrsgg. v. Paulus, Diederichsen und Canaris, S. 885 ff., München 1973

Deutsch, Erwin	Gefährdungshaftung: Tatbestand und Schutzbereich, JuS 1981, 317 ff.
ders.	Haftungsrecht, 1. Band: Allgemeine Lehren, Köln, Berlin, Bonn, München 1976
Diederichsen, Uwe	Die Haftung für Umweltschäden, BB 1973, 485 ff.
ders.	Die Verantwortlichkeit für Altlasten im Zivilrecht, BB 1986, 1723 ff.
ders.	Zivilrechtliche Probleme des Umweltschutzes, in: FS. f. Reimer Schmidt, S. 1 ff., Karlsruhe 1976
ders.	Die Pflicht zum umweltfreundlichen Verhalten, NuR 1979, 89 ff.
ders.	Die Verantwortlichkeit für Altlasten im Zivilrecht, UTR Bd. 1, 117.
ders.	Schadensersatz und Entschädigung im Umweltschutz, in: Natur und Umweltschutzrecht, Heidelberg 1989, 19
ders.	Umwelthaftung - zwischen gestern und morgen, in: FS. f. Rudolf Lukes zum 65. Geburtstag, hrsgg. v. Leßmann, Großfeld und Vollmer, S. 41 ff., Köln, Berlin, Bonn, München 1989

Diederichsen, Uwe	Referat zum Thema "Ausbau des Individualschutzes gegen Umweltbelastungen als Aufgabe des bürgerlichen und öffentlichen Rechts", in: Verhandlungen des 56. Deutschen Juristentages, Bd. II, S. 48 ff., München 1986 zit.: Diederichsen, Referat zum 56. DJT
Diederichsen, Uwe/ Scholz, Andreas	Kausalitäts- und Beweisprobleme im zivilrechtlichen Umweltschutz, WiVerw 1984, 23 ff.
Dirnberger, Franz	Recht auf Naturgenuß und Eingriffsregelung - zugleich ein Beitrag zur Bedeutung grundrechtlichen Achtungs- und Schutzpflichten für das subjektiv öffentliche Recht, Diss. Berlin, 1990
Drews, Bill/ Wacke, Gerhard/ Vogel, Klaus/ Martens, Wolfgang	Gefahrenabwehr. Allgemeines Polizeirecht (Ordnungsrecht) des Bundes und der Länder, 9. Aufl., Köln u. a. 1986 zit.: Drews/Wacke/Vogel/Martens, S.
Dörr, Dieter	Die neuere Rechtsprechung des Bundesverfassungsgerichts zur Eigentumsgarantie des Art. 14 GG, Ein Beitrag zur Harmonisierung der Schranken von Art. 14 GG und Art. 12 GG, NJW 1988, 1049 ff.
Engelhardt, Dieter	Die Pflicht zum umweltfreundlichen Verhalten, NuR 1979, 89 ff.
Engelhardt, Hanns	Bundes-Immissionsschutzgesetz, Zweiter Band, 2. Aufl., Köln, Berlin, Bonn, München 1980 zit.: Engelhardt, BImSchG

Engelhardt, Hanns	Aus der Rechtsprechung zum Immissionsschutzrecht, NuR 1992, 108
Engisch, Karl	Die Einheit der Rechtsordnung, Heidelberg 1935, unveränd. Neudruck Darmstadt 1987
Erbguth, Wilfried	Rechtssystematische Grundfragen des Umweltrechts (Schriften zum Umweltrecht, Bd. 7), Berlin 1987
ders.	Duldungspflichten, in: Kimminich/v. Lersner/Storm, HdUR Bd. I, S. 367 ff., Berlin 1986
Erichsen, Hans-Uwe/ Martens, Wolfgang	Allgemeines Verwaltungsrecht, 7. Aufl., Berlin, New York 1986
Erman, Walther	BGB-Handkommentar, 7. Aufl., Münster 1981 zit.: Erman(-Bearbeiter)
Ernst, Werner/ Hoppe, Werner	Das öffentliche Bau- und Bodenrecht, Raumplanungsrecht, 2. Aufl., München 1981
Feess-Dörr, Eberhard	Umwelthaftungsrecht: Bestandsaufnahme, Probleme, Perspektiven der Reform des Umwelthaftungsrechts, Wiesbaden 1990
Feldhaus, Gerhard	Entwicklung und Rechtsnatur von Umweltstandards, UPR 1982, 137 ff.

Feldhaus, Gerhard	Der Vorsorgegrundsatz des Bundes-Immissionsschutzgesetzes, DVBl. 1980, 133 ff.
ders.	Umwelthaftungsgesetz und Bundes-Immissionsschutzgesetz, UPR 1992, 161 ff.
ders.	Bundes-Immissionschutzrecht, Kommentar zum BImSchG, Bd. 1, 2. Aufl., Wiesbaden 1992 zit.: Feldhaus, Kommentar BImSchG
Feldhaus, Gerhard/ Ludwig, Herbert/ Davids, Peter	Die TA Luft 1986, DVBl. 1986, 641 ff.
Fikentscher, Wolfgang	Schuldrecht, 6. Aufl., Berlin 1976
Fraenkel, M.	Tatbestand und Zurechnung bei § 823 Abs. 1 BGB, Schriften zum bürgerlichen Recht, Bd. 51, Berlin 1974
Frank, Jürgen	Kollektive oder individuelle Steuerung der Umwelt?, KJ 1989, 36 ff.
Friauf, Karl Heinrich	Zum gegenwärtigen Stand der Bestandsschutz-Problematik, WiVerw 1986, 87 ff.
Gaentzsch, Günther	Sportanlagen im Wohnbereich - Rechtsproblematik aus öffentlich-rechtlicher Sicht, UPR 1985, 201 ff.

Gaentzsch, Günther	Ausbau des Individualschutzes gegen Umweltbelastungen als Aufgabe des bürgerlichen und des öffentlichen Rechts, NVwZ 1986, 601 ff.
Ganten, Reinhard H./ Lemke, Michael	Haftungsprobleme im Umweltbereich, UPR 1989, 1 ff.
Geisendörfer, Ulrich	Umwelthaftungsrecht in der Marktwirtschaft, VersR 1988, 421 ff.
ders.	Das Zivilrecht als Instrument der Umweltpolitik, VersR 1989, 433 ff.
Gerlach, Johann W.	Die Grundstrukturen des privaten Umweltrechts im Spannungsverhältnis zum öffentlichen Recht, JZ 1988, 161 ff.
ders.	Privatrecht und Umweltschutz im System des Umweltrechts, Berlin 1989
Gieseke, Paul	Die Haftung für Änderungen der Wasserbeschaffenheit nach dem neuen deutschen Wasserrecht, ZfW 1962, 4 ff.
Gieseke, Paul/ Wiedemann, Werner/ Czychowski, Manfred	Wasserhaushaltsgesetz, Kommentar, 5. Aufl., München 1985 zit.: G.W.C.

Giemulla, Elmar/ Lau, Ulrich/ Barton, Dirk
Luftverkehrsgesetz, Kommentar, Loseblatt, Stand: Februar 1990

zit.: Giemulla/Lau/Barton

Hagen, Horst
Sportanlagen im Wohnbereich - Rechtsproblematik aus bürgerlich-rechtlicher Sicht, UPR 1985, 192 ff.

Hager, Günter
Umweltschäden - Prüfstein für die Wandlungs- und Leistungsfähigkeit des Deliktsrechts, NJW 1986, 1961 ff.

ders.
Steuerung von Umweltgefahren durch Umwelt und Produkthaftung in Deutschland, Milieu en recht 1991, 396 ff.

ders.
Das neue Umwelthaftungsgesetz, NJW 1991, 134 ff.

ders.
Steuerung von Umweltgefahren durch Umwelt- und Produkthaftung in Deutschland, Milieu en Recht 1991, 396 ff.

Hansen-Dix, Frauke
Die Gefahr im Polizeirecht, im Ordnungsrecht und im technischen Sicherheitsrecht; Recht, Technik, Wirtschaft, Bd. 24
Köln, Berlin, Bonn, München
zugl. Diss. Hamburg 1981

Hedemann, Justus Wilhelm
Die Fortschritte des Zivilrechts im XIX. Jahrhundert. Ein Überblick über die Entfaltung des Privatrechts in Deutschland, Österreich, Frankreich und der Schweiz, 1. Teil: Die Neuordnung des Verkehrslebens,
Berlin 1910, Neudruck Frankfurt a.M. 1968

Henkel, Michael J.	Der Anlagebegriff des Bundes-Immissionsschutzgesetzes - Inhalt, Funktion und praktische Bedeutung, Diss. Berlin 1988
Henseler, Paul	Grundfragen einer Umweltgefährdungshaftung, UTR, Bd. 5 (1988), 205 ff.
Heitzer, Sebastian/ Oestreicher, Ernst	Bundesbaugesetz, Bauplanungsrecht, Bd. 1, 7. Aufl., Berlin, New York 1980
Hermes, Georg	Das Grundrecht auf Schutz von Leben und Gesundheit. Schutzpflicht und Schutzanspruch aus Art. 2 Abs. 2 S. 1 GG, Heidelberg 1987 zit.: Hermes, Das Grundrecht auf Schutz von Leben und Gesundheit
Hoffmann, Max	Kommentar zum Luftverkehrsgesetz, München 1971 zit.: Hoffmann, LuftVG
ders.	Kommentar zu den Luftverkehrs-Verordnungen, München 1971 zit.: Hoffmann, LuftVO
Hohloch, Gerhard	Umweltprivatrecht, in: HdUR, Bd. II, Berlin 1988, S. 687 ff.
Hoppe, Werner	Bergbauberechtigungen als verfassungskräftige Eigentumsposition und ihr Schutz gegenüber Planung, DVBl. 1982, 101 ff.

Hoppe, Werner/ Beckmann, Martin
Umweltrecht, Juristisches Kurzlehrbuch für Studium und Praxis, München 1989

zit.: Hoppe/Beckmann, S.

Horst, P.
Querverbindungen zwischen Aufopferungsanspruch und Gefährdungshaftung einerseits und Aufopferungsanspruch und Eingriffserwerb andererseits (Neue Kölner rechtswissenschaftliche Abhandlungen, Bd. 43), Berlin 1966

Isensee, Josef
Das Grundrecht auf Sicherheit - zu den Schutzpflichten des freiheitlichen Verfassungsstaates, Berlin, New York - Diss. 1983

Isensee, Josef/ Kirchhof, Fritz (Hrsg.)
Handbuch des Staatsrechts, Band V, Heidelberg 1989

zit.: Handbuch Staatsrecht(-Bearbeiter)

Jarass, Hans D.
Bundes-Immissionsschutzgesetz, Kommentar, München 1983

zit.: Kommentar BImSchG

ders.
Der Rechtsschutz Dritter bei der Genehmigung von Anlagen. Am Beispiel des Immisionsschutzrechts, NJW 1983, 2844 ff.

ders.
Schädliche Umwelteinwirkungen - Inhalt und Grenzen eines Kernrechtes des Immissionsschutzrechts, DVBl. 1983, 725 ff.

ders.
Effektivierung des Umweltschutzes gegenüber bestehenden Anlagen - Nachträgliche Maßnahmen, Drittklagen, Absprachen und Kompensation, DVBl. 1985, 193 ff.

Jarass, Hans D.	Die Anwendung neuen Umweltrechts auf bestehende Anlagen. Die Altanlagenproblematik im deutschen Recht, im Recht anderer Europäischer Staaten und im EG-Recht, Baden-Baden 1987
Jauernig, Othmar	Zivilrechtlicher Schutz des Grundeigentums in der neuen Rechtsentwicklung, JZ 1986, 606.
Johlen, Heribert	Bauplanungsrecht und privatrechtlicher Immissionsschutz, BauR 1984, 134 ff.
Jost, Dieter	Die neue TA-Luft, Aktuelle immissionsschutzrechtliche Anforderungen an den Anlagenbetreiber, Loseblatt, Stand: Dezember 1990
Keller, Karin	Eigene Rechte für die Natur? - eine Kontroverse, KJ 1986, 339ff.
Ketteler, Gerd/ Kippels, Kurt	Umweltrecht: Eine Einführung in die Grundlagen unter besonderer Berücksichtigung des Wasser-, Immissionsschutz-, Abfall- und Naturschutzrechts, Köln 1988
Klein, Eckart	Grundrechtliche Schutzpflicht des Staates, NJW 1989, 1633 ff.
Klein, Hans H.	Ein Grundrecht auf eine saubere Umwelt?, in: FS. f. Werner Weber, S. 643 ff., Berlin 1974

Kleinlein, Kornelius	Das System des Nachbarrechts: Eine Darstellung anhand des BBauG, des privaten Nachbarrechts und des BImSchG, zugl. Diss. FU Berlin, 1986 Düsseldorf 1987
Kloepfer, Michael	Umweltschutz und Verfassungsrecht - Zum Umweltschutz als Staatspflicht, DVBl. 1988, 305 ff.
ders.	Umweltrecht, München 1989
Kloepfer, Michael/ Messerschmidt, Klaus	Innere Harmonisierung des Umweltrechts, Berlin 1986
Kloepfer, Michael/ Rehbinder, Eckard/ Schmidt-Aßmann, Eberhard (Hrsg.)	Umweltgesetzbuch, Allgemeiner Teil, Umweltbundesamt, Berichte 7/90, Berlin 1990
Kloepfer, Michael/ Kröger, Heribert	Zur Konkretisierung der immissionsschutzrechtlichen Vorsorgepflicht, NuR 1990, 8 ff.
Kloepfer, Michael/ Brander, Thilo	Rechtsprobleme der Grenzwerte für Abwassereinleitungen, ZfW 1989/90, 1 ff.
Knauber, Raphael	Das Gebot der Rücksichtnahme - Der Schlüssel zur Begründung subjektiver Rechtsmacht jetzt auch im nachbarrechtlichen Wasserschutz, NvWZ 1988, 997 ff.
Knöpfle, Robert	Zur Problematik der Beurteilung einer Norm als Schutzgesetz im Sinne des § 823 Abs. 2 BGB, NJW 1967, 697 ff.

Köckerbauer, Hans Peter/ Büllesbach, Ruth	Der öffentlichrechtliche Unterlassungsanspruch JuS 1991, 373 ff.
Köndgen, Johannes	Überlegungen zur Fortbildung des Umwelthaftpflichtrechts, UPR 1983, 345 ff.
Kötz, Heinz	Haftung für besondere Gefahr, AcP 170 (1970), 1 ff.
Kramer, Ernst A.	Das Prinzip der objektiven Zurechnung im Delikts- und Vertragsrecht, AcP 171 (1971), 422 ff.
Kramer, Rainer/ Zerlett, Georg	Strahlenschutzverordnung, Strahlenschutzvorsorgegesetz: Kommentar zur Verordnung über den Schutz vor Schäden durch ionisierende Strahlen, mit amtlicher Begründung und zum Gesetz zum vorsorgenden Schutz der Bevölkerung gegen Strahlenbelastung, 3. Aufl., Köln, Stuttgart, Berlin, Mainz 1990
Kutscheidt, Ernst	Immissionsschutz bei nicht genehmigungspflichtigen Anlagen, NVwZ 1983, 65 ff.
ders.	Öffentliches Immissionsschutzrecht, in: Salzwedel, Jürgen (Hrsg.), Grundzüge des Umweltrechts, S. 237 ff., Berlin 1982
Ladeur, Karl-Heinz	Die Schutznormtheorie - Hindernis auf dem Weg zu einer modernen Dogmatik der planerischen Abwägung?, UPR 1984, 1 ff.

Landsberg, Gerd/ Lülling, Wilhelm	Umwelthaftungsrecht, Kommentar Köln 1991
Lange, Hermann	Handbuch des Schuldrechts, (hrsgg. v. Joachim Gernhuber) Bd. 1: Schadensersatz, 2. Aufl., Tübingen 1990 zit.: Lange, Schadensersatz
Lang, Eberhard	Grundfragen des privatrechtlichen Immissionsschutzes in rechtsvergleichender Sicht, AcP 174 (1974), 381 ff.
Lang, Gerard	Sportanlagen im Wohnbereich, UPR 1985, 185 ff.
Larenz, Karl	Rechtswidrigkeit und Handlungsbegriff, in: FS. f. Hans Dölle, Bd. I, Deutsches Privat- und Zivilprozeßrecht Rechtsvergleichung, hrsgg. v. Caemmerer, Nikisch, Zweigert, S. 169 ff., Tübingen 1963
ders.	Lehrbuch des Schuldrechts, 2. Band, Besonderer Teil, 11. Aufl., München 1977
Laubinger, Hans-Werner	Der öffentlich-rechtliche Unterlassungsanspruch, VerwArch 1989, 261 ff.
Lersner, Heinrich Frhr. v.	Bemerkungen zu Eigenrechten der Natur, UTR Bd. 12, Düsseldorf 1990, 55 ff.
ders.	Ergebnisse des 2. Wiesbadener Gesprächs am 12./13. Nov. 1986, in: Statistische Umweltberichterstattung, 1986, S. 41

Leser, Hans G.	Zu den Instrumenten des Rechtsgüterschutzes im Delikts- und Gefährdungshaftungsrecht, AcP 183 (1983), 568 ff.
Lorenz, Annegret	Vollzugsdefizite im Umweltrecht, UPR 1991, 253 ff.
Lummert, Rüdiger/ Thiem, Volker	Rechte des Bürgers zur Verhütung und zum Ersatz von Umweltschäden, - Berichte 3/80 Umweltbundesamt, Berlin 1980
Marburger, Peter	Ausbau des Individualschutzes gegen Umweltbelastungen, Gutachten zum 56 DJT, C. 106 zit.: Marburger, Gutachten zum 56. DJT
ders.	Die Regeln der Technik im Recht, Köln, Berlin, München 1979
ders.	Die haftungs- und versicherungsrechtliche Bedeutung technischer Regeln, VersR 1983, 598 ff.
ders.	Grundsatzfragen des Haftungsrechts unter dem Einfluß der gesetzlichen Regelungen zur Produzenten- und zur Umwelthaftung, AcP 192 (1992), 2 ff.
ders.	Zur zivilrechtlichen Haftung für Waldschäden, UTR Band 2, 109 ff.
Marburger, Peter/ Hermann, Heinrich	Zur Verteilung der Darlegungs- und Beweislast für Umweltschäden - BGHZ 92, 143, JuS 1986, 354

Martens, Wolfgang	Der Schutz des einzelnen im Polizei- und Ordnungsrecht, DÖV 1976, 457 ff.
Martin, Hans-Jochen	Fluglärmgesetz und Fluglärmhaftung, NJW 1972, 558 ff.
Maurer, Hartmut	Allgemeines Verwaltungsrecht, 6. Aufl., München 1988
Medicus, Dieter	Umweltschutz als Aufgabe des Zivilrechts - aus zivilrechtlicher Sicht, NuR 1990, 145 ff.
ders.	Zivilrecht und Umweltschutz, JZ 1986, 778 ff.
ders.	Bürgerliches Recht, 15. Aufl., Köln, Berlin, Bonn, München 1991 zit.: Medicus, BGB
Medicus, Dieter/ Kloepfer, Michael	Der Grundsatz der Verhältnismäßigkeit im Privatrecht, AcP 192 (1992), 35 ff.
Mertens, Hans-Joachim	Verkehrspflichten und Deliktsrecht - Gedanken zu einer Dogmatik der Verkehrtspflichtverletzung, VersR 1980, 396
Mieck, Ilja	Luftverunreinigung und Emissionsschutz in Frankreich und Preußen zur Zeit der frühen Industrialisierung, in: Technikgeschichte, Bd. 48 (1981), S. 243 ff.

Motive | zu dem Entwurfe eines Bürgerlichen Gesetzbuches, Bände I - V, Berlin, Leipzig 1888, Nachdruck 1983

Müller, Roland | Grenzen der Vorsorgepflicht - Zum räumlichen Geltungsbereich des § 5 Nr. 3 BImSchG bei Luftschadstoffen und zu einer möglichen Anknüpfung der Umweltverträglichkeitsprüfung, NuR 1986, 16 ff.

v. Münch, Ingo (Hrsg.) | Besonderes Verwaltungsrecht, 8. Aufl., Berlin, New York 1988

zit.: Bearbeiter, Besonderes Verwaltungsrecht, S.

Münchener Kommentar | zum bürgerlichen Gesetzbuch, Band IV, 2. Aufl., München 1986

Band III, 2. Halbband, 2. Aufl., München 1986

zit.: MüKo(-Bearbeiter), §..., Rdn.

Münzberg, Wolfgang | Verhalten und Erfolg als Grundlagen der Rechtswidrigkeit und Haftung, Juristische Abhandlungen Bd. 4, Frankfurt/M. 1966

zit.: Münzberg, Verhalten und Erfolg

ders. | Bemerkungen zum Haftungsgrund der Unterlassungsklage, JZ 1967, 689 ff.

Murswiek, Dietrich | Umweltschutz - Staatszielbestimmung oder Grundsatznorm?, ZRP 1988, 14 ff.

Murswiek, Dietrich	Anmerkung zu BVerwG, Urt. v. 29.04.1988, JZ 1989, 240 ff.
Nipperdey, Hans Carl	Rechtswidrigkeit, Sozialädequanz, Fahrlässigkeit, Schuld im Zivilrecht, NJW 1957, 1777 ff.
ders.	Rechtswidrigkeit und Schuld im Zivilrecht, Karlsruher Forum 1959, 3 ff.
ders.	Tatbestandsaufbau und Systematik der deliktischen Grundtatbestände - Zum "Referentenentwurf eines Gesetzes zur Änderung und Ergänzung schadensrechtlicher Vorschriften", NJW 1967, 1895 ff.
Nölscher, Karl	Die Bergschadensvermutung des Bundesberggesetzes NJW 1981, S. 2039 ff.
Ogorek, Regina	Actio negatoria und industrielle Beeinträchtigung des Grundeigentums, bei Wilhelm Coing (Hrsg.), Wissenschaft und Kodifikation des Privatrechts im 19. Jhr., S. 40 ff., Frankfurt a.M. 1979 zit.: Ogorek, Actio Negatoria
dies.	Untersuchungen zur Entwicklung der Gefährdungshaftung im 19. Jahrhundert, Köln, Wien 1975
Ossenbühl, Fritz	Abschied vom enteignungsgleichen Eingriff?, NJW 1983, 1 ff.
Papier, Hans-Jürgen	Immissionen durch Betriebe der öffentlichen Hand, NJW 1974, 1797 ff.

Papier, Hans-Jürgen	Anm. zu OVG Berlin, Urteil vom 17.7.1978, DVBl. 1979, 162 ff.
ders.	Sport und Umwelt, NVwZ 1986, 624 ff.
Palandt, Otto	Bürgerliches Gesetzbuch, 51. Aufl., München 1992 zit.: Palandt(-Bearbeiter)
Paschke, Marian	Eckwerte zivilrechtlicher Umwelthaftung - Zum Diskussionsentwurf eines Gesetzes über die Haftung für Umweltschäden, UTR Bd. 12, 281 ff.
Peine, Franz-Joseph	Öffentliches und privates Nachbarrecht, JuS 1987, 169 ff.
ders.	Privatrechtsgestaltung durch Anlagengenehmigung, NJW 1990, 2442 ff.
Pieroth, Bodo/ Schlink, Bernhard	Grundrechte, Staatsrecht II, 4. überarb. Auflage, Heidelberg 1988
Protokolle	der Kommission für die zweite Lesung des Entwurfs des Bürgerlichen Gesetzbuches, Berlin 1898 zit.: Prot. Bd.
Prütting, Hanns	Beweislasterleichterungen für den Geschädigten - Möglichkeiten und Grenzen, Karlsruher Forum 1989, VersR 1989, Sonderheft, 3 ff. zit.: Karlsruher Forum 1989

Rehbinder, Eckard	Umweltrecht, Rechtsvergleichendes Generalreferat, RabelsZ 40 (1976), 363 ff.
ders.	Immissionsschutzrechtlicher Gefahrenbegriff - Beurteilung von Störfällen durch äußere Einwirkungen, BB 1976, 1 ff.
ders.	Fortentwicklung des Umwelthaftungsrechts in der Bundesrepublik Deutschland, NuR 1989, 149 ff.
Rengeling, Hans-Werner	Der Stand der Technik bei der Genehmigung umweltgefährdender Anlagen, Köln, Berlin, Bonn, München 1985
ders.	Die immissionsschutzrechtliche Vorsorge als Genehmigungsvoraussetzung, DVBl. 1982, 622 ff.
Renger, Reinhard	Deutschland: Überlegungen zur Verordnung über die Deckungsvorsorge nach dem Umwelthaftungsgesetz, PHI 3/92, 86 ff.
RGRK	Das Bürgerliche Gesetzbuch mit besonderer Berücksichtigung des Reichsgerichts und des Bundesgerichtshofes, Bd. II, 5. Teil, §§ 812-823, 12. Aufl., Berlin, New York 1989 zit.: RGRK(-Bearbeiter)
Ritter, Ernst-Hasso	Umweltpolitik und Rechtsentwicklung, NVwZ 1987, 929 ff.
Rittstieg, Helmut	Grundgesetz und Eigentum, NJW 1982, S. 721 ff.

Rosenberg, Leo/ Schwab, Karl Heinz	Zivilprozeßrecht, 14. Aufl., München 1986
Ruhwedel, Edgar	Fluglärm und Schadensausgleich im Zivilrecht, NJW 1971, 641 ff.
Ronellenfitsch, Michael/ Wolf, Rüdiger	Ausbau des Individualschutzes gegen Umweltbelastungen als Aufgabe des Bürgerlichen und des Öffentlichen Rechts?, NJW 1986, 1955 f.
Roth, Heribert	Rechtsprobleme durch doppelgleisige Rechtswege in Immissionsschutzverfahren, UTR Bd. 12, 329 ff.
Roth, Günter H.	Materiellrechtliche und prozessuale Aspekte eines privatrechtlichen Umweltschutzes, NJW 1972, 921 ff.
Roth, Horst	Wasserhaushaltsgesetz, Kommentar, 2. Aufl., Berlin 1982
Salje, Peter	Verschärfung der Haftung für Umweltschäden, UPR 1990, 1 ff.
ders.	Deutsche Umwelthaftung versus europäische Abfallhaftung, DB 1990, 2053 ff.
ders.	Reform des Umwelthaftungsrechts, ZRP 1988, 153 ff.
ders.	Zur Kritik des Diskussionsentwurfs eines Umwelthaftungsgesetzes, ZRP 1989, 408 ff.

Salzwedel, Jürgen	Rechtsfragen der Gewässerverunreinigung, NuR 1983, 41 ff.
ders.	Sportanlagen im Wohnbereich - Zusammenfassung der Ergebnisse der Podiumsdiskussion, UPR 1985, 210
ders.	Anmerkung zu BVerwG, Urt. v. 15.07.1987, ZfW 1988, 341 ff.
ders.	Wasserrecht, in: v. Münch, Ingo (Hrsg.), Besonderes Verwaltungsrecht, S. 737 ff. 8. Aufl., Berlin, New York 1988,
ders.	Neuere Tendenzen im Wasserrecht, NVwZ 1988, 499 ff.
Schapp, Jan	Das Verhältnis von privatem und öffentlichem Nachbarrecht, Berlin 1978
Schlabach, Erhard	Das 3. Änderungsgesetz zum Bundes-Immissionsschutzgesetz, UPR 1990, 250
Scherzberg, Arno	Grundrechtsschutz und "Eingriffsintensität", Berlin 1989
Schmidt-Salzer, Joachim	Umwelthaftpflicht und Umwelthaftpflichtversicherung, I, II 1, II 2, III, IV, VersR 1988, 424 ff.; VersR 1990, 12 ff. u. 124 ff.; VersR 1991, 9 ff.; VersR 1992, 389 ff.

Schlichter, Otto	Immissionsschutz und Planung, NuR 1982, 125 ff.
Schlichter, Otto/ Stich, Rudolph	Berliner Kommentar zum Baugesetzbuch, Köln, Berlin, Bonn 1988
Scholz, Rupert	Nichtrauer contra Raucher - OVG Berlin, NJW 1965, 226 und VG Schleswig, JR 1975, 130, JuS 1976, 232
Schröder, Christoph	Vorsorge als Prinzip des BImSchG - dargestellt am Beispiel des § 5 Abs. 1 Nr. 2 BImSchG, Frankfurt a.M., Bern, New York 1987 zit.: Schröder, Vorsorge
Schulte, Hans	Freiheit und Bindung des Eigentums im Bodenrecht, JZ 1984, 297 ff.
ders.	Bemerkungen über Eigentum und Umweltschutz, NuR 1988, 131 ff.
Schwerdtfeger, Günter	Das System der Vorsorge im BImSchG, WiVerw 1984, 217 ff.
ders.	Baurechtlicher Drittschutz und Parlamentsvorbehalt, NVwZ 1983, 199 ff.
ders.	Das Bundes-Immissionsschutzgesetz, NJW 1974, 777 ff.

Seiler, Christoph Martin — Die Rechtslage der nicht genehmigungsbedürftigen Anlagen i.S.v. §§ 22 ff. BImSchG, S. 91 ff., Berlin 1985

Sellner, Dieter — Gestuftes Genehmigungsverfahren, Schadensvorsorge, verwaltungsgerichtliche Kontrolldichte - Zum Wyhl-Urteil des BVerwG, NVwZ 1986, 616 ff.

ders. — Ausbau des Individualschutzes gegen Umweltbelastungen als Aufgabe des bürgerlichen und des öffentlichen Rechts, Referat zum 56. DJT, 1986,

zit.: Referat zum 56. DJT

ders. — Die Grundpflichten im Bundes-Immissionsschutzgesetz, in: Festgabe aus Anlaß des 25jährigen Bestehens des Bundesverwaltungsgerichts, S. 603 ff., München 1978

zit.: FS. BVerwG 1978

ders. — Zum Vorsorgegrundsatz im Bundes-Immissionsschutzgesetz, NJW 1980, 1255 ff.

ders. — Immissionschutzrecht und Industrieanlagen. Zulassung - Abwehr - Kontrolle nach dem BImSchG, 2. Aufl., München 1988

zit.: Sellner, Immissionsschutzrecht und Industrieanlagen

Sellner, Horst — Grundprobleme des Umweltrechts, JuS 1983, 255 ff.

Sellner, Peter — Immissionsschutzrecht und Industrieanlagen - Zulassung, Abwehr, Kontrolle nach dem BImSchG, 2. Aufl., München 1988

Selmer, Peter — Privates Umwelthaftungsrecht und öffentliches Gefahrenabwehrrecht, Heidelberg 1991

Sendler, Horst — Rechtssicherheit bei Investitionen und normative Anforderungen des modernen Umweltschutzrechts, UPR 1990, S. 41 ff.

ders. — Wer gefährdet wen: Eigentum und Bestandschutz den Umweltschutz - oder umgekehrt?, UPR 1983, S. 33 ff.

ders. — Bestandssschutz, HdUR Bd. I, S. 231 ff.

Sieder, Frank/ Zeidler, Herbert/ Dahme,Heinz — Wasserhaushaltsgesetz, Kommentar, Loseblatt, Stand: 1. Januar 1988, München

Sievers, Rudolf — Nutzung und Eigentum an oberirdisch fließenden Gewässern, DVBl. 1962, 77 ff.

Simitis, Spiros — Haftungsprobleme beim Umweltschutz, VersR 1972, 1087 ff.

Simsons, John — Die Flußverunreinigungsfrage im 19. Jahrhundert, in: Vierteljahresschrift f. Sozial- und Wirtschaftsgeschichte 65 (1978), 370 ff.

Soell, Hermann
Umweltschutz, ein Grundrecht,
NuR 1985, 205 ff.

Soergel, Hans Theodor
Bürgerliches Gesetzbuch,
Band 4, Siebert, W. (Hrsg.)
11. Aufl., Stuttgart, Berlin, Mainz 1978

zit.: Soergel(-Bearbeiter)

Staudinger, Julius v.
Kommentar zum Bürgerlichen Gesetzbuch,
3. Buch, Sachenrecht
12. neubearbeitete Aufl., Berlin 1989

zit: Staudinger (-Bearbeiter)

Steffen, Erich
Verschuldenshaftung und Gefährdungshaftung
für Umweltschäden,
NJW 1990, 1817 ff.

ders.
Verkehrspflichten im Spannungsfeld von Bestandschutz und Handlungsfreiheit,
VersR 1980, 409 ff.

Stoll, Hans
Zum Rechtfertigungsgrund des verkehrsrichtigen Verhaltens,
JZ 1958, 137 ff.

ders.
Haftungsverlagerung durch Beweisrechtliche Mittel,
AcP 176 (1976), 146.

Storm, Peter-Christoph
Umweltrecht: Einführung in ein neues Rechtsgebiet,
3. Aufl., Berlin 1988

Sundermann, Andrea
Anerkannte Regeln der Technik, in: HdUR,
I. Band, 1986, S. 88 ff.

Tettinger, Peter J./ Kleinschnittger, Annette — Aktuelle Rechtsprobleme im Konfliktfeld von Sport und Umweltschutz, JZ 1992, 109 ff.

Thieme, Werner — Die Zulässigkeit von Umweltschutzklagen, NJW 1976, 705 ff.

Töpfer, Klaus — Das Umwelthaftungsrecht kommt, Umwelt 1989, 52 ff.

Uebersohn, Gerhard — Schrecken und Komik der juristischen Tierverehrung, KJ 1986, 342 ff.

Uebersohn, Gerhard/ Becker-Neetz, Gerald — Hanauer Atomrecht. Die Atomfabriken und das Verwaltungsrecht, KJ 1988, 74 ff.

Ueki, Satoshi — Umweltschutz- und Produzentenhaftung in Japan - Eine rechtsvergleichende Betrachtung der Schadensersatzprobleme in der hochtechnisierten Industriegesellschaft, in: Grundprobleme des Privatrechts, hrsgg. v. Gottfried Baumgärtel, S. 147 ff., Köln, Berlin, Bonn, München 1985

zit.: Ueki, Grundprobleme des Privatrechts

Wagner, Gerhard — Öffentlich-rechtliche Genehmigung und zivilrechtliche Rechtswidrigkeit, Köln, Berlin, Bonn, München zugl. Diss. Göttingen 1989

ders. — Wesentlichkeit gegen Erheblichkeit - Zur Harmonisierung von öffentlichem und privatem Nachbar- und Immissionsschutzrecht, NJW 1991, 3247 ff.

Wagner, Heiko	Der Anspruch auf Immissionsschutz, NuR 1988, 71 ff.
Wahl, Rainer	Erlaubnis, in: HdUR, I. Band, S. 433 ff., Berlin 1986
Weis, Hubert	Die Anhörung des Bundestags- Rechtsausschusses zum Staatsziel Umweltschutz, ZRP 1988, 159 ff.
Westermann, Harry	Die Funktion des Nachbarrechts, zugleich eine Untersuchung der Bedeutung eines Immissionsschutzgesetzes für das Privatrecht, in: FS. f. Karl Larenz, S. 1003 ff., München 1983
Will, Michael R.	Quellen erhöhter Gefahr, München 1980, zugl. Habil. München 1980
Winter, Gerd (Hrsg.)	Grenzwerte, interdisziplinäre Untersuchungen einer Rechtsfigur des Umwelt-, Arbeits- und Lebensmittelschutzes, Düsseldorf 1986 zit.: (-Bearbeiter), Grenzwerte
Wolf, R.	Stand der Technik: Geschichte, Strukturelemente und Funktion der Verrechtlichung technischer Risiken am Beispiel des Immissionsschutzes; Beiträge zur sozialwissenschaftlichen Forschung, Bd. 75, Opladen 1986
Wolf, Manfred	Privatisierung oder Sozialisierung von Umweltgütern, Düsseldorf 1990 UTR Bd. 12, 243 ff.
Wüsthoff, Alexander/ Kumpf, Walter	Handbuch des deutschen Wasserrechts, Stand: 9/92

Zinke, Horst | Umweltschutz als Herausforderung für die Ziviljustiz, NuR 1988, 1 ff.

Die interministerielle Arbeitsgruppe | zwischen "Umwelthaftungs- und Umweltstrafrecht". Bericht Umwelthaftungsrecht 1988 (nicht veröffentl.)

zit.: A. G., S.

Abkürzungen

a.A.	anderer Ansicht
a.a.O.	am angegebenen Ort
Abfallrichtl.	Abfallrichtlinie
ABl.	Amtsblatt
AcP	Archiv für die civilistische Praxis (Zeitschrift)
AöR	Archiv des öffentlichen Rechts (Zeitschrift)
AtomG	Atomgesetz
BauR	Baurecht
Bay	Bayern (bayerischer)
BauGB	Baugesetzbuch
BB	Betriebs-Berater (Zeitschrift)
BBergG	Bundesberggesetz
Bd.	Band
Bekl.	Beklagte
Ber.	Berichtigung
BGB	Bürgerliches Gesetzbuch v. 18.8.1896 (RGBl., S. 195)
BGBl.	Bundesgesetzblatt
BGH	Bundesgerichtshof
BGHZ	Entscheidungen des Bundesgerichtshofes in Zivilsachen
BImSchG	Bundes-Immissionsschutzgesetz
BImSchVO	Verordnung zur Durchführung des Bundesimmissionsschutzgesetzes
BlGBW	Blätter für Grundstücks-, Bau- und Wohnungsrecht
BR-Drucks.	Bundesrat Drucksachen
BRS	Baurechtssammlung, Rechtsprechung des Bundesverwaltungsgerichts und anderer Gerichte zum Bau und Bodenrecht, begr. v. Thiel, fortgef. v. Gelzer
BT-Drucks.	Drucksachen des Deutschen Bundestages
BT-Prot.	Protokolle des Deutschen Bundestages
BVerfG	Bundesverfassungsgericht
BVerwG	Bundesverwaltungsgericht
bzw.	beziehungsweise

c.s.	cum suis
d.	des
D.	Digesten
DB	Der Betrieb (Zeitschrift)
dB[A]	Dezibel
DIN	Deutsches Institut für Normung
Diss.	Dissertation
DJT	Deutscher Juristentag
DÖV	Die Öffentliche Verwaltung (Zeitschrift)
dt.	deutsch(en/em)
DVBl.	Deutsches Verwaltungsblatt (Zeitschrift)
EWG	Europäische Wirtschaftsgemeinschaft
ff.	fortfolgende
FluglärmG	Fluglärmgesetz
Fn.	Fußnote
FS.	Festschrift
FStrG	Fernstraßengesetz
G	Gesetz
gem.	gemäß
GewArch.	Gewerbearchiv (Zeitschrift)
GewO	Gewerbeordnung
GG	Grundgesetz
GS.	Gedächtnisschrift
Habil.	Habilitation
HdUR	Handwörterbuch des Umweltrechts
h.M.	herrschende Meinung
Hrsg.	Herausgeber
hrsgg.	herausgegeben
ICAO	International Civil Aviation Organisation
IJVO	Internationale Juristen Vereinigung Osnabrück
i.S.	im Sinne
i.S.d.	im Sinne des
i.V.	in Verbindung
Jahrh.	Jahrhundert
JuS	Juristische Schulung (Zeitschrift)
JZ	Juristenzeitung (Zeitschrift)
KJ	Kritische Justiz (Zeitschrift)

l.	linker
LG	Landgericht
LM	Nachschlagewerk des Bundesgerichtshofs herausgegeben von Lindenmaier, Möhring u. a.
LuftVG	Luftverkehrsgesetz
LuftVO	Luftverkehrsordnung
LuftVZO	Luftverkehrszulassungsordnung
MDR	Monatsschrift für Deutsches Recht (Zeitschrift)
m. E.	meines Erachtens
Mot.	Motive zu dem Entwurfe eines Bürgerlichen Gesetzbuches, Bände I - V
MüKo	Münchener Kommentar zum Bürgerlichen Gesetzbuch
n.F.	neue Fassung
m.w.N.	mit weiteren Nachweisen
NJW	Neue Juristische Wochenschrift (Zeitschrift)
NuR	Natur und Recht (Zeitschrift)
NVwZ	Neue Zeitschrift für Verwaltungsrecht
OAG	Oberappelationsgericht
OLG	Oberlandesgericht
OVG	Oberverwaltungsgericht
OWiG	Gesetz über Ordnungswidrigkeiten
PflSchG	Pflanzenschutzgesetz
PHI	Produkthaftpflicht International
ProdHaftG	Gesetz über die Haftung für fehlerhafte Produkte
Prot.	Protokolle der Kommissionen für die zweite Lesung des Entwurfes des Bürgerlichen Gesetzbuches
RabelsZ	Zeitschrift für ausländisches und internationales Privatrecht
Rdn.	Randnummer
RG	Reichsgericht
RGBl.	Reichsgesetzblatt
RGZ	Entscheidungen des Reichsgerichts in Zivilsachen
s.	siehe
S.	Seite

SeuffArch	Seufferts Archiv für Entscheidungen der obersten Gerichte in den deutschen Staaten (1.1847-98.1944)
sog.	sogenannt(e, er, es)
Sp.	Spalte
SportlSchVO	Sportlärmschutzverordnung
Sten.Ber.	Stenographische Berichte
StörfallVO	zwölfte Verordnung zur Durchführung des Bundes-Immissionsschutzgesetzes
StrlSchV	Strahlenschutzverordnung
TA-Lärm	Technische Anleitung Lärm
TA-Luft	Technische Anleitung Luft
TrinkwasserVO	Trinkwasserverordnung
u.	und
u. a.	unter anderem, und andere
UmweltHG	Umwelthaftungsgesetz
UPR	Umwelt- und Planungsrecht (Zeitschrift)
usw.	und so weiter
UTR	Umwelt- und Technikrecht (Zeitschrift)
v.	von, vom
VDI	Verein Deutscher Ingenieure
VersR	Versicherungsrecht (Zeitschrift)
VerwArch.	Verwaltungsarchiv (Zeitschrift)
VGH	Verwaltungsgerichtshof
Vorbem.	Vorbemerkungen
VwVfG	Verwaltungsverfahrensgesetz
VwGO	Verwaltungsgerichtsordnung
Vgl.	Vergleich
WHG	Wasserhaushaltsgesetz
WHO	World Health Organisation
WiVerw	Wirtschaftsverwaltung (Zeitschrift)
WM	Wertpapier-Mitteilungen (Zeitschrift)
z.	zum, zur
z.B.	zum Beispiel
ZfW	Zeitschrift für Wasserrecht
zit.	zitiert
ZLW	Zeitschrift für Luft- und Weltraumrecht
ZPO	Zivilprozeßordnung

ZRP	Zeitschrift für Rechtspolitik
ZStW	Zeitschrift für die gesamte Strafrechtswissenschaft
zugl.	zugleich
ZZP	Zeitschrift für Zivilprozeßrecht

§ 1 EINFÜHRUNG

A. Allgemeines

In Puncto "Umweltmanagement" haben unsere naturwissenschaftlichen Kenntnisse und unsere organisatorischen Fähigkeiten, zu denen auch das Recht gehört, nicht mit den Konsequenzen des Wirtschafts- und Bevölkerungswachstums Schritt halten können. Die scheinbar unerschöpfliche Natur erweist sich plötzlich als erschöpflich. Die daraus entstandenen "modernen" Umweltprobleme bedürfen zu ihrer Lösung eines eigenen "Umwelt"rechts[1], das - wie zuvor - im Verhältnis zur Umwelt[2] jedem das Seine geben und menschliches Zusammenleben[3] regeln soll.

---

1 Der erste politische Ansatz zu einem Umweltrecht stammt aus dem Jahre 1971 (BT-Drucks. 6/2710, S. 6 und BT-Drucks. 7/5684, S. 8 ff.). Der Ansatz enthält den Entwurf einer Zieltrias. Als erstes Ziel gilt das Sichern einer für den Menschen gesunden Umwelt. Zweitens soll die Umwelt vor nachteiligen Wirkungen menschlicher Eingriffe geschützt werden. Drittens sollen die Schäden und Nachteile menschlicher Eingriffe beseitigt werden. Mittels einer Prinzipientrias sollen diese Ziele verwirklicht werden. Leitmotiv ist das Vorsorgeprinzip. Umweltschäden sollen so früh wie möglich verhindert werden. Das Verursacherprinzip ist als Kostenzurechnungsprinzip und als ökonomisches Effizienzkriterium zu verstehen. Die Kosten der Vermeidung oder Beseitigung einer Umweltbelastung soll demnach derjenige tragen, der für ihr Entstehen verantwortlich ist. Das Kooperationsprinzip bezieht sich auf die Zusammenarbeit zwischen Staat und Gesellschaft im Bereich der Umweltpolitik, soweit gesetzliche Vorschriften nicht entgegenstehen (siehe auch Leitlinien Umweltvorsorge, BT-Drucks. 10/6028, S. 13). In dem Entwurf eines Umweltgesetzbuches von Kloepfer c.s. sind diese Prinzipien in den §§ 4, 5 und 6 aufgenommen worden (Umweltgesetzbuch - Allgemeiner Teil - Umweltbundesamt, Berichte 7/90).

2 Eine allgemeine juristische Definition des Begriffes Umwelt gibt es nicht. Siehe zum Meinungsstand, Erbguth, Rechtssystematische Grundfragen des Umweltrechts, S. 45 ff. Siehe auch v. Bar, der die Umwelt als "... ein Gut, das ungeteilt und unteilbar prinzipiell allen Bürgern gehört, ..." umschreibt (Karlsruher Forum 1987, S. 4).

3 Es wird allerdings diskutiert, ob das moderne Umweltrecht sich antroprozentrisch (Erstes Schutzziel ist der Mensch. Die Natur wird erst mittelbar über den Menschen geschützt) oder ressourcenökonomisch/-ökologisch (Die Natur als Ganzes ist Schutzziel. Der Mensch bekommt in diesem Rahmen keine besondere Stellung) ansetzen soll. Vgl. Rehbinder, RabelsZ 40 (1976), S. 363 (369) und die Diskussion in der KJ 1986, Bosselmann, KJ 1986, S. 1 ff.; Keller, KJ 1986, S. 339 ff.; Uebersohn, KJ 1986, S. 342 ff.; v. Lersner, UTR Bd. 12, S. 55 ff.; van Maas de Bie/van Veldhuizen, Jahresheft IJVO 1989/90, S. 20.

Aus juristischer Sicht sind verschiedene Merkmale der modernen Umweltprobleme relevant.
Typisch ist, daß Umweltschäden seltener durch Unfälle als durch den Normalbetrieb bei der Produktion, Lagerung, Nutzung und Beseitigung industrieller und landwirtschaftlicher Güter hervorgerufen werden[4]. Der konkrete Unterschied zwischen den so entstandenen Kategorien der Unfall- und Dauerlastschäden besteht darin, daß die Unfallschäden von einem einzigen Ereignis hervorgerufen werden, während die Dauerlastschäden erst durch mehrere (Mini-)Vorgänge entstehen, die allein zwar noch keinen Unfall darstellen, sondern erst über eine meist längere Frist, in ihrer Summierung, einen Schaden hervorrufen. Obwohl es sich dabei in der Regel um die allmähliche Verschmutzung der Umweltmedien handelt, kann der Schaden sich auch plötzlich, als letzter Tropfen, der das Faß zum Überlaufen bringt, unfallartig offenbaren[5].
Die Unfallschäden ereignen sich in der Regel als Störfälle, durch menschliches oder technisches Versagen verursacht. Aber auch ohne ein derartiges Versagen können Schäden hervorgerufen werden. So kann z.B. der Lärm eines überfliegenden Flugzeuges Fähen dazu treiben, ihre Jungen zu töten[6].

Weiter ist - so schreibt *v. Bar* - für das Umweltrecht charakteristisch, daß der Emittent keine Kontrolle darüber hat, wo im einzelnen die emittierten Stoffe verbleiben, wo im Wasser, Boden oder in der Luft sie mit welchen anderen Stoffen reagieren, und wo sie sich in Organismen ablagern[7]. Diesem Umstand liegt der unzureichende Stand der Wissenschaft und Technik[8] und die Tatsache, daß die Schäden sich erst

---

4 v. Bar, Karlsruher Forum 1987, S. 6.

5 Siehe z.B. OLG Stuttgart, NJW 1989, S. 1224, Ablagerung von Schrotblei infolge des Schießbetriebs eines Schützenvereins auf einem Nachbargrundstück.

6 RGZ 158, S. 34; OLG Düsseldorf, NJW 1968, S. 555, Verenden von Junghennen und Küken infolge Lärmbeeinträchtigungen durch Militärflugzeuge.

7 v. Bar, Karlsruher Forum 1987, S. 6.

8 v. Lersner: "Eines der Hauptprobleme der Umweltpolitik liegt darin, daß es unzählige Korrelationen zwischen Umweltbelastungen und schädlichen Wirkungen gibt." Ergebnisse des 2. Wiesbadener Gesprächs am 12./13. November 1986, Statistische Umweltberichterstattung, S. 41.

innerhalb einer längeren Frist[9] und in einem größeren Raum[10] verwirklichen, zugrunde. Die großen zeitlichen und räumlichen Abstände lassen den Kreis der Verursacher und Geschädigten von vornherein schwer bestimmen. Das ist vor allem bei den Schäden der Fall, die von den alltäglichen Immissionen von Verkehr und Industrie hervorgerufen werden, wie das Waldsterben, Gebäudebeeinträchtigungen und die Beeinträchtigung von landwirtschaftlichen Flächen.

Als weiteres Charakteristikum kommt hinzu, daß die Opfer dem entstandenen Schaden nicht entgehen konnten und, wenn es sich um Gesundheitsschäden handelt, möglicherweise lebenslange Nachteile erleiden, die auch durch Geld(-ersatz) nicht wirklich entschädigt werden können[11].

Ziel eines modernen Umweltrechts soll unter anderem sein, dem Einzelnen, auf eine zweckmäßige und gerechte Weise, eine Abwehr gegen und einen Ausgleich von Umweltschäden zu ermöglichen.
Seit eine Umweltpolitik formuliert worden ist, die dieses Ziel verwirklichen soll, rückt der Staat mit dem ihm zur Verfügung stehenden Instrumentarium[12] immer mehr in den Vordergrund und wird zum "Umweltmanager"[13].

---

9 Z.B. Altlastschäden und Kleckerschäden (langjähriges Verschütten, Abtropfen von kleineren Mengen), Schmidt-Salzer, VersR 1988, S. 424 (427).

10 So z.B. in manchen Fällen der synergetischen Schäden, die erst in ihrem wechselseitigen Reagieren Umweltschäden hervorrufen, sowie summierte Schäden, die erst in ihrer Addition gefährlich werden. Der Überbegriff beider Emissionsarten ist der der kumulativen Schäden.

11 Außer Tschernobyl finden sich die schlimmsten Fälle in Japan, wo es Anfang der siebziger Jahre in diesem Punkt mehrere Urteile gegeben hat (Itai-Itai-Krankheit, Emission umweltschädigender Stoffe, 9.8.1972; Kumamoto-Minamata-Krankheit, Einleiten gefährlicher Abwässer, 20.3.1973; Niigata-Minamata-Krankheit, Konsum von abwasserverseuchten Fischen, 29.9.1971: Siehe ausführlich Ueki, Grundprobleme des Privatrechts: Japan, S. 147 ff.

12 Dabei ist in erster Linie an die verschiedenen gesetzlichen Ge- und Verbote zu denken. Weitere Instrumente sind: Umweltabgaben, Umweltsubventionen und das in den USA benutzte Instrument der Umweltzertifikate (eine bestimmte Zahl von Verschmutzungsrechten wird in Zertifikate aufgeteilt, die der Staat an den Meistbietenden verkauft). Siehe dazu Ritter, NVwZ 1987, S. 929 (937) Fn. 99; Hoppe/Beckman, S. 154 m.w.N.

13 Siehe dazu die bei Schmidt-Salzer, VersR 1990, S. 18 abgedruckte Tabelle zur quantitativen Entwicklung der Regeldichte im Umweltrecht zwischen

In den vergangenen Jahren hat es eine, hinsichtlich ihres Umfangs und ihres Entwicklungstempos vielleicht einzigartige, Kodifizierung von Umweltnormen gegeben. So gibt es mittlerweile ein in bezug auf die Umweltproblematik verbessertes WHG (1986)[14] und ein Baugesetzbuch (1986)[15]. Der Gesetzgeber hat zudem neue Regelwerke wie das Bundesimmissionsgesetz (1974)[16], ein Düngemittelgesetz (1977)[17], ein Abfallgesetz (1986)[18], ein Pflanzenschutzgesetz (1986)[19], ein Tierschutzgesetz (1986)[20], ein Bundesnaturschutzgesetz (1987)[21] und ein Umwelthaftungsgesetz (1990)[22] in Kraft treten lassen. Außer beim UmweltHG steht bei all diesen Gesetzen die staatliche Umweltverwaltung im Mittelpunkt.

Daß die staatliche Rolle so an Bedeutung gewonnen hat, braucht nicht zu verwundern. Es handelt sich bei der Umweltproblematik schließlich in erster Linie um allgemeine Interessen. Dem Umwelthaftungsrecht als Gesamtheit aller Normen, das es dem in seinen Interessen geschädigten Rechtssubjekt ohne behördliche Vermittlung ermöglicht, direkt gegen den Verursacher vorzugehen, und von ihm das Unterlassen weiterer Schädigungen, die Errichtung oder Finanzierung von Schutzvorkehrungen,

---

1850 und 1990. Die Tabelle zeigt vor allem in den letzten zehn Jahren eine explosionsartige Entwicklung auf.

14 BGBl. 1986 I, S. 1529, ber. S. 1654, geändert durch G. v. 1990, BGBl. I, S. 205.

15 BGBl. 1986 I, S. 2253.

16 BGBl. 1974 I, S. 721, zuletzt geändert durch G. zu dem Einigungsvertrag v. 23. 9. 1990, BGBl. II, S. 885.

17 BGBl. 1977 I, S. 2134, zuletzt geändert durch G. v. 12. 7. 1989, BGBl. I, S. 1435.

18 BGBl. 1986 I, S. 1410, ber. S. 1501, zuletzt geändert durch G. zu dem Einigungsvertrag v. 23. 9. 1990, BGBl. II, S. 885.

19 BGBl. 1986 I, S. 1505, zuletzt geändert durch G. v. 28. 6. 1990, BGBl. I, S. 1221.

20 BGBl. 1986 I, S. 319, zuletzt geändert durch G. v. 28. 6. 1990, BGBl. I, S. 1762.

21 BGBl. 1987 I, S. 889, zuletzt geändert durch G. v. 12. 12. 1990, BGBl. I, S. 1205.

22 BGBl. 1990 I, S. 2634

die Beseitigung der Schadensfolgen und/oder Schadensersatz zu verlangen[23], kommt, nach herrschender Meinung, nur noch eine dem öffentlichen Recht untergeordnete Bedeutung zu[24]. Der präventive Umweltschutz liegt hiernach grundsätzlich in Händen der öffentlichen Gewalt. Die flankierende Rolle des Umwelthaftungsrechts bezieht sich somit in erster Linie auf die Möglichkeiten, einen Ausgleich für, durch Umweltbeeinträchtigungen hervorgerufene, Schäden zu erhalten[25]. Besonders erfolgreich ist es bei dieser Aufgabe allerdings nicht[26]. Es ist fraglich, ob das relativ neue UmweltHG daran etwas ändern wird. Zweifellos ist das Umwelthaftungsrecht nicht imstande, und es kann auch nicht sein Ziel sein, für die alljährlich verursachten Umweltschäden[27], in Höhe von 100,3 Milliarden DM, die jeweiligen Verursacher haftpflichtig zu machen[28]. Denn das Hauptproblem des Umwelthaftungsrechts ist nicht in erster Linie juristischer Art, sondern liegt, wie bereits erörtert, im Bereich der naturwissenschaftlichen Kausalität. Erst dadurch

---

23 Töpfers Definition des Umwelthaftungsrechts als Gesamtheit aller Rechtsnormen, "... die den Ersatz von Schäden und von Vermögensaufwendungen zur Beseitigung von Umweltbeeinträchtigungen regeln, die durch eine von Menschen verursachte Veränderung der physikalischen, chemischen oder biologischen Beschaffenheit von Wasser, Boden oder Luft herbeigeführt werden, ...", ist nicht nur deshalb bemerkenswert, weil darin die Lärmbeeinträchtigungen offenbar nicht zum Wirkungsbereich des Umwelthaftungsrechts gehören sollen, sondern auch, weil die umwelthaftungsrechtliche Unterlassungsklage nicht von der Definition erfaßt wird (Töpfer, Umwelt Nr. 2/1989, S. 52 [53]).

24 Diederichsen, Referat zum 56. DJT, L. 48 ff.; Ketteler/Kippels, Umweltrecht, S. 68; Medicus, JZ 1986, S. 778, Fn. 1; ders., NuR 1990, S. 145 ff.; Rehbinder, NuR 1989, S. 149; Köndgen, UPR 1983, S. 345; Gerlach, JZ 1988, S. 161 ff.; Erbguth, Rechtssystematische Grundfragen des Umweltrechts, S. 62; Geisendörfer, VersR 1988, S. 434; Baumann, JuS 1989, S. 433.

25 Vgl. zudem Hohloch, HdUR, Bd. II, S. 687; Ketteler/Kippels, Umweltrecht, S. 68; Adams, ZZP 99 (1986), S. 129 (145); v. Bar, Karlsruher Forum 1987, S. 7.

26 So wird geklagt, daß sich das Umwelthaftungsrecht hauptsächlich mit den Lärmbeeinträchtigungen durch quakende Frösche (LG Hanau NJW 1985, S. 500; OLG Schleswig NJW-RR 1986, S. 884) und dem "unzulässigen" Laubfall von Bäumen (OLG Stuttgart NuR 1986, S. 183) befaßt (Diederichsen, Referat zum 56. DJT, L. 48). Einen besseren Einblick in die praktische Bedeutung des Umwelthaftungsrechts gibt die Untersuchung von 240 Schadensfällen durch Feess-Dörr, Umwelthaftungsrecht, Teil A.

27 Hoppe/Beckmann, S. 14.

28 Vgl. Marburger, AcP 192 (1992), S. 2 (27)

entstehen juristische Engpässe bezüglich des Kausalitätsnachweises. In Zukunft wird jedoch das Verständnis hinsichtlich der Frage, wann und wie Stoffe umweltzerstörend wirken, und die Fähigkeit, die Konzentration dieser Stoffe meßbar nachzuweisen, wachsen. Demzufolge könnte das Umwelthaftungsrecht an Bedeutung gewinnen.

Jedoch auch in dem Punkt, in dem das Umwelthaftungsrecht die Hauptlast trägt, dringt das öffentliche Recht mittels eigener Rechtssätze in die Tatbestände des Umwelthaftungsrechts ein. Die dogmatisch getrennten Bereiche des öffentlichen und des Privatrechts wachsen so in der Umweltproblematik zusammen und schaffen ein verwirrendes Verhältnis, das einem "living apart together" ähnelt.

B. Die Problematik

Zu untersuchen ist jetzt, wo und wie das öffentliche Recht das Umwelthaftungsrecht gestaltet, wo die Einhaltung oder Verletzung öffentlich-rechtlicher Rechtsätze darüber entscheidet, ob im Umwelthaftungsrecht auf Unterlassung oder Schadensersatz geklagt werden kann. Es stellt sich somit die Frage nach der privatrechtsgestaltenden Wirkung des öffentlichen Rechts im Umwelthaftungsrecht.

Theoretisch gibt es zwei Richtungen, in die das öffentliche Recht das Umwelthaftungsrecht gestalten kann. Einerseits wäre es denkbar, daß das öffentliche Recht den einzelnen Bürger verpflichtet, mehr schädliche Umwelteinwirkungen zu dulden, als dies im Umwelthaftungsrecht der Fall ist. Andererseits wäre es aber auch möglich, daß die Rechtsätze des öffentlichen Rechts strenger sind als die des Umwelthaftungsrechts und der betroffene Bürger somit im Ergebnis weniger schädliche Umwelteinwirkungen zu dulden hat, als das Umwelthaftungsrecht vorschreibt.

Diese Arbeit befaßt sich nur mit der ersten Fallgruppe. Hier treten die eigentlichen Spannungen zwischen den beiden Rechtsgebieten auf. Es ist nämlich nicht ohne weiteres verständlich, wie eine Handlung nach den Wertungsmaßstäben des öffentlichen Rechts erlaubt sein kann, während die gleiche Handlung im Umwelthaftungsrecht als rechtswidrig bezeichnet wird. Wie in § 9 auszuführen ist, wird diese Frage häufig als Problem der einheitlichen Rechtsordnung gesehen.

Zwar entsteht dieser Gegensatz auch, wenn das öffentliche Recht strengere Vorschriften als das Umwelthaftungsrecht enthält, aber ihm kommt keine praktische Bedeutung zu, da das Umwelthaftungsrecht sich bis jetzt - eine zu beschreibende Ausnahme außer Betracht gelassen - immer an diese strengeren öffentlich-rechtlichen Vorschriften angeglichen hat[29]. Wertungsdivergenzen treten somit nicht auf. Dort, wo in der Folge von der "privatrechtsgestaltenden Wirkung" die Rede ist, beschränkt dieser Begriff sich auf den Fall, in dem das öffentliche Recht eine Handlung erlaubt, die nach dem Umwelthaftungsrecht unzulässig ist.

Die Lösung der im Mittelpunkt stehenden Problematik ist praktisch wichtig, da von ihr abhängt, ob und inwieweit die Einhaltung öffentlich-rechtlicher Betriebspflichten im Umwelthaftungsrecht z.B. die Rechtswidrigkeit, das Verschulden und die Verteilung der Beweislast bestimmt. Wenn der Einhaltung dieser Betriebspflichten grundsätzlich kein haftungsrechtlicher Einfluß zukommt, kann der Eigentümer eines Betriebes nicht auf die häufig besonders komplizierten Vorschriften vertrauen, und müßte er selbständig ihre Wirksamkeit überprüfen. Letzteres wird in der Regel besonders kostspielig sein[30].

Hervorgehoben werden muß, daß die Problematik sich im modernen Umweltrecht nicht länger auf die sog. Präklusionsnormen beschränkt. Diese Vorschriften haben ihre Wurzeln in der GewO des 19. Jahrhunderts und bestimmen in einzelnen, speziellen Umweltgesetzen, wie dem BImSchG und dem WHG, daß der Betroffene grundsätzlich nicht auf Unterlassen bestimmter, von einer genehmigten Anlage ausgehenden Beeinträchtigungen klagen kann, oder keinen Schadensersatz fordern kann. Das öffentliche Umweltrecht beschränkt sich jedoch nicht auf die Einwirkungen, die vom genehmigten Betrieb ausgehen, sondern bezieht sich zudem auf die nicht-genehmigungspflichtigen Anlagen. Auch der Betreiber dieser Anlagen hat, wie der einer genehmigungspflichtigen Anlage, bestimmte öffentlich-rechtliche Betriebspflichten zu berücksichtigen.

---

29 Siehe z.B. unten S. 45 und für die Ausnahme S. 199 ff.

30 Die Investitionen in Sicherheitsmaßnahmen sind in den letzten 20 Jahren von etwa 2 Mrd. DM auf etwa 8 Mrd. DM pro Jahr angestiegen (Schmidt-Salzer, VersR 1990, S. 12 [18]).

C. Gang der Arbeit

Die privatrechtsgestaltende Wirkung des öffentlichen Rechts im Umwelthaftungsrecht ist anhand eines Vergleiches beider Teilrechtsordnungen zu untersuchen. Dabei beschränkt sie sich auf das Immissionsschutzrecht und Wasserrecht. Allerdings wurde für das Immissionsschutzrecht die Umwelteinwirkung infolge radioaktiver Strahlung nicht berücksichtigt. Eine weitere Beschränkung liegt darin, daß die schädlichen Umwelteinwirkungen, die von öffentlich-rechtlichen Betrieben sowie von gemeinwichtigen Betrieben ausgehen, nicht nachdrücklich untersucht wurden. Wahrscheinlich ist das auch nicht notwendig. Die Beurteilung dieser Einwirkungen wird in der Regel von den privatrechtlichen Rechtsätzen dominiert[31].

Im 2. Paragraphen sind die Grundbegriffe darzustellen. Damit das Verhältnis vom öffentlichen Recht und Umwelthaftungsrecht schärfere Umrisse bekommt, ist im 3. Paragraphen das Verhältnis beider Teilrechtsordnungen zu der Verfassung zu beschreiben. Danach ist im 4. Paragraphen zu erörtern, welche Rechtspositionen das öffentliche Recht und das Umwelthaftungsrecht schützen. So wird deutlich, zum Schutz welcher Interessen die Betriebspflichten dienen, aber auch wird hier die - für die zentrale Frage so wichtige - Bestandschutzproblematik angesprochen. Bevor es zu einer Darstellung der unterschiedlichen Betriebspflichten des öffentlichen Rechts und Privatrechts kommen kann, ist im 5. Paragraphen zu untersuchen, mittels welcher Tatbestände das Umwelthaftungsrecht die privaten Interessen schützt. Innerhalb dieser Tatbestände entfaltet sich schließlich die privatrechtsgestaltende Wirkung. Die Frage nach dieser Wirkung, stellt sich jedoch erst dort, wo es Wertungsdivergenzen zwischen beiden Teilrechtsordnungen gibt. Vorweg muß somit im 6. Paragraphen geklärt werden, wo der Wertung eines Verhaltens - der Sorgfalt - eine haftungsrechtliche Bedeutung zukommt. Nur in diesen Haftungsbereichen kommt das Spannungsverhältnis zwischen dem öffentlichen Recht und dem Umwelthaftungsrecht zum Tragen. Die einzelnen Betriebspflichten sind dann im 7. Paragraphen für das Umwelthaftungsrecht und im 8. Paragraphen für das öffentliche Recht zu beschreiben. Schließlich kann dann aufgrund der gefundenen Ergebnisse die Frage der privatrechtsgestaltenden Wirkung für die Unterlassungsklage (§ 9) und Schadensersatzklage (§ 10) beantwortet werden. § 11 enthält die Zusammenfassung und Gesamtwürdigung.

---

31 Staudinger(-Knöpfle), § 906 Rdn. 75 ff; Diederichsen, in: Natur- und Umweltschutzrecht, S. 19, 28 ff.

§ 2 DIE GRUNDBEGRIFFE

A. Privatrecht und öffentliches Recht

Das Privatrecht enthält nach der Definition des BVerfG[1] "die für den Rechtsverkehr und die Rechtsbeziehungen der Bürger untereinander maßgeblichen Vorschriften", das "bürgerliche" Recht regiert somit das Verhältnis des Anlagenbetreibers/Inhabers zum betroffenen Bürger. Das öffentliche Recht das Verhältnis zwischen Anlagenbetreiber/Inhaber und Behörde sowie zwischen Behörde/betroffenem Bürger.

Welche Vorschriften zum öffentlichen Recht gehören, hängt von der jeweiligen Theorie ab[2]. Die heute wohl herrschende Meinung ist, daß man das öffentliche Recht nach der neueren Subjektstheorie bestimmt[3]. Nach dieser Theorie enthält das öffentliche Recht die Rechtssätze, deren berechtigtes oder verpflichtetes Zuordnungssubjekt ausschließlich ein Träger hoheitlicher Gewalt ist. Von diesem Sonderrecht unterscheiden sich die Vorschriften des Privatrechts dadurch, daß sie potentiell oder aktuell jedermann verpflichten oder berechtigen[4].

B. Die privatrechtlichen Betriebspflichten

Privatrechtliche Betriebspflichten sind die für das Verhältnis Bürger-Bürger häufig von der Rechtsprechung entwickelten und somit regelmäßig nicht kodifizierten Gefahrsteuerungsgebote, die bestimmen, welche notwendigen und zumutbaren Vor-

1 BVerfGE 58, S. 300 (335).

2 Die römisch-rechtliche Interessentheorie weist diejenigen Rechtssätze, die dem öffentlichen Interesse zu dienen bestimmt sind, dem öffentlichen Recht zu, während diejenigen Rechtssätze, die private Interessen verwirklichen, dem Privatrecht angehören sollen. Die Subjektionstheorie stellt darauf ab, ob ein Verhältnis von rechtlicher Überordnung des Staates zur Unterordnung des Bürgers besteht, oder ob ein Verhältnis der rechtlichen Gleichordnung vorliegt. Im ersten Fall ordnet man die Norm dem öffentlichen Recht zu, im letzteren Fall dem Privatrecht. v. Münch, in Erichsen/Martens, S. 14.

3 v. Münch, in: Erichsen/Martens, S. 18.

4 v. Münch, in: Erichsen/Martens, S. 16.

kehrungen der Betreiber oder Inhaber einer umweltgefährdenden Gefahrenquelle zum Schutze der Interessen anderer im Einzelfall zu treffen hat, damit er seine Tätigkeit weiterführen kann, und die bei einer Haftpflicht für Verschulden entscheiden, ob er für die beim Betrieb entstandenen Schäden nicht oder nur beschränkt haftet.

Der Begriff umfaßt auch die vom Gesetzgeber formulierten Betriebspflichten wie sie z.B. für das Umwelthaftungsrecht im Sachenrecht (§ 906 II BGB) festgelegt sind. Zudem bezieht der Begriff sich auch auf die Umweltschutzgesetze i.S.d. § 823 II BGB. Dabei handelt es sich - wie später zu vertiefen ist[5] - um Vorschriften, die nicht nur den Schutz der Allgemeinheit, sondern gerade auch den Schutz des einzelnen bezwecken.

Die Rechtsprechung hat mittels der Formulierung von Verkehrspflichten[6] richterrechtliche Gefahrsteuerungsgebote geschaffen, die nach der oben stehenden Definition als privatrechtliche Betriebspflichten zu bezeichnen sind. Die Verkehrspflichten umschreiben die im Einzelfall im Verkehr erforderliche Sorgfalt des Betreibers.

C. Die öffentlich-rechtlichen Betriebspflichten

Öffentlich-rechtliche Betriebspflichten sind die für das Verhältnis Staat-Bürger von der Legislative, Exekutive oder privatrechtlich organisierten Sachverständigenausschüssen[7] kodifizierten bzw. formulierten Gefahrsteuerungsgebote, die bestimmen, welche notwendigen und zumutbaren Vorkehrungen der Betreiber einer umweltge-

---

5 Siehe unten S. 52.

6 Es ist üblich geworden, zwischen Verkehrssicherungspflichten und Verkehrspflichten zu unterscheiden, wobei die Verkehrssicherungspflicht heute nur noch als eine Fallgruppe, des riesigen Bereichs der Verkehrspflichten verstanden wird. Den sprachlichen Übergang vollzog RGZ 102, S. 372 (375). Die richterrechtlichen Gefahrsteuerungsgebote werden denn auch im nachfolgenden als Verkehrspflichten bezeichnet (Vgl. v. Bar, Verkehrspflichten S. 43 ff.; MüKo[-Mertens], § 823 Rdn. 182 ff.).

7 Im Jahre 1983 gab es in Deutschland rund 150 privatrechtliche Organisationen, die sich mit der Aufstellung und Verbreitung technischer Normen befaßten. Die wichtigsten und bekanntesten sind das Deutsche Institut für Normung (DIN), und der Verband der Deutschen Ingenieure (VDI). Siehe Marburger, VersR 1983, S. 598.

fährdenden Anlage zu treffen hat, damit er diese aus öffentlich-rechtlicher Perspektive in Betrieb nehmen und ihren Betrieb aufrechterhalten darf.
Betreiber einer Anlage ist, wer für ihren Betrieb nach außen hin verantwortlich ist, die dazu erforderliche tatsächliche und rechtliche Verfügungsgewalt hat, Nutzen aus ihr zieht[8], Anordnungsbefugnisse gegenüber den Beschäftigten besitzt, und in der Lage ist, behördliche Auflagen zu erfüllen[9]. Es kommt somit auf die Tätigkeit im eigenen Namen, auf eigene Rechnung sowie in eigener Verantwortung an[10]. Stellt das Unternehmen eine juristische Person dar, ist diese Anlagenbetreiber.

Inhaber - aber nicht Betreiber - einer Anlage ist z.B. der Eigentümer eines Grundstückes, in dem Anlagen zum Lagern wassergefährdender Stoffe eingegraben sind, wobei der Betrieb, in dessen Rahmen obige Anlagen zum Lagern benutzt wurden, nicht mehr existiert[11].

Der Anlagenbegriff soll - wie der Betreiberbegriff - weit gefaßt werden. Er ist jedoch auf ortsfeste Anlagen zu beschränken. Nach der 4. Verordnung zur Durchführung des Bundes-Immissionsschutzgesetzes vom 24.07.1985[12] ist eine Anlage dann ortsfest, wenn zu erwarten ist, daß sie nach Inbetriebnahme länger als sechs Monate am selben Ort betrieben wird. Als ortsfest sind auch die Anlagen zu verstehen, die mittels Leitungen umweltschädliche Stoffe transportieren.

Eine gesetzliche Definition des Anlagenbegriffes im BImSchG enthält § 3 V BImSchG. Nach dieser Definition sind nicht nur Betriebsstätten und sonstige ortsfeste Einrichtungen Anlagen i.S.d. Gesetzes, sondern auch Grundstücke, auf denen Stoffe gelagert oder abgelagert oder Arbeiten durchgeführt werden, die Emissionen verursachen können. Ausgenommen sind öffentliche Verkehrswege[13]. Bestimmte

---

8 OVG Münster ZfW 1983, S. 80 (81).

9 G.W.C., § 19 i WHG Rdn. 2.

10 Jarass, Kommentar BImSchG, § 3 Rdn. 55

11 OVG Münster ZfW 1983, S. 80 ff.

12 BGBl. 1985 I, S. 1586.

13 Siehe Henkel, Der Anlagenbegriff des Bundes-Immissionsschutzgesetzes, S. 1 ff; G.W.C., § 22 WHG Rdn. 48; Sieder/Zeitler/Dahme, § 22 WHG Rdn. 31.

Maschinen und Geräte sind auch als Anlagen zu verstehen[14]. So reicht die Palette von Kinderspielplätzen[15] über Kupolöfen[16] bis hin zum Rasenmäher[17].

14 Vgl. § 3 V sub 2 BImSchG.

15 OVG Münster NVwZ 1982, S. 328.

16 BGHZ 92, S. 143 ff.

17 8. Verordnung zur Durchführung des Bundes-Immissionsschutzgesetzes (Rasenmäherlärm), BGBl. 1987 I, S. 2024.

§ 3 DIE ENTWICKLUNG DER GRUNDRECHTE UND IHRE BEDEUTUNG FÜR DAS VERHÄLTNIS DES ÖFFENTLICHEN RECHTS ZUM UMWELTHAFTUNGSRECHT

A. Einführung

Damit das Verhältnis des öffentlichen Rechts zum Umwelthaftungsrecht schärfere Umrisse bekommt, ist auf das Verhältnis beider Normenwerke zu der Verfassung einzugehen. So treten ihre wichtigsten Gemeinsamkeiten und Unterschiede bei der Erfüllung ihrer Aufgaben im Umweltrecht ans Licht. Ausgangspunkt bei der Beschreibung ist die Entwicklung der Grundrechte.

B. Die Entwicklung der Grundrechte

Im vergangenen Jahrhundert war die Aufgabe des öffentlichen Rechts - wie in der römisch-rechtlichen Theorie Ulpians[1] - die Wahrung öffentlicher Interessen. Der Schutz des einzelnen war darin folglich nicht enthalten. Im Dampfdruckerei-Fall aus dem Jahre 1882 wird dies besonders deutlich[2].

Nach vorheriger polizeilicher Genehmigung und nachdem auch der später klagende Nachbar seine Zustimmung erteilt hatte, errichtete der Beklagte auf seinem Grundstück eine Druckerei mit Dampfbetrieb. Durch den Betrieb entstanden jedoch, vor allem zur Nachtzeit, erhebliche Lärmbeeinträchtigungen und sogar Erschütterungen. Der Unternehmer wird auf Klage seines Nachbarn in zwei Instanzen dazu verurteilt, Maßnahmen zu treffen, durch welche die Beeinträchtigungen auf ein erträgliches Maß herabgesetzt werden. Zudem wird er dazu verurteilt, den Schaden, der entstanden ist und entstehen wird, zu ersetzen. Die Revision wird mit einer derartig einleuchtenden Begründung abgewiesen, daß es sich lohnt, sie hier vollständig wiederzugeben.

---

1 "Publicum ius est quod ad statum rei romanae specta|, privatum quod ad utilitatem singulorum" D.1.1.1.

2 RGZ 6, S. 217 ff.; Siehe auch die bei Dirnberger, Recht auf Naturgenuß und Eingriffsregelung, auf S. 35 ff. erwähnte Rechtsprechung.

"Allerdings hat das für Frankfurt a. M. maßgebende gemeine Recht keine Vorschrift, welche ausdrücklich anordnet, daß der Grundeigentümer wegen übermäßigen Lärmes, welcher auf dem benachbarten Grundstücke erregt wird, klagen kann. Ebensowenig läßt sich aber mit Grund behaupten, daß es dieserhalb keine Klage gebe, und daß der Grundeigentümer auf polizeilichen Schutz zu verweisen sei, wie solche Behauptungen allerdings in der juristischen Literatur aufgestellt und auch in der Rechtsprechung, insonderheit nach dem Zeugnis des landgerichtlichen Urteils in der früheren Frankfurter Praxis, befolgt worden sind.
Zunächst würde damit der Grundeigentümer auf einen nicht ausreichenden Schutz verwiesen. Denn die Polizei kann es nicht für ihre Aufgabe halten, lediglich im Interesse einzelner Privater wegen eines Lärmes einzuschreiten, welcher diese, nicht aber das Publikum im allgemeinen oder einen größeren Teil desselben beunruhigt, wenn sich der Lärm eben nur auf einem beschränkten Raume, innerhalb der nächsten Wohnungen vernehmen läßt, ohne öffentliche Störungen hervorzurufen. ... Die Untersagung der Ausübung des Gewerbes an der gewählten Betriebsstätte kann aber nach den in § 27 (Gewerbeordnung[3]) getroffenen Bestimmungen nur erfolgen, wenn in der Nähe Kirchen, Schulen oder andere öffentliche Gebäude, Krankenhäuser oder Heilanstalten vorhanden sind, deren bestimmungsmäßige Benutzung durch den Gewerbebetrieb auf dieser Stelle eine erhebliche Störung erleiden würde. Das ist der polizeiliche Gesichtspunkt. Sodann braucht sich aber auch derjenige, dessen Privatrecht verletzt wird, die Verweisung auf den polizeilichen Schutz nicht gefallen zu lassen, vielmehr dient zum Schutz des verletzten Privatrechts die gerichtliche Klage."

Die Trennung zwischen öffentlichem Recht und Privatrecht nach geschützten Interessen läßt sich aber heute so nicht mehr durchführen. Grund dafür ist die wachsende Bedeutung der Grundrechte. So berichten *Drews, Wacke, Vogel und Martens,* daß die Entwicklung der Grundrechte hinsichtlich des Rechtsschutzes wohl einzigartig sei[4]. Wo im Jahre 1882 das Polizeirecht dem einzelnen keinen Rechtschutz gewähren konnte, da sein Interesse nun mal kein allgemeines Interesse nach der damaligen Bezeichnung war, gehört jetzt auch eine drohende Rechtsverletzung des

---

3 Hinweis d. Verfassers.

4 Drews/Wacke/Vogel/Martens, S. 18.

einzelnen, (in)soweit es das Leben, die Gesundheit oder das Eigentum betrifft, zu den schutzbedürftigen allgemeinen Interessen[5].

C. Die staatliche Schutzpflicht

Mit dieser Entwicklung der Grundrechte ist die der staatlichen Schutzpflicht verbunden. Danach stellen die Grundrechte für den Staat nicht nur negative Zielsetzungen bzw. Unterlassungspflichten dar, die Grundrechte sind von ihm nicht nur zu achten, sondern auch positiv zu schützen[6]. Dem Staat obliegt somit die Pflicht, die von der Verfassung geschützten, hochstehenden Rechtsgüter vorbeugend vor Eingriffen Dritter zu sichern.

Beispiele für diese Schutzpflichten im Umweltrecht enthalten die Beschlüsse des BVerfG bezüglich der Pflicht zum Schutz vor atomaren Gefahren[7], vor Fluglärm[8], vor chemischer Verseuchung und Schädigung von Luft und Wald[9] und vor Verkehrslärm[10]. Das BVerfG hat sogar ein der Schutzpflicht des Staates gegenüberstehendes Schutzrecht des einzelnen anerkannt[11].

In der Rechtsprechung des BVerfG sind zwei Ansätze erkennbar, die als dogmatisches Fundament der Schutzpflicht herangezogen werden. Nach dem ersten Ansatz enthalten die Grundrechte nicht nur subjektive Abwehrrechte, sondern verkörpern auch eine objektive Werteordnung. Diese Werteordnung gilt als verfassungsrechtli-

---

5 Drews/Wacke/Vogel/Martens, S. 228/230, "Sind besondere hochwürdige Individualgüter (Leben, Gesundheit) gefährdet, erscheint das öffentliche Interesse stets betroffen"; Martens, DÖV 1976, S. 457. Ein derartiger Schutz ist auf jeden Fall dann anzunehmen, wenn die Individualrechte durch Strafgesetze, Ordnungswidrigkeitstatbestände oder verwaltungsrechtliche Spezialgesetze besonders geschützt sind.

6 Isensee, Das Grundrecht auf Sicherheit, S. 33.

7 BVerfGE 49, S. 89 (Kalkar); 53, S. 30 (Mülheim-Kärlich).

8 BVerfGE 56, S. 54.

9 BVerfG NJW 1983, S. 2931 ff.

10 BVerfGE 79, S. 174 ff.

11 Zurückhaltend noch BVerfGE 66, S. 39 (61). Bestätigend: BVerfGE 77, S. 170 (214); 79, S. 174 (202): "Aus ihm ist vielmehr auch eine Schutzpflicht des Staates und seiner Organe für das geschützte Rechtsgut abzuleiten, deren Vernachlässigung von dem Betroffenen mit der Verfassungsbeschwerde geltend gemacht werden kann."

che Grundentscheidung für alle Bereiche des Rechts und gibt Richtlinien und Impulse für Gesetzgebung, Verwaltung und Rechtsprechung[12]. Nach dem zweiten Ansatz gebietet Art. 1 I 2 GG aller staatlichen Gewalt, die Unantastbarkeit der Würde des Menschen zu achten und zu schützen. Aufgrund seiner Eckpfeilerstellung im Grundgesetz nimmt man diese Verpflichtung staatlicher Gewalt als Beleg für eine auf alle Grundrechte ausstrahlende Schutzpflicht[13].

Die grundrechtlichen Schutzpflichten enden nach herrschender Meinung allerdings dort, wo der Betroffene aus eigener Kraft imstande ist, die Beeinträchtigung abzuwehren oder sich ihr zu entziehen[14].

D. Die Erweiterung des öffentlich-rechtlichen Rechtsschutzes

Die Entwicklung der Grundrechte und der damit verbundenen staatlichen Schutzpflicht hat weitgehende Folgen für das Verhältnis von öffentlichem Recht und Privatrecht.

In der Stunde Null des Umweltrechts gewährte, wie dargestellt, nur das traditionelle Privatrecht Schutzmöglichkeiten des einzelnen gegen die von einem Dritten hervorgerufenen Umweltbelastungen. Nur aufgrund des Privatrechts konnte er auf Unterlassung, auf die Errichtung von Schutzvorkehrungen und Schadensersatz klagen. Infolge der erwähnten Entwicklung der Grundrechte sind jedoch mittels Anwendung und Erweiterung der Schutznormtheorie[15] sowie des Rücksichtnahmegebotes[16] auch im öffentlichen Recht Möglichkeiten, auf

---

12 BVerfGE 39, S. 1 (41 ff.); kritisch Klein, NJW 1989, S. 1633 (1635).

13 BVerfGE 39, S. 1 (41), BVerfGE 46, S. 160 (164); Canaris, a.a.O., S. 226; kritisch Klein, NJW 1989, S. 1633 (1635).

14 Scherzberg, Grundrechtsschutz und "Eingriffsintensität", S. 197/198; Hermes, Das Grundrecht auf Schutz von Leben und Gesundheit, S. 245.

15 Erweiterung der Vorschriften, die nicht nur den Schutz der Allgemeinheit, sondern gerade auch den Schutz des einzelnen bezwecken. Siehe unten S. 52.

16 Die Behörde hat innerhalb ihres freien Ermessens unter Umständen im Genehmigungsverfahren die Interessen Drittbetroffener zu berücksichtigen und gerecht abzuwägen. Siehe unten S. 137 ff.

Unterlassung und die Errichtung von Schutzvorkehrungen zu klagen, geschaffen[17]. Mittels des Rechts auf Verfahrensteilnahme wurde der Rechtsschutz sogar noch um einen Schritt erweitert. Das Privatrecht kennt eine derartige Rechtsschutzmöglichkeit nicht. Letzteres Rechtsschutzmittel wird vom Bundesverfassungsgericht sogar als ein besonders leistungsfähiges Instrument hervorgehoben[18].

Infolge dieser Rechtsentwicklung gibt es eine "Doppelgleisigkeit" bezüglich der Unterlassungsklage und der Klage auf Errichtung von Schutzvorkehrungen. Ein wesentlicher Unterschied besteht darin, daß man sich im öffentlichen Recht nicht direkt an den Betreiber der Anlage richtet, sondern an die Genehmigungsbehörde.

E. Die Grundrechte und der Inhalt der unterschiedlichen Betriebspflichten

Bevor der Einfluß der Verfassung auf den Inhalt der unterschiedlichen Betriebspflichten zu erörtern ist, ist vorweg kurz das Verhältnis vom Verfassungsrecht und Privatrecht zu klären.
Es ist primäre Aufgabe des Rechts, die Bürger vor einander zu schützen[19]. Alle staatliche Gewalt hat diesen Grundsatz auch bei der Gestaltung des Privatrechts zu beachten (§ 1 III GG). Keine bürgerlichrechtliche Vorschrift darf im Widerspruch zum verfassungsrechtlichen Wertesystem stehen, jede muß in seinem Geiste ausgelegt werden[20]. Die Grundrechte lösen also bürgerlichrechtliche Streitigkeiten nicht unmittelbar, sondern sie entfalten sich erst durch das Medium der das jeweilige Rechtsgebiet unmittelbar beherrschenden Vorschriften.

Da gerade im Umwelthaftungsrecht "nicht alle am privatrechtlichen Verhältnis Beteiligten die Freiheit der Entscheidung darüber haben, ob und welche Bindung sie

---

17 Grundlegend BVerwGE 22, S. 129 ff. i.V.m. Art 19 IV GG.

18 BVerfGE 53, S. 30 (65 ff.).

19 Canaris, AcP 184 (1984), S. 201 (226) m.w.N. Der Gedanke stützt sich auf die sog. Friedensordnung. Siehe dazu Klein, NJW 1989, S. 1633 (1635) und Isensee, Das Grundrecht auf Sicherheit, S. 23.

20 BVerfGE 7, S. 198 (205).

eingehen wollen"[21], kommt dem verfassungsrechtlich gewährleisteten Rechtsschutz hier eine wichtige Rolle zu[22]. Der Geschädigte wird letztendlich unfallartig von dem Schaden getroffen. Er hat seinen Willen dazu nicht geäußert[23]. In diesem Zusammenhang gewinnt auch *Steffens* Bemerkung, im Deliktsrecht stünde der Schutz vor zuviel individueller Freiheit im Vordergrund, an Bedeutung[24]. Der Staat hat hier auch auf der privatrechtlichen Ebene Grundrechte zu sichern.

Das Privatrecht enthält somit für das Umwelthaftungsrecht im Sachenrecht, im Deliktsrecht und in den Tatbeständen der Gefährdungshaftung Vorschriften, wann der Schädiger die entstandenen Schäden zu ersetzen hat und/oder seine schädigenden Handlungen zu unterlassen hat.

Klar zeigt sich die gemeinsame Prägung der unterschiedlichen Betriebspflichten durch das Verfassungsrecht bei der Bestimmung der von ihm verlangten Sorgfalt. Der Rechtsschutz wächst bei zunehmender Wichtigkeit des bedrohten Rechtsgutes und bei einer Abnahme der Möglichkeiten des potentiell Geschädigten, sich der schädigenden Handlungen zu entziehen. Das entspricht der verfassungsrechtlichen Werteordnung, die den Schutz des Rechts auf Leben und körperliche Unversehrtheit höher einstuft als z.B. das Eigentumsrecht[25].

Sowohl für die öffentlich-rechtlichen Betriebspflichten als auch für die privatrechtlichen Betriebspflichten ist dieser Gedanke im Prinzip der sog. Je-desto-Formel[26] wiederzufinden. Je größer die Gefahr, desto strenger die Sorgfaltsnormen[27]. Verfassungsrechtliches Äquivalent dieser Formel ist das Prinzip der Verhältnismäßigkeit. Die verfassungsrechtlich verbürgte Freiheit des Verursachers wird dadurch be-

---

21 Klein, a.a.O., S. 1640.

22 BVerfGE 7, S. 198 (205).

23 Canaris, AcP 184 (1984), S. 206 ff.

24 VersR 1980, S. 409 (410); vgl. auch Klein, NJW 1989, S. 1636.

25 BVerfGE 39, S. 1 (42); BVerfGE 49, S. 53.

26 Sellner, NVwZ 1986, S. 616 (617 ff.); v. Bar, Verkehrspflichten, S. 114.

27 Siehe zu dieser Formel eingehend unten S. 131.

schränkt, daß er die erforderlichen, zwecktauglichen und proportionalen Maßnahmen zur Verhinderung einer Rechtsgutverletzung zu treffen hat[28].

So haftet im Privatrecht der Betreiber eines Skilifts aus Verschulden, da er trotz des großen Aufwands und der hohen Kosten nicht die erforderlichen Maßnahmen zur Verhinderung von tödlichen Unfällen getroffen hat. Der Sicherheit des Lebens gebührt der unbedingte Vorrang vor dem wirtschaftlichen Nutzen[29].
Im öffentlichen Recht sind die Genehmigungsvoraussetzungen eines besonders gefährlichen Betriebes strenger, als die eines weniger gefährlichen. Bei der Errichtung und dem Betrieb einer Atomanlage sind die Vorschriften nach Stand der Wissenschaft und Technik zu berücksichtigen (§ 7 II AtomG), während beim Betrieb der nichtgenehmigungspflichtigen Anlagen des BImSchG schädliche Umwelteinwirkungen nur nach dem Stand der Technik zu verhindern sind, und die nach diesem Maßstab unvermeidbaren Umwelteinwirkungen auf ein Mindestmaß beschränkt werden müssen (§ 22 I BImSchG).

Obwohl der Inhalt der Betriebspflichten anhand des gleichen Maßstabes bestimmt wird, folgt daraus - wie zu beschreiben ist[30] - nicht zwingend, daß es keine Wertungsdivergenzen zwischen den unterschiedlichen Gefahrsteuerungsgeboten mehr geben kann. Bei der Benutzung der Je-desto-Formel oder des Verhältnismäßigkeitsprinzips durch den Gesetzgeber und die Rechtsprechung kann es in beiden Teilrechtsordnungen zu einer unterschiedlichen Gewichtung der einander gegenüberstehenden Interessen kommen.

F. Das öffentlich-rechtliche Umweltrecht als System einer planerischen Gefahrenabwehr

Die wachsende Bedeutung der Grundrechte und die darauf beruhende staatliche Schutzpflicht haben es dem Gesetzgeber ermöglicht, das öffentliche Umweltrecht weiter zu entwickeln. In der Stunde Null des Umweltrechts kontrollierte die Ge-

---

28 Siehe für die Bedeutung des Verhältnismäßigkeitsprinzips im Privatrecht Medicus, AcP 192 (1992), S. 35 ff.

29 BGH VersR 1960, S. 32 ff; Siehe zudem die bei v. Bar, Verkehrspflichten, in Fn. 88 auf S. 114 erwähnte Rechtsprechung.

30 Siehe unten insbesondere S. 194 ff.

nehmigungsbehörde nur, ob der Betreiber zur sorgfältigen Durchführung seines Betriebes nach seiner Person geeignet war[31]. Nur 34 Gewerbe standen unter dem Vorbehalt der persönlichen Eignung des zuverlässigen Betreibers[32]. Das öffentliche Umweltrecht hat diese Ausgangsposition weit hinter sich gelassen.
Die öffentlich-rechtlichen Betriebspflichten sind in einem System eingebettet, das die Überbelastung der natürlichen Ressourcen teilweise auch planend zu verhindern sucht. Die privatrechtlichen Betriebspflichten sind nicht Teil dieses Planungssystems. Sie appellieren direkt an die eigene Verantwortung des Betreibers für die entstandene Gefahrenlage.

Im Rahmen des öffentlichen Umweltrechts plant der Staat immer mehr die Benutzung des Wassers, des Bodens und der Luft. Die kollidierenden allgemeinen und privaten Interessen werden dabei gegeneinander abgewogen, damit Benutzungskonflikte für die Zukunft verhindert werden. Die Entwicklung geht in eine Richtung, in der immer früher immer mehr Interessen gegeneinander abgewogen werden. So ist Ziel der Umweltverträglichkeitsprüfung[33], die möglichen Umweltauswirkungen bestimmter Vorhaben so früh wie möglich zu berücksichtigen, statt die Folgen nachträglich zu bekämpfen. Ein anderes Beispiel enthält das Baurecht, das der Gemeinde nach § 1 BauGB die Pflicht auferlegt, Nutzungskonflikte mittels der Aufstellung eines Bauleitplanes so früh wie möglich zu verhindern, eine menschenwürdige Umwelt zu sichern und die natürlichen Lebensgrundlagen zu schützen und zu entwikkeln (§ 1 V BauGB). Weitere Pläne sind die Luftreinhaltungsplanung nach § 47 BImSchG und die unterschiedlichen wasserwirtschaftlichen Pläne nach den §§ 18 a, 36, 36 b WHG.

Die planungsrechtliche Entwicklung des Umweltrechts hat Folgen für die Inhaltsbestimmung einzelner öffentlich-rechtlicher Betriebspflichten. Kurz gefaßt kann man sagen, daß der Inhalt der Sorgfaltsnorm nicht in erster Linie von der "mikroskopischen" Gefahreneinschätzung nach Lebens- und Sozialerfahrung des Betreibers bestimmt wird, sondern regelmäßig an dessen Stelle von der "makroskopischen" Gefahreneinschätzung des umweltmanagenden Staates. Eine derartig

---

31 Wolf, Stand der Technik, S. 47 ff m.w.N. Siehe § 20 III BImSchG. Untersagen des Betriebes aufgrund der Unzuverlässigkeit des Betreibers.

32 Mieck, Technikgeschichte Bd. 48 (1981), S. 248.

33 Siehe das Gesetz über die Umweltverträglichkeitsprüfung BGBl. 1990 I, S. 205.

zentrale Gefahrenbeobachtung ist aus umweltpolitischer Sicht notwendig. Nach dem Urteil des einzelnen Betreibers mag eine Emission nicht gefährlich sein, obwohl sie es in ihrer Summierung mit anderen Emissionen doch ist. Die Gefahrenlage ist von dem einzelnen Emittenten häufig nicht oder nur schlecht zu überblicken. Der Staat soll aber die gesamte Emissionslage und Immissionslage eines bestimmten Gebietes oder Gewässers feststellen und anhand der gegenwärtigen oder zukünftigen Gebiets- oder Gewässerbestimmung (Naturschutzgebiet, Wohngebiet, Industriegebiet) die Emissionsgrenzwerte des genehmigungspflichtigen Betriebes bestimmen[34]. Ein klares Beispiel enthält § 46 II der StrlSchV[35]. Da heißt es: "Ist zu befürchten, daß die Grenzwerte des § 45 an einem Standort überschritten werden, so hat die zuständige Behörde die insgesamt in einem Jahr maximal zulässigen Aktivitätsabgaben in Luft und Wasser so festzulegen, daß die Grenzwerte des § 45 nicht überschritten werden."

Zur Überwachung der gesamten Umweltsituation beschränkt sich die Kontrolle in besonders belastenden Fällen nicht nur auf die ordnungsgemäße Errichtung des Betriebes, sondern tritt der Staat als planender Gefahrenbeobachter sogar permanent neben den Anlagenbetreiber. Dabei ist an Institute wie die Luftverkehrsbehörde (§ 29 LuftVG), Maßnahmen wie die Emissionserklärung (§ 27 BImSchG) sowie die Anordnung zu kontinuierlichen Messungen (§ 29 BImSchG, § 19 a LuftVG) zu denken. Eine eigene Kategorie bilden Betriebe, deren Pflicht es ist, einen Betriebsbeauftragten für Immissionsschutz, Gewässerschutz, Strahlenschutz und Störfälle zu bestellen[36]. Diese Beauftragten sind keine Behörde, sondern stehen im Dienst des Betriebes. Sie werden beratend, mitwirkend, prüfend und aufklärend tätig und dienen somit der Eigenüberwachung[37]. Ihre Aufgaben sind allerdings gesetzlich geregelt[38].

34 Siehe zum planerischen Charakter der technischen Normen, Schmölling, in: Grenzwerte, S. 73 (78); Ladeur, UPR 1984, S. 1 ff.; Schlichter, NuR 1982, S. 125.

35 BGBl. I, S. 2905.

36 § 21 a WHG und §§ 53 und 58 a BImSchG sowie § 29 III der StrlSchV.

37 Hoppe/Beckmann, S. 437.

38 Z.B. § 54 BImSchG.

§ 4 DIE VOM PRIVATRECHT UND VOM ÖFFENTLICHEN RECHT GESCHÜTZTEN RECHTSPOSITIONEN

A. Einführung

Wie im 3. Paragraphen festgestellt wurde, soll der vom Privatrecht gewährleistete Rechtsschutz den Mindestanforderungen der Verfassung genügen. Das Privatrecht darf z.B. nicht weniger Eigentum schützen als die Verfassung gebietet. Es ist aber möglich, daß das Privatrecht das Eigentumsrecht grundsätzlich besser gegen Umweltbeeinträchtigungen schützt als das verfassungsrechtliche Eigentumsrecht. Das privatrechtliche Eigentum übersteigt in diesem theoretischen Fall das verfassungsrechtlich gebotene Mindestmaß an Rechtsschutz. Der Bürger hat gegenüber seinen Mitbürgern ein stärkeres Eigentumsrecht als gegenüber staatlichen Eingriffen. Die privatrechtlichen Betriebspflichten setzen beim Schutz dieses starken Eigentumsrechts an, und sind somit strenger als die des öffentlichen Rechts. Daraus könnten Spannungen zwischen beiden Teilrechtsordnungen erfolgen.

Im Zusammenhang mit dem Obenstehenden muß auch auf ein anderes Spannungsverhältnis hingewiesen werden. Wenn die Betriebspflichten strenger sind, wird die Freiheit des Unternehmers eingeschränkt. Er hat mehr und teurere Maßnahmen zur Verhinderung von rechtsgutschädigenden Umwelteinwirkungen zu treffen. Auch das Interesse des Betreibers am Bestand seines Betriebes (Bestandsschutz) wird - wie zu sehen ist - von der Verfassung mittels des Eigentumsrechts geschützt. Die Betriebspflichten dürfen somit nie so streng sein, daß dadurch diese verfassungsrechtliche Mindestposition verletzt wird.

In diesem Paragraphen sind die unterschiedlichen, für das Umweltrecht relevanten Rechtspositionen - Leben, körperliche Unversehrtheit, Eigentum -, inhaltlich zu untersuchen, damit erstens deutlich wird, beim Schutz welcher Rechtsgüter die unterschiedlichen Betriebspflichten ansetzen, und zweitens, damit man einen Einblick bekommen kann, wie das Interesse des Betreibers am Bestand seines Betriebes geschützt wird. Die letztere Frage ist für die privatrechtsgestaltende Wirkung des öffentlichen Rechts von besonderer Bedeutung. Ihre Beantwortung entscheidet darüber, wann ein Betrieb ungeändert weiter geführt werden darf, obwohl dadurch Rechtsgutverletzungen hervorgerufen werden.

B. Die vom Verfassungsrecht geschützten Rechtspositionen

I. Kein Grundrecht auf eine saubere Umwelt

Der verfassungsrechtliche Umweltschutz basiert nach wie vor auf den individuellen klassischen Grundrechten. Es gibt keine verfassungsrechtlichen Programmsätze zur Sicherung der Umwelt. Obwohl mittels Art. 109 II GG[1] schon eine verfassungsrechtliche Aufgabe zur Sicherung des wirtschaftlichen Wachstums vorhanden ist, hat der Gesetzgeber, trotz weit entwickelter Pläne[2], bis heute keine allgemeine Staatszielbestimmung Umweltschutz formuliert[3]. Die Aufnahme einer derartigen Staatszielbestimmung im Grundgesetz wird jedoch angestrebt[4].

Die Staatszielbestimmung Umweltschutz bildet die weniger weitgehende Alternative zu einem gleichfalls vorgeschlagenen Grundrecht an einer sauberen Umwelt. Ein derartiges Grundrecht wird heutzutage nur noch von den Grünen befürwortet und hat wohl keine politische Zukunft[5]. Ein Grundrecht auf eine saubere Umwelt ist nach herrschender Meinung nicht praktikabel, unrealistisch und unerfüllbar[6].

Wenn jedoch das einzelne Rechtssubjekt z.B. auch die Erhaltung der natürlichen Landschaft zum Zwecke seines Gesundheitsschutzes verlangen kann und ihm ein

---

1 Siehe dazu Kloepfer, DVBl. 1988, S. 305 (315).

2 Ein Vorschlag zu einem einzuführenden Artikel 20 GG lautet: "1) Die natürlichen Lebensgrundlagen des Menschen stehen unter dem Schutz des Staates, 2) Bund und Länder regeln das nähere in Gesetzen unter Abwägung mit anderen Rechtsgütern und Staatsaufgaben" (BT-Drucks. 11/885). Übrige Vorschläge und kritische Äußerungen dazu finden sich bei Kloepfer, DVBl. 1988, S. 305 ff.; Murszwiek, ZRP 1988, S. 14 ff.; Soell, NuR 1985, S. 205.

3 Staatszielbestimmungen sind Verfassungsnormen mit rechtlich bindender Wirkung, die der Staatstätigkeit die fortdauernde Beachtung oder Erfüllung bestimmter Aufgaben - sachlich umschriebener Ziele - vorschreiben. Hoppe/Beckmann, S. 50.

4 Siehe dazu die in Fn. 2 erwähnte Literatur.

5 Siehe BT-Drucks. 11/604 und die Nachweise zu der geführten Diskussion bei Kloepfer, Umweltrecht, S. 37 ff.

6 Hoppe/Beckmann, S. 49 und Nachweise bei Kloepfer, Umweltrecht, S. 37 ff.

Schutzanspruch zur Durchsetzung dieses Rechts zukommt, existiert in der heutigen Verfassung im Grunde genommen bereits ein Recht auf eine saubere Umwelt[7].

II. Das Leben und die körperliche Unversehrtheit (Art. 2 II GG)

Das menschliche Leben stellt einen verfassungsrechtlichen Höchstwert dar. Es ist die vitale Basis der Menschenwürde und die Voraussetzung für alle anderen Grundrechte[8]. Die Unantastbarkeit dieses Grundrechts dient als Beleg für eine auf alle Grundrechte ausstrahlende staatliche Schutzpflicht[9]. Auf diese Weise versucht die Verfassung ein ökologisches Existenzminimum zu sichern[10].

Das Recht auf Leben wird von der herrschenden Meinung in erster Linie naturwissenschaftlich-biologisch verstanden[11]. Das Grundrecht beschränkt sich somit auf das notwendige Mindestmaß an materiellen - biologische oder physiologische - Lebensbedingungen[12]. Dieses Grundrecht gewährleistet somit kein Mindestmaß an immateriellen - soziales Wohlbefinden - Umweltverhältnissen.

Beim Begriff der "körperlichen Unversehrtheit" kann zwischen der bei dem Recht auf Leben beschriebenen engen - biologische oder physiologische Beeinträchtigungen - und weiten Auffassung - auch soziales Wohlbefinden - unterschieden werden. Das BVerfG hat sich im Fluglärmurteil[13] eingehend mit dieser Frage befaßt. Zumindest solche nicht körperlichen Einwirkungen werden von Art. 2 II GG erfaßt, die ihrer Wirkung nach körperlichen Eingriffen gleichzusetzen sind. Das sind auf jeden Fall derartige, die das Befinden einer Person in einer Weise verändern, die

---

7 So Klein, in: FS. Weber, S. 643 (651). Siehe auch Hoppe/Beckmann, S. 64.

8 BVerfGE 39, S. 1 (42 ff.); BVerfGE 49, S. 53 ff.

9 Siehe oben S. 15.

10 Siehe BVerfGE 49, S.53 (89 ff). Zum Begriff des ökologischen Existenzminimums siehe Soell, NuR 1985, S. 208; Scholz, JuS 1976, S. 232 (234).

11 BVerfGE 56, S. 54 (73 ff.); Hoppe/Beckmann, S. 62.

12 Bleckmann, Staatsrecht II, S. 509.

13 BVerfGE 56, S. 54 ff.

der Zuführung von Schmerzen entspricht[14]. Das führt dahin, daß die körperliche Unversehrtheit unter Umständen auch gegen psychische Verletzungen schützt. Wie beim Recht am Leben gewährt das Recht der körperlichen Unversehrtheit demzufolge nicht das vollständige körperliche, geistige und soziale Wohlbefinden[15].

Die Beurteilung, ob das Grundrecht des Art. 2 II GG verletzt ist, ist in der Regel nicht abhängig von der Gesundheit des in concreto Geschädigten oder Bedrohten, sie richtet sich nach der Empfindlichkeit eines normalen Durchschnittsmenschen[16]. Eine Ausnahme enthält § 4 II der StrlSchV. Die Behörde kann die Dosisgrenzwerte in einem bestimmten Gebiet verschärfen, wenn dadurch für den Träger eines Herzschrittmachers das Leben in einer normalen Umgebung ermöglicht wird.

III. Das Eigentumsrecht (Art. 14 GG)

1. Allgemeines

In der Praxis ist das Eigentumsrecht zum Schutz gegen Umweltbeeinträchtigungen ein wesentlich wichtigeres Grundrecht als das Grundrecht auf Leben und körperliche Unversehrtheit. Der Nachweis, daß eine Gesundheitsverletzung vorliegt, ist in der Praxis sehr schwierig zu erbringen. Die drohende Beeinträchtigung des verfassungsrechtlichen Eigentumsrechts ist einfacher nachzuweisen. Zudem schützt das Eigentumsrecht unter Umständen auch ein gewisses soziales Wohlbefinden, das - wie gesehen - eben nicht von Art. 2 II GG umfaßt wird. Das RG hat darauf bereits im erörterten Dampfdruckerei-Fall hingewiesen. Es führt aus: "Das Recht an der Sache wird verletzt, nicht bloß, wenn die Integrität der Sache beschädigt wird, ... sondern auch dann, wenn die Benutzbarkeit der Sache für Menschen aus einem Grunde verhindert oder erschwert wird, welcher sich gegen die Menschen selbst richtet, deren Bedürfnis durch die an dieser Stelle befindliche Sache befriedigt werden soll"[17]. Voraussetzung ist allerdings, daß die Beeinträchtigung des sozialen

---

14 BVerfGE 56, S. 54 (75).

15 BVerfGE 56, S. 54 (75).

16 Siehe unten S. 140.

17 RGZ 6, S. 217 (219).

Wohlbefindens als eine Beeinträchtigung der Grundstücksnutzung zu qualifizieren ist[18].

Das verfassungsrechtliche Eigentumsrecht (Art. 14 GG) schützt mehr Interessen als es das privatrechtliche Eigentumsrecht (§ 823 I BGB) tut. Der verfassungsrechtliche Eigentumsbegriff umfaßt nicht nur die vom Eigentumsbegriff nach § 823 I BGB geschützten Rechtspositionen[19], sondern erstreckt sich u. a. auch auf die mittels der sonstigen Rechte des § 823 I BGB geschützten Interessen. So gehören zu Art. 14 GG auch die Rechtspositionen, die - wie das bei den sonstigen Rechten des § 823 I BGB der Fall ist[20] - denjenigen eines Eigentümers so nahe kommen, daß der verfassungsmäßige Eigentumsschutz Anwendung finden muß[21]. Von der Grundrechtsbestimmung werden daher nicht nur das sachenrechtliche Eigentum, sondern alle vermögenswerten Rechte erfaßt[22].

Für das Umweltrecht sind das Grundstückseigentum sowie das Recht am eingerichteten und ausgeübten Gewerbebetrieb am wichtigsten. Die folgenden Darstellungen sind somit auf diese Rechte beschränkt.

2. Inhalts- und Schrankenbestimmung

Die inhaltliche Bestimmung des vom Verfassungsrecht geschützten Eigentumsrechts ist besonders schwierig. Es wird von einem Grundrecht mit mehreren Unbekannten gesprochen[23].

Art 14 I GG besagt: "Das Eigentum und das Erbrecht werden gewährleistet. Inhalt und Schranken werden durch die Gesetze bestimmt". Dieser erste Absatz gewähr-

---

18 Siehe z.B. OLG München BlGBW 1978, S. 150 ff.

19 Siehe dazu unten S. 42 ff.

20 Siehe unten S. 47 ff.

21 BVerfGE 24, S. 220 (226 ff.); Hoppe, DVBl. 1982, S. 101 (104); Friauf, WiVerw 1986, S. 87 (98).

22 Z.B.: Hypotheken, Pfandrechte, Bankguthaben, Lohnforderungen.

23 Pieroth/Schlink, Staatsrecht II, S. 229.

leistet das Eigentum. Er enthält eine Eigentumsgarantie, die dem einzelnen einen Bestand an Gütern und Rechten garantieren soll. Der Gebrauch des Eigentums soll dem Wohl der Allgemeinheit dienen (Art. 14 II S. 2 GG). Der Entzug des Eigentums ist zu entschädigen (Art. 14 III GG).

Der Gesetzgeber kann auf zwei unterschiedliche Weisen eigentumsrechtlich relevante Vorschriften erlassen. Erstens kann er Inhalt und Schranken des Eigentums bestimmen. Zweitens kann der Gesetzgeber nach Art. 14 III GG die Exekutive ermächtigen, konkretes Eigentum vollständig oder teilweise zu entziehen[24].

Zur Bestimmung des Eigentumsbegriffs sind die Inhalts- und Schrankenbestimmungen entscheidend. Diese Bestimmungen "... legen generell und abstrakt die Rechte und Pflichten des Eigentums fest[25]". Nach Art. 19 II GG darf der Gesetzgeber bei der Inhalts- und Schrankenbestimmung in keinem Fall das verfassungsrechtliche Eigentumsrecht in seinem Wesensgehalt antasten. Diese Vorschrift enthält somit für den Gesetzgeber eine "Schranken Schranke".

Es ist jedoch undeutlich was der Wesensgehalt des Eigentums ist. So bezweifelt *Rittstieg* ob es den Begriff "Verfassungseigentum" überhaupt noch gibt[26]. Folglich ist auch unklar, wann eine Inhalts- und Schrankenbestimmung verfassungswidrig ist.

Das BVerfG definierte zunächst das verfassungsrechtliche Eigentumsrecht auf ähnliche Weise wie es der BGH tat. Nach § 903 BGB kann der Eigentümer einer Sache mit der Sache nach Belieben verfahren und andere von jeder Einwirkung ausschließen. Allerdings nur, soweit das Gesetz oder Rechte Dritter dem nicht entgegenstehen. In der Rechtsprechung des BGH wurde von der Vorstellung ausgegangen, daß das Grundeigentum auch i.S.d. Grundgesetzes grundsätzlich jede mögliche und wirtschaftlich vernünftige Nutzung einer Sache umfaßt[27].

---

24 Dörr, NJW 1988, S. 1049 (1050).

25 BVerfGE 58, S. 300 (330).

26 NJW 1982, S. 720 (722 ff).

27 Baur, Sachenrecht, S. 214 m.w.N.

Ähnlich urteilte das BVerfG in seiner Entscheidung vom 1. August 1979[28]. Das Eigentumsrecht ist ein elementares Grundrecht, das im engen inneren Zusammenhang mit der persönlichen Freiheit steht. "Ihm kommt im Gesamtgefüge der Grundrechte die Aufgabe zu, dem Träger des Grundrechts einen Freiheitsraum im vermögensrechtlichen Bereich zu sichern und ihm dadurch eine eigenverantwortliche Gestaltung seines Lebens zu ermöglichen; die verfassungsrechtliche Gewährleistung ... des Privateigentums als Rechtseinrichtung dient der Erfüllung dieser Aufgabe[29]."

Einen grundsätzlichen Wandel brachte der Naßauskiesungsbeschluß vom 15. Juli 1981[30]. Nach diesem Beschluß umfaßt das verfassungsrechtlich geschützte Grundstückseigentum alles, was das einfache Recht zu diesem bestimmten Zeitpunkt als Grundstückseigentum definiert. Nicht weniger aber vor allem auch nicht mehr. "Welche Befugnisse einem Eigentümer in einem bestimmten Zeitpunkt konkret zustehen, ergibt sich ... aus der Zusammenschau aller in diesem Zeitpunkt geltenden, die Eigentümerstellung regelnden gesetzlichen Vorschriften. Ergibt sich hierbei, daß der Eigentümer eine bestimmte Befugnis nicht hat, so gehört diese nicht zu seinem Eigentumsrecht[31]".

Auf diese Weise bleibt unter Umständen auf der verfassungsrechtlichen Ebene nur besonders wenig von einem Eigentumsrecht im traditionellen Sinne übrig. Davon ist regelmäßig die Rede, wenn - wie im Umweltrecht häufig geschieht - allgemeine und private Interessen kollidieren. Das Paradebeispiel bildet die Rechtslage im Wasserrecht. Die privatrechtliche Nutzungsordnung wurde in diesem Rechtsgebiet, da das allgemeine Interesse dieses verlangte, durch eine öffentlich-rechtliche Nutzungsordnung - die als eine umfassend ausgelegte öffentlich-rechtliche Regelung eines Sachverhaltskomplex unter Ausschluß privatrechtlicher Verfügungsbefugnisse und Regelungsmechanismen zu bezeichnen ist[32] - ersetzt. Auf diese öffentlich-rechtliche Nutzungsordnung ist bei der Beschreibung des Grundstückseigentums im Wasserrecht zurückzukommen.

---

28 BVerfGE 50, S. 290 (339).

29 BVerfGE 50, a.a.O.

30 BVerfGE 58, S. 300 ff.

31 BVerfGE 58, S. 300, (336).

32 Schulte, JZ 1984, S. 297 (299)

Bei der Inhalts- und Schrankenbestimmung muß nicht nur die oben beschriebene Eigentumsgarantie gewährleistet werden, sondern ist auch der bereits erwähnte Verhältnismäßigkeitsmaßstab zu berücksichtigen. Das BVerfG leitet die Bindung an den Verhältnismäßigkeitsmaßstab besonders aus dem Nebeneinander von Art. 14 I S. 1 GG und Art. 14 II GG her[33]. Für eine Verkürzung des verfassungsrechtlichen Eigentumsrecht ist infolge Art. 14 II GG stets ein Gemeinwohlbelang erforderlich, der geeignet ist eine solche Verkürzung zu rechtfertigen. Aufgrund dieses Gemeinwohls darf der Gesetzgeber das Eigentumsrecht jedoch nicht mehr als verhältnismäßig verkürzen. Er hat einen gerechten Ausgleich der einander gegenüberstehenden Interessen zu bewirken. "Die Einschränkung der Eigentümerbefugnisse muß zur Erreichung des angestrebten Zieles geeignet und notwendig, sie darf nicht übermäßig belastend und deshalb unzumutbar sein[34]". Wie zu erörtern sein wird, ist dieser Maßstab vor allem von Bedeutung, wenn, infolge neuer Gesetzgebung oder geänderter Verhältnisse, strengere Betriebspflichten vorgeschrieben werden.

3. Das Grundstückseigentum im Immissionsschutzrecht

Die angesprochene öffentlich-rechtliche Nutzungsordnung des WHG, gibt es - obwohl derjenige, der Schadstoffe in die Luft emittiert oder sein Grundstück auf eine andere umweltschädigende Weise benutzt und demzufolge unter Umständen, wie bei der Benutzung der Gewässer, auch Ressourcen der Allgemeinheit privatisiert - im Immissionsschutzrecht noch nicht.

Das Eigentumsrecht als Recht zur belastenden Nutzung der Umwelt wird jedoch insoweit beschränkt, als die Errichtung und der Betrieb bestimmter Anlagen aufgrund des BImSchG, für Flugplätze aufgrund des LuftVG, genehmigungspflichtig sind.

Hinsichtlich des Eigentumsrechts als Abwehrrecht gegen Umweltbeeinträchtigungen gibt es im Immissionsschutzrecht keine öffentlich-rechtliche Beschränkung dieses Rechts.

---

33 BVerfGE, S. 1 (29); Dörr, NJW 1988, S. 1049 (1051).

34 BVerfGE 21, S. 150 (155); BVerfGE 74, S. 203 (214).

4. Das Grundstückseigentum im Wasserrecht

Infolge der Inhalts- und Schrankenbestimmung des Eigentumsrechts nach Art. 14 I GG ist im Wasserrecht das Grundstückseigentum, sowohl als Abwehrrecht gegen Umweltbeeinträchtigungen als auch als Recht zur belastenden Nutzung der Umwelt, weitgehend verkürzt.

Nach § 1 a III Nr. 1 und 2 WHG berechtigt das Grundstückseigentum nicht zu einer Gewässerbenutzung, die nach diesem Gesetz oder nach den Landeswassergesetzen einer Erlaubnis oder Bewilligung bedarf, und ebenfalls nicht zum Ausbau eines oberirdischen Gewässers. Das WHG unterstellt das Grundwasser[35] somit der vom Grundstückseigentum losgelösten öffentlich-rechtlichen Nutzungsordnung.

Im bereits herangezogenen Naßauskiesungsbeschluß[36] wurde diese gesetzliche Beschränkung als verfassungsgemäß vom BVerfG anerkannt. Es handelte sich dabei um folgenden Sachverhalt: Der Kläger betrieb seit dem Jahre 1936 auf seinem Grundstück und auf zwei angrenzenden, gepachteten Parzellen eine Kiesbaggerei (Naßauskiesung). Im Jahre 1965 beantragte der Kläger eine Erlaubnis nach dem WHG zur Fortsetzung seines Betriebes. Der Antrag wurde abgelehnt. Der Betrieb gefährdete die öffentliche Wasserversorgung. Daraufhin erhob der Kläger eine Klage auf Zahlung einer angemessenen Entschädigung. Er machte geltend, die Versagung der Erlaubnis stelle sowohl einen enteignenden Eingriff in sein Recht am eingerichteten und ausgeübten Gewerbebetrieb als auch in sein Grundstückseigentum dar. Die Klage wurde mit der Begründung abgelehnt: "Nach der objektivrechtlichen Regelung des Wasserhaushaltsgesetzes steht dem Grundstückseigentümer - von hier nicht in Betracht kommenden Ausnahmen abgesehen - kein Recht zu, im Rahmen der Grundstücksnutzung auf das Grundwasser einzuwirken. Durch die Anwendung des Gesetzes wird daher ein solches Recht nicht entzogen[37]."

Zum Grundstückseigentum gehören nach wie vor die erlaubnisfreien Benutzungen (§ 3 WHG). Das sind die vom BVerfG im obenstehenden Urteil erwähnten "nicht

35 Grundwasser ist das gesamte unterirdische Wasser, soweit es nicht künstlich gefaßt ist (BVerwG DVBl. 1968, S. 32).

36 BVerfGE 58, S. 300 (338).

37 BVerfGE 58, S. 300 (337).

in Betracht kommenden Ausnahmen." Eine wasserrechtliche Genehmigung ist z.B. nicht erforderlich für das Entnehmen, Zutagefördern, Zutageleiten oder Ableiten von Grundwasser für den Haushalt, für den landwirtschaftlichen Hofbetrieb, oder in geringen Mengen, zu einem vorübergehenden Zweck (§§ 33 ff. WHG). Auch für die gewöhnliche Bodenentwässerung im Rahmen derartiger Tätigkeiten ist die behördliche Genehmigung nicht erforderlich (§ 33 I Nr. 1 WHG). Das gleiche trifft für die Benutzung eines oberirdischen Gewässers, für den eigenen Bedarf des Eigentümers oder den durch ihn Berechtigten zu, wenn dadurch andere nicht beeinträchtigt werden und die Wasserqualität und Quantität nicht nachteilig beeinflußt wird (§ 24 WHG). Diese nicht genehmigungspflichtigen Wassernutzungen sind enumerativ und werden sehr restriktiv interpretiert. So zählt z.B. das Zutagefördern von Grundwasser für die Wasserversorgung in einem Wochenendhaus nicht zu den erlaubnisfreien Benutzungen. Ein Wochenendhaus begründet nämlich keinen "Haushalt" i.S.d. WHG [38].

Daß es sich bei diesen erlaubnisfreien Benutzungen nicht um eigentliche Eigentumsrechte - oder bestensfalls nur um sehr stark beschränkte Eigentumsrechte - handelt, zeigt folgendes Beispiel. Das OVG Lüneburg hatte den Fall zu beurteilen, in dem ein Grundstückseigentümer sich darüber beschwerte, daß die Qualität des auf seinem Grundstück aufgefundenen Grundwassers, das er als Trinkwasser benutzte, durch die Müllexporte der BRepD in die DDR bedroht wurde. Der exportierte Abfall wurde auf der, nur 8 km entfernten, DDR-Mülldeponie Schönberg unsorgfältig entsorgt. Das Verwaltungsgericht urteilte jedoch, daß das Recht zur Wasserentnahme nur den jeweiligen Gegebenheiten an der Quelle entsprechend ausgeübt werden kann und somit dieses Recht keine Abwehransprüche vermittelt, die die Menge und Güte des Wassers sichern können[39]. Es bleibt dem Grundstückseigentümer nur das Recht über das Grundwasser unter Ausschluß anderer zu verfügen[40].

Allerdings ist unklar, wie diese Rechtsprechung sich zu der Vorschrift des § 2 WHG verhält. Diese Regelung bestimmt nämlich, daß die erlaubten und bewilligten Wassernutzungen, die privatrechtlichen Ansprüche auf Zufluß von Wasser be-

---

38 OVG Koblenz ZfW 1988, S. 292 ff.

39 OVG Lüneburg DVBl. 1986, S. 418 ff. Kritisch zu diesem Urteil auch Diederichsen, Referat 56. DJT, L 97.

40 Siehe auch BGHZ 69, S. 1 (4).

stimmter Menge und Beschaffenheit nicht beeinträchtigen dürfen[41]. Offenbar gibt es somit auch im Wasserrecht privatrechtliche Rechte, die einen Anspruch auf Zufluß von Wasser einer bestimmten Qualität und Quantität begründen können. Die Lösung dieses Problems muß hier dahin gestellt werden.

5. Der Bestandsschutz

a) Einführung

Art. 14 GG gewährt einen Bestandsschutz des Eigentumsrechts. Das Recht am eingerichteten und ausgeübten Gewerbebetrieb umfaßt neben den zum Betrieb gehörenden Sachen und Rechten auch die sog. Ausstrahlungen des Betriebes, die für dessen Wert erheblich sind, wie z.B. die Geschäftsbeziehungen und der Kundenstamm[42]. Auch die Genehmigung ist so eine vermögenswerte, subjektive Rechtsposition[43].

Der Bestandsschutz dient dazu, Rechte zu sichern. Er gewährt das Interesse, trotz Änderungen der Rechtslage oder der tatsächlichen Verhältnisse, den Betrieb ungeändert weiter führen zu dürfen[44]. Der Bestandsschutz schützt das durch legale Eigentumsausübung Geschaffene[45].
Die Bestandsschutzproblematik spielt eine Rolle, wo Beeinträchtigungen vom genehmigten Betrieb ausgehen, und die Behörde, im Rahmen ihrer in der Verfassung

41 Kritisch auch Diederichsen, Referat zum 56. DJT, S. 48 (98); Burgi, ZfW 1990, S. 245.

42 BGHZ 23, S. 157 (162).

43 Jarass, Die Anwendung neuen Umweltrechts auf bestehende Anlagen, S. 81.

44 Sendler, HdUR Bd. I, S. 231 ff.

45 BVerwG, DÖV 1974, S. 814/815.

begründeten Nachbesserungspflicht[46], dem genehmigten Betrieb nachträgliche Anordnungen auferlegen muß, damit die unerlaubten Umweltbeeinträchtigungen des Betriebes besser als vorher verhindert werden. Infolge des Bestandsschutzes sind die nachträglichen Anordnungen nicht ohne weiteres dem genehmigungspflichtigen Betrieb aufzuerlegen.

Der Bestandsschutz basiert auf den Prinzipien des Vertrauensschutzes und des Verhältnismäßigkeitsgrundsatzes. Wenn der Betreiber ein schutzwürdiges Vertrauen daran hat, von weiteren Anordnungen frei zu bleiben, steht ihm die ungeänderte Benutzung seines Eigentumsrechts zu. Auch wenn ein derartiges Vertrauen nicht vorhanden ist, oder kraft Gesetzes nicht geschützt wird, dürfen die zusätzlichen Anordnungen nicht unverhältnismäßig sein. Das ist jedoch der Fall, wenn der Aufwand außer Verhältnis zu der gewonnenen Sicherheit steht.

In den folgenden Abschnitten soll die Regelung des Bestandsschutzes im BImSchG, WHG und LuftVG beschrieben werden.

b) Der Bestandsschutz im BImSchG

Nach dem BImSchG wird dem Betreiber einer genehmigten Anlage aufgrund seines Vertrauens kein Schutz vor nachträglichen Anordnungen gewährt. Grund hierfür sind die Grundpflichten des BImSchG. § 5 I Nr. 1 BImSchG bestimmt, daß die genehmigungspflichtigen Anlagen so zu errichten und zu betreiben sind, daß schädliche Umwelteinwirkungen für die Allgemeinheit und die Nachbarschaft nicht hervorgerufen werden können. Nr. 2 dieser Vorschrift verpflichtet den Betreiber dazu, Vorsorge gegen schädliche Umwelteinwirkungen zu treffen. Für die nichtgenehmigungspflichtigen Anlagen enthält § 22 I BImSchG die Pflicht, diese so zu errichten und zu betreiben, daß die nach dem Stand der Technik vermeidbaren schädlichen Umwelteinwirkungen verhindert werden, und zudem die unvermeidbaren auf ein Mindestmaß beschränkt werden. Es sollte dem Betreiber somit von Anfang an

---

46 BVerfGE 56, S. 54 (79); "Hat der Gesetzgeber eine Entscheidung getroffen, deren Grundlage durch neue, im Zeitpunkt des Gesetzeserlasses noch nicht abzusehende Entwicklungen entscheidend in Frage gestellt wird, dann kann er von Verfassungs wegen gehalten sein zu überprüfen, ob die ursprüngliche Entscheidung auch unter den veränderten Umständen aufrechtzuerhalten ist." BVerfGE 44, S. 89 (143).

deutlich sein, daß er seinen Betrieb an die sich ändernden Umstände anzupassen hat. In dieser Dynamisierung der Genehmigungsvoraussetzungen liegt das eigentlich neue des BImSchG[47].

Die zuständige Behörde soll nach dieser Vorschrift nachträgliche Anordnungen erlassen, sobald die Allgemeinheit oder die Nachbarschaft nicht ausreichend gegen nachteilige Umwelteinwirkungen geschützt werden, oder die Vorsorgepflicht strengere Maßnahmen verlangt[48].

Die Anwendung des Verhaltnismäßigkeitsmaßstabes sorgt jedoch dafür, daß an den Betreiber nicht allzu hohe Anforderungen bei der Sanierung seines Betriebes gestellt werden können. Nach § 17 II BImSchG dürfen nachträgliche Anordnungen nicht auferlegt werden, wenn diese unverhältnismäßig sind[49]. Ob der angestrebte Erfolg zum Aufwand außer Verhältnis steht, ergibt sich aus Art, Menge und Gefährlichkeit der von der Anlage ausgehenden Emissionen, der vom Betrieb verursachten Immissionen sowie der Nutzungsdauer und den technischen Besonderheiten der Anlage. So enthält die TA-Luft in ihren Bestimmungen 4.2.2 bis 4.2.9 sogar Sanierungsfristen für die noch nach der alten Gewerbeordnung genehmigten Anlagen. Darin wird bestimmt, daß bei zunehmender Überschreitung der Sicherheitswerte die Frist des Bestandsschutzes kürzer wird.

Wenn die nachträglichen Anordnungen wegen ihrer Unverhältnismäßigkeit nicht durchgeführt werden können, bedeutet das noch nicht, daß der Bestandsschutz unter Umständen nicht weiter eingeschränkt werden kann. Bei besonders schweren Um-

---

47 Sellner, Immissionsschutzrecht und Industrieanlagen, Rdn. 456; Jarass, Die Anwendung neuen Umweltrechts auf bestehende Anlagen, S. 26, 170.

48 TA-Luft Nr. 4.2.1.

49 Bis zur zweiten Novelle des BImSchG v. 4.10.1985 (BGBl. 1985 I, S. 1950) waren nachträgliche Anordnungen nur zulässig, wenn sie "wirtschaftlich vertretbar" und nach dem Stand der Technik erfüllbar waren. Das Erfordernis dieser wirtschaftlichen Vertretbarkeit führte in der Vergangenheit dazu, daß von der Anordnungsbefugnis des § 17 BImSchG nur in einem geringen Umfang Gebrauch gemacht wurde. So wurden emittierende Altanlagen verschiedentlich selbst dann weiterbetrieben, wenn sie Gesundheitsgefahren hervorriefen und den heutigen Stand der Emissionsminderungstechnik bei weitem nicht einhielten (BT-Drucks. 10/1862).

welteinwirkungen ist die Genehmigung ganz oder teilweise zu widerrufen oder soll die zuständige Behörde den Betrieb ganz oder teilweise untersagen.

§ 17 II S. 2 BImSchG bestimmt nämlich, daß, wenn eine nachträgliche Anordnung wegen ihrer Unverhältnismäßigkeit nicht getroffen werden darf, die zuständige Behörde die Genehmigung unter den Voraussetzungen des § 21 I Nr. 3 - 5 BImSchG ganz oder teilweise zu widerrufen hat. Das ist der Fall, wenn schädliche Umwelteinwirkungen nur mittels unverhältnismäßigen nachträglichen Anordnungen verhindert werden können, und zudem ohne Widerruf das öffentliche Interesse gefährdet wird (Nr. 3), oder schwere Nachteile für das Gemeinwohl zu verhüten oder zu beseitigen sind (Nr. 5).

Offenbar ist eine Genehmigung somit nimmer zu widerrufen, wenn nur ein einziger Betroffener durch den bestandsgeschützten Betrieb geschädigt wird. *Jarass* weist jedoch darauf hin, daß die Befugnis, eine Genehmigung zu widerrufen, hier nicht auf den Fall beschränkt ist, in dem das Gemeinwohl - verstanden als das Interesse einer größeren Gruppe von Rechtssubjekten - durch die Emission schwer beeinträchtigt wird. Eine Verletzung des Gemeinwohls i.S.d. BImSchG kann auch vorliegen, wenn z.B. die Gesundheit des einzelnen geschädigt wird[50]. Wird das Grundrecht auf Leben und körperliche Unversehrtheit gefährdet, dann scheint das öffentliche Interesse stets betroffen zu sein.

Insoweit der Betreiber ein schutzwürdiges Vertrauen in den Bestandsschutz hatte, ist er jedoch beim Widerruf der Genehmigung, auf seinen Antrag, für die erlittenen Vermögensschäden zu entschädigen (§ 21 IV BImSchG).

Die §§ 22 - 25 BImSchG gelten in gleicher Weise für bestehende wie für neue, nichtgenehmigungspflichtige Anlagen. Sie sehen also keinen Bestandsschutz vor. Die allgemeine in den §§ 22 - 25 BImSchG enthaltene Regelung hält sich innerhalb der Grenzen der Verfassung. Gemäß § 24 BImSchG können nur die erforderlichen Maßnahmen zur Beschränkung der Umwelteinwirkungen getroffen werden, und ist der Betrieb nach § 25 II BImSchG erst bei besonders schweren Beeinträchtigungen zu untersagen[51].

---

50 Jarass, Kommentar BImSchG, § 21 Rdn. 13. Vgl. auch OVG Lüneburg GewArch. 1980, S. 203 (205).

51 Jarass, Kommentar BImSchG, Vorbem. § 22 Rdn. 10.

Besondere Vorschriften gibt es für bestimmte Anlagen, wie kleine Feuerungs- und Halogenwasserstoffanlagen, deren Betrieb näher durch Rechtsverordnungen geregelt ist[52]. Auch für Sportanlagen i.S.d. § 1 der Sportanlagenlärmschutzverordnung[53] gibt es in § 5 dieser Verordnung eine Regelung des Bestandsschutzes. Laut diesen Vorschriften ist den nachträglichen Anordnungen unter Umständen erst nach einer gewissen Übergangszeit zu genügen.

c) Der Bestandsschutz im WHG und LuftVG

Die Bestandsschutzregelung des BImSchG ist eine Musterregelung. Die Vorschriften im WHG und LuftVG sind weniger übersichtlich als die des BImSchG.

Ebenso wie im BImSchG können die nach § 7 WHG (Erlaubnis) und § 8 WHG (Bewilligung) genehmigten Betriebe und die Inhaber alter Rechte und alter Befugnisse sich nicht zur Wahrung eines starken Bestandsschutzes auf ihr schutzwürdiges Vertrauen berufen. Auch § 1a WHG dient in gleicher Weise wie die Grundpflichten des BImSchG dazu, das Vertrauen auf Bestandsschutz zu beschränken[54]. § 1 a WHG enthält eine ähnliche Grundpflicht wie die der §§ 5 und 22 BImSchG für das Wasserrecht. Auf diese Vorschrift ist im 8. Paragraphen zurückzukommen.

Die weitere Regelung findet sich in den §§ 5, 6, 7 und 12 WHG. Sowohl die Bewilligung, die Erlaubnis als auch die nach § 15 WHG geschützten alten Rechte und Befugnisse stehen unter dem Vorbehalt, daß nachträgliche Anordnungen zur Verhinderung von Änderungen der Güte und Menge der Gewässer erlassen werden können (§ 5 I, II WHG i.V.m. § 15 IV WHG). Das Vertrauen auf Bestandsschutz wird somit beschränkt. Für die Bewilligung gilt aber die Beschränkung, daß bestimmte Anordnungen wirtschaftlich gerechtfertigt und mit der Benutzung vereinbar sein müssen. § 7 WHG bestimmt explizit, daß es sich bei der Erlaubnis um eine widerrufliche Befugnis handelt.

---

52 1. BImSchV vom 15.7.1988 (BGBl. 1988 I, S. 1059) und 2. BImSchV vom 21.4.1986 (BGBl. 1986 I, S. 571).

53 Siehe dazu unten S. 203.

54 BT-Drucks. 10/3973, S. 9.

§ 6 WHG besagt, daß die Erlaubnis und die Bewilligung zu versagen sind, soweit von der beabsichtigten Benutzung eine Beeinträchtigung des Wohls der Allgemeinheit, insbesondere eine Gefährdung der öffentlichen Wasserversorgung, zu erwarten ist. Wenn derartige Beeinträchtigungen nicht durch Auflagen zu verhüten oder auszugleichen sind, ist die Erlaubnis zu widerrufen. § 12 WHG regelt den Widerruf der Bewilligung. Danach kann die Bewilligung entschädigungslos infolge einer der Gründe des § 5 WHG ganz oder teilweise widerrufen werden. Zudem kann die Bewilligung auch in anderen, nicht von § 5 WHG erfaßten Fällen, gegen eine Entschädigung zurückgenommen werden, wenn von der uneingeschränkten Fortsetzung der Benutzung eine erhebliche Beeinträchtigung des Wohls der Allgemeinheit zu erwarten ist.

Die alten Rechte und Befugnisse können aufgrund des § 15 IV WHG gegen Entschädigung widerrufen werden soweit von der Fortsetzung der Benutzung eine erhebliche Beeinträchtigung des Wohls der Allgemeinheit zu erwarten ist[55].

Im LuftVG braucht der Betreiber weniger damit zu rechnen, daß der Bestand seines Betriebes durch eine nachträgliche Anordnung der Behörde gefährdet wird. Wie stark der Bestandsschutz unter Umständen sein kann, zeigt das Beispiel des Flughafens München-Riem[56]. Es handelte sich dabei um einen Anspruch der Anlieger auf nachträgliche Betriebseinschränkungen bei einem genehmigten Flughafen. Durch den Flugbetrieb wurden besonders starke Lärmbeeinträchtigungen (75 dB(A)) hervorgerufen. Das Gericht war aber der Ansicht, daß "der Betreiber des Flughafens durch den bisher uneingeschränkten Betrieb einen Vertrauensschutz erworben haben kann und daß dieser Vertrauensschutz um so schwerer wiegt, je mehr die späteren Beschränkungen an die Substanz des Flughafens heranrühren. Auf seiten der Flughafenanlieger drückt sich dieser Vertrauensschutz dadurch aus, daß ihre Grundstücke, wie das Verwaltungsgericht zutreffend hervorgehoben hat, als eingebettet anzusehen sind in eine vorbelastete Situation und nicht in demselben Maße Schutz beanspruchen können wie bisher unbelastete Grundstücke"[57].

---

55 Siehe für die Bestandsschutzproblematik im Wasserrecht, Jarass, Die Anwendung neuen Umweltrechts auf bestehende Anlagen, S. 65 ff.

56 Bay VGH ZLW 1984, S. 65 ff.

57 A.a.O., S. 76; Hoffmann, Kommentar zum LuftVG, § 6 Rdn. 47.

Es gibt jedoch auch im LuftVG Möglichkeiten, den Betrieb aus umweltschützender Sicht nachzubessern. Nach § 6 II S. 3 LuftVG kann die Genehmigung nach dem LuftVG widerrufen und damit auch teilweise eingeschränkt werden. Dieses kann zum Zwecke des Lärmschützes einzelner Flugplatzanlieger erfolgen[58]. Es gibt keine Regelung der nachträglichen Anordnungen. Die Rechtsprechung sieht in § 6 II S. 3 LuftVG jedoch auch die Gestattung zur nachträglichen Einschränkung der Genehmigung nach § 6 LuftVG[59]. Alle in Betracht kommenden Maßnahmen, wie Nachtflugbeschränkungen, Flugverbote an Sonn- und Feiertagen oder Flugverbote für bestimmte Flugzeuge, können auf dieser Grundlage durchgesetzt werden. Die durch den Widerruf entstandenen Vermögensschäden sind, auf Antrag des in seinem schutzwürdigen Vertrauen verletzten Flugplatzhalters, zu ersetzen[60].

C. Die vom Privatrecht geschützten Rechtspositionen

I. Einführung

Es wurde bereits darauf hingewiesen, daß die verfassungsrechtliche Werteordnung auch das Umwelthaftungsrecht gestaltet[61]. Das Verhältnis der Bürger untereinander wird von der verfassungsrechtlichen Werteordnung beeinflußt. Auch das Privatrecht dient dazu, die verfassungsrechtlichen Grundsatzentscheidungen zu verwirklichen. Die enge Verbindung von Privatrecht und Verfassungsrecht zeigt sich denn auch in den von beiden Rechtsgebieten geschützten Interessen.

In § 823 I BGB sind die vom Umwelthaftungsrecht geschützten Rechte aufgelistet. Jedoch der Schutz primärer Vermögensinteressen und die Erstattung von Schmerzensgeld, welche Interessen unter Umständen auch vom Deliktsrecht geschützt werden, sind darin nicht enthalten[62]. Die Parallele mit dem Grundgesetz springt ins

---

58 Bay VGH, a.a.O, S. 73.

59 OVG NW ZLW 1983, S. 71 (79); Bay VGH, a.a.O.; Giemulla/Lau/Barton, § 6 LuftVG Rdn. 10.

60 § 49 V VerwVG.

61 Siehe oben S. 17 ff.

62 Siehe bezüglich des Schutzes primärer Vermögensinteressen unten S. 121 und für die Erstattung von Schmerzensgeld unten S. 123.

Auge. Die sog. Lebensgüter wie Leben, Körper, Gesundheit und Freiheit werden - wie dargestellt - im Verfassungsrecht von Art. 2 II GG geschützt. Das Eigentum sowie die sonstigen Rechte werden von Art. 14 GG gesichert.

In den nächsten Abschnitten sind die einzelnen in § 823 I BGB erwähnten Rechte kurz zu erörtern. Dabei liegt der Schwerpunkt der Darstellung auf den Unterschieden zu den öffentlich-rechtlich geschützten Interessen.

II. Die Lebensgüter

Hinsichtlich der Lebensgüter wird im Grunde genommen die gleiche Diskussion wie im Verfassungsrecht geführt. Die praktische Bedeutung dieser Rechte ist auch im Umwelthaftungsrecht nicht besonders groß. Ebenso wie im Verfassungsrecht beruht dies auf der Tatsache, daß die Gesundheitsschäden im Regelfall besonders schwierig nachweisbar sind[63] und die Gesundheitsschäden in der Regel von den Krankenkassen und Rentenversicherungen gedeckt werden und überhaupt nicht als Folgen von Umweltverschmutzung erkannt werden.

Eine Gesundheitsverletzung wird vom BGH dann angenommen, wenn eine objektiv feststellbare Störung physiologischer Abläufe im menschlichen Organismus, die nach Größe, Heftigkeit und Dauer über die Grenze der Unbedeutsamkeit hinausgeht, vorliegt[64]. Eine Gesundheitsverletzung kann auch infolge psychischer Schäden entstehen[65]. Keine Gesundheitsbeeinträchtigung liegt aber vor - wie das BVerfG für Art. 2 II GG entschieden hat -, wenn es sich nur um eine Beeinträchtigung des seelischen Wohlbefindens ohne jeden Krankheitswert handelt[66]. Die Rechtsprechung ist bei der Annahme einer Gesundheitsverletzung zurückhaltend. So lag keine Gesundheitsverletzung vor, obwohl das von den Klägern bewohnte Grundstück 100mal am Tag von Flugzeugen mit Lärmwerten in Höhe von

63 Siehe z.B. OLG Hamm ZLW 1986, S. 149 ff.

64 BGH VersR 1972, S. 745; BGH VersR 1975, S. 51.

65 RGZ 85, S. 335; RGZ 133, S. 270; BGHZ 8, S. 243 (248).

66 RGRK(-Steffen), § 823 BGB Rdn. 10.

52 - 98 dBA überflogen wurde[67]. Eine Gesundheitsbeeinträchtigung wurde aber angenommen im BGH Urteil vom 6. Februar 1986. Die Anlieger einer überbelasteten Kläranlage erlitten infolge der davon ausgehenden Geruchsbelästigungen Gesundheitsschäden i.S.d. § 823 I BGB[68]. Der von der Rechtsprechung verwendete enge Gesundheitsbegriff wird kritisiert[69].

Ebenso wie im Verfassungsrecht gilt auch im Umwelthaftungsrecht, daß der Eigentumsbegriff mittelbar mehr Gesundheit schützt als der eigentliche juristische Gesundheitsbegriff. Besonders klar ist auch hier der bereits erwähnte Fluglärmfall. Der Grundstückseigentümer bekam letztendlich aufgrund der Verletzung seines Eigentumsrechts, nicht aufgrund der Beeinträchtigung seiner Gesundheit, eine Entschädigung nach § 906 II BGB[70].

Wichtig ist, ob die Benutzer - nicht Eigentümer - des beeinträchtigten Grundstücks wie z.B. die Mieter, die von den Immissionen andauernd betroffen sind, ebenfalls dem grundstücksbezogenen "Gesundheitsschutz" unterliegen. Die Rechtsprechung hat diesen immobiliarbezogenen Gesundheitsschutz auf die Personen, die ein Recht zum Aufenthalt von gewisser Dauer auf dem Grundstück haben, erweitert[71]. *Wolf* hat vorgeschlagen, dieses Recht auf das von § 823 I BGB geschützte Interesse der körperlichen Bewegungsfreiheit zu stützen[72].

---

67 BGHZ 79, S. 45 (51) (Fluglärm).

68 BGHZ 97, S. 97 (102).

69 Diederichsen/Scholz, WiVerw 1984, S. 30; v. Bar, Karlsruher Forum 1987, S. 11; Deutsch, in: 25 Jahre Karlsruher Forum, Jubiläumsausgabe 1983, S. 93 ff.

70 BGHZ 79, S. 46 (51); siehe auch BGHZ 49, S. 149 (152).

71 Staudinger(-Roth), § 906 Rdn. 97 m.w.N. aus der Rechtsprechung. Siehe auch Marburger, Gutachten 56. DJT, C. 118; Ronellenfitsch/Wolf NJW 1986, S. 1955 (1960); Gaentzsch, NVwZ 1986, S. 601 (603 ff.) und Gerlach, JZ 1988, S. 169/170. Nach Deutsch werden auch die Familienangehörigen des Eigentümers und Besitzers geschützt (VersR 1984, S. 1001).

72 Wolf, UTR Bd. 12, S. 243 (255).

III. Das Eigentumsrecht

1. Die gesetzliche Begrenzung des Eigentumsrechts

a) Die Begrenzung nach § 905 BGB

Das privatrechtliche Eigentumsrecht war im 19. Jahrhundert das "Höchste und Letzte", was das Recht gewähren konnte, es war "Befugnis in reinster und vollständigster Gestalt"[73]. Demzufolge lautete § 905 BGB in seiner ursprünglichen Redaktionsfassung: "Das Recht des Eigentümers eines Grundstücks erstreckt sich auf den Raum über der Oberfläche und auf den Erdkörper unter der Oberfläche"[74].

Aber gerade im 19. Jahrhundert stand ein derartig starkes Eigentumsrecht der Weiterentwicklung der Industrie im Wege[75]. Das in § 905 BGB enthaltene Säuleneigentum wurde bei der zweiten Lesung des BGB Entwurfs zur Förderung der Industrie denn auch um den folgenden Satz ergänzt: "Der Eigentümer kann jedoch Einwirkungen nicht verbieten, die in solcher Höhe oder Tiefe vorgenommen werden, daß er an der Ausschließung kein Interesse hat"[76]. Auch damals: Eigentum verpflichtet (Art. 14 II GG).

Aufgrund dieser Vorschrift erfolgte eine Verkürzung des Säuleneigentums. So konnte im Jahre 1920 der Eigentümer, auf dessen Haus ein Flugzeug abgestürzt war, nicht auf Unterlassung weiterer Beeinträchtigungen seines Grundstückes infolge des Flugverkehrs klagen, damit "der Luftfahrtbetrieb in den Grenzen berechtigter Freiheit als ein wirtschaftlich wertvolles, bis zur Unentbehrlichkeit noch weiter auszubildendes Verkehrsmittel betätigt werden kann und nicht infolge von Einsprüchen einzelner Grundstückseigentümer in einer der Allgemeinheit unzuträglichen Weise beengt wird"[77]. Diese Auffassung wurde dann später mittels

---

73 Siehe die Zitate von v. Zirkler und Savigny bei Ogorek, Actio Negatoria, S. 40 (42).

74 Mot. III, S. 264.

75 Siehe die Nachweise bei Ogorek, a.a.O.

76 Protokolle der Kommission für die 2. Lesung des Entwurfs des BGB, Bd. III (1899), S. 122.

77 RGZ 100, S. 69 (74).

§ 1 LuftVG in das LuftVG[78] aufgenommen. § 1 I LuftVG besagt: "Die Benutzung des Luftraums durch Luftfahrzeuge ist frei, soweit sie nicht durch dieses Gesetz, das Gesetz über die Bundesanstalt für Flugsicherung und durch die zur Durchführung dieser Gesetze erlassenen Rechtsvorschriften beschränkt wird." Die Luftfahrzeughalter sind zu "erlaubten" Nachbarn der jeweils überflogenen Grundstückseigentümer erklärt. Auf Unterlassung des Flugverkehrs kann der Grundstückseigentümer nicht klagen[79].

b) Die übrigen Begrenzungen

Die Begrenzung des Grundstückseigentums aufgrund § 26 der GewO[80] erfolgte bereits vor Inkrafttreten des BGB. Der Text dieses Paragraphen lautete: "Soweit die bestehenden Rechte zur Abwehr benachteiligender Einwirkungen, welche von einem Grundstück aus auf ein benachbartes Grundstück geübt werden, dem Eigentümer oder Besitzer des letzteren eine Privatklage gewähren, kann diese Klage einer mit obrigkeitlicher Genehmigung errichteten Anlage gegenüber niemals auf Einstellung des Gewerbebetriebes, sondern nur auf Herstellung von Einrichtungen, welche die benachteiligenden Einwirkungen ausschließen, oder, wo solche Einrichtungen untunlich oder mit einem gehörigen Betrieb unvereinbar sind, auf Schadloshaltung gerichtet werden." Das moderne Äquivalent dieser Duldungspflichten enthalten die in den verschiedenen spezialgesetzlichen Regelungen aufgenommenen Präklusionsnormen wie z.B. § 14 BImSchG. Daß diese Vorschriften für die privatrechtsgestaltende Wirkung des öffentlichen Rechts von besonderer Bedeutung sind, folgt aus dem Text des § 26 GewO. Im 9. Paragraphen ist denn auch tiefer auf diese Vorschriften einzugehen.

Das nachbarrechtliche Verhältnis wird im BGB auf gleiche Weise wie in der GewO durch die Vorschrift des § 906 BGB bestimmt. § 906 BGB bezieht sich auf die Immissionskonflikte, die von Lärm und Luftbeeinträchtigungen zwischen unterschiedlichen Grundstückseigentümern hervorgerufen werden. Die Vorschrift dient zur Ermöglichung bestimmter (industrieller) Dauerlastschäden, die mit dem Normalbetrieb verbunden sind. Der geschädigte Grundstückseigentümer kann somit nicht bei

---

78 RGBl. I 1922, S. 681.

79 Siehe auch Martin, NJW 1972, S. 558 ff.

80 Aufgehoben durch § 68 BImSchG, BGBl. 1974 I, S. 721.

einem objektiv widerrechtlichen Eingriff in sein Grundstücksrecht ohne weiteres auf Unterlassung weiterer Emissionen klagen. § 906 BGB begründet für ihn eine Duldungspflicht[81].

Diese Beschränkung des Grundstückseigentums basiert somit nicht auf § 905 BGB. Die von § 906 BGB erfaßte Beschränkung erfolgt nicht aus dem Gedanken, daß der geschädigte Nachbar kein Interesse daran hat, seine Eigentumssphäre gegen schädliche Immissionen zu schützen. Sie stützt sich darauf, daß, obwohl es sich um wesentliche Beeinträchtigungen handelt - der Grundstückeigentümer hat schon ein Interesse sie zu verhindern -, der Nachbar diese, unter Umständen gegen eine Entschädigung, hinzunehmen hat. Sowohl im Fall der von § 905 BGB geregelten Beeinträchtigungen als auch im Fall der von § 906 II BGB geregelten Einwirkungen liegt eine Verkürzung auf das Eigentumsrecht vor. Der Unterschied zwischen beiden Vorschriften liegt in der Vehemenz der Einwirkung.

Eine weitere Begrenzung des Eigentumsrechts enthält das FluglärmG aus dem Jahre 1971[82]. Ziel dieses Gesetzes ist, die Allgemeinheit vor Gefahren, erheblichen Nachteilen und erheblichen Belästigungen durch Fluglärm in der Umgebung von Flugplätzen, mittels der Feststellung von Lärmschutzbereichen, zu schützen (§ 1 FluglärmG). Dieses Ziel erstrebt das FluglärmG durch die Regelung einer offensiven Nachbarklage für den Flugplatzhalter.
"Das Fluglärmschutzgesetz bezweckt vor allem, das weitere Heranwachsen von Wohnsiedlungen an Verkehrsflughäfen, die dem Fluglinienverkehr angeschlossen sind, ... zu verhindern[83]". Aufgrund dieses Gesetzes muß der Grundstückseigentümer nicht nur bestimmte Beeinträchtigungen dulden, sondern wird es ihm zu seiner eigenen Sicherheit untersagt, das Grundstück zu bestimmten Zwecken wie z.B. Wohnen zu benützen. Der so entstandene Schaden ist aber vom Flugplatzhalter zu ersetzen[84].

Eine Begrenzung kraft Gesetzes erfolgt auch für das privatrechtliche Eigentum aus § 1 a III WHG. Grundwasser gehört im allgemeinen nicht zum Grundstücks-

---

81 Siehe eingehend zu § 906 BGB unten S. 59.

82 BGBl. 1971 I, S. 282.

83 BGHZ 69, S. 105 (108).

84 Siehe unten S. 68.

eigentum. Die Regelung wurde bereits im Rahmen des vom öffentlichen Recht geschützten Eigentumsrechts erörtert. Darauf sei hier verwiesen[85].

2. Der Einfluß des BImSchG und des § 5 UmweltHG auf den Inhalt des Eigentumsrechts

§ 906 I BGB besagt, daß der Eigentümer nicht auf Unterlassen klagen kann, wenn die Einwirkungen die Benutzung seines Grundstückes nicht oder nur unwesentlich beeinträchtigen. Der Eigentümer hat kein Interesse daran, seine eigene Sphäre von diesen fremden Einflüssen frei zu halten. Maßstab zur Bestimmung der Wesentlichkeit i.S.d. § 906 I BGB ist das Empfinden eines normalen Durchschnittsmenschen, wobei Natur und Zweckbestimmung des von der Einwirkung betroffenen Grundstücks eine entscheidende Rolle spielen. Dieser Maßstab wird als differenziert-objektiv bezeichnet. Das Merkmal "objektiv" bezieht sich darauf, daß die Reaktion eines Durchschnittsmenschen für die Einschätzung des Belästigungsgrades herangezogen wird. "Differenziert" heißt, daß Natur und Zweckbestimmung des betroffenen Grundstückes berücksichtigt werden[86].

In der Rechtsprechung, die sich auf § 906 I BGB bezieht, ist eine bemerkenswerte Entwicklung nachweisbar. Man kann sie als eine Art Gegenbewegung zu den oben beschriebenen Beschränkungen des Eigentumsrechts verstehen. Das Eigentumsrecht des geschädigten Nachbarn erweiterte sich im Laufe der Zeit. Eine Immission wurde immer schneller als eine nicht nur "unwesentliche" i.S.d. § 906 I BGB bezeichnet. Demzufolge wurde die Bedeutung des Eigentumsrechts als Abwehrrecht gegen schädliche Umweltbeeinträchtigungen immer größer. Die Inkraftsetzung des BImSchG war dabei von entscheidender Bedeutung. Die Entwicklung ist anhand verschiedener Urteile und des § 5 UmweltHG zu verfolgen.

Eine Klägerin hatte im Jahre 1939 die Verkehrslärmimmission einer von ihrem Grundstück nur 4,5 m entfernten Autobahn nach § 906 I BGB als zumutbare Beeinträchtigung entschädigungslos hinzunehmen, obwohl sie dadurch erheblichen Schaden (Einnahmeausfälle aus Mietverträgen, Wertverlust des Hauses, Gesundheits-

---

85 Siehe oben S. 31 ff.

86 BGH NJW 1982, S. 440; BGH NJW 1984, S. 1242; BGH JZ 1991, S. 91 ff.

schäden) in Höhe von etwa 50 000 DM erlitt. Die Tatsache, daß eine Beteiligung am Genehmigungsverfahren, in dem sie ihre Rechtsposition hätte sichern können, für sie nie offengestanden hatte, wurde nicht berücksichtigt[87].

Im Jahre 1967 gewährte der BGH jedoch in einem ähnlichen Straßenlärm-Fall den Anliegern *ausnahmsweise* einen Ausgleichsanspruch, da die besonders schweren Beeinträchtigungen die Gesundheit der Bewohner schädigten und es für diese keine Ausweichmöglichkeiten gab[88].

Dieser Ausnahmegedanke wurde jedoch im Jahre 1975 vom BGH abgelehnt. Grund dazu war die Einführung des BImSchG im Jahre 1974. Ziel dieses Gesetzes ist: "Menschen sowie Tiere, Pflanzen, den Boden, das Wasser, die Atmosphäre, sowie Kultur und sonstige Sachgüter vor schädlichen Umwelteinwirkungen und, soweit es sich um genehmigungsbedürftige Anlagen handelt, auch vor Gefahren, erheblichen Nachteilen und erheblichen Belästigungen, die auf andere Weise herbeigeführt werden, zu schützen und dem Entstehen schädlicher Umwelteinwirkungen vorzubeugen." (§ 1 BImSchG). Nach dem Urteil des BGH schließt diese Wertentscheidung des BImSchG, im Gegensatz zu der früheren Rechtsprechung, grundsätzlich aus, daß eine unzumutbare Beeinträchtigung nur ganz ausnahmsweise und nicht erst bei besonders schwerer Einwirkung entschädigungslos hinzunehmen[89] ist.

Ein starker Gegensatz zum oben erwähnten Urteil des RG bildet das Tennisplatz-Urteil aus dem Jahre 1982[90]. Die Klägerin erleidet von einem, nur 5 Meter von ihrem Schlafzimmer gelegenen, Tennisplatz Lärmbeeinträchtigungen. Diese Beeinträchtigungen waren eher weniger gravierend als die, die von der Autobahn ausgingen. Im Gegensatz zum RG bezüglich der Lärmbeeinträchtigungen der Autobahn urteilt der BGH, daß die Beeinträchtigungen, die vom Tennisplatz ausgehen, wesentlich sind.

Der letzte Schritt in der Ausdehnung des Eigentumsrechts erfolgte im Rahmen des UmweltHG. § 5 UmweltHG bestimmt, daß die Ersatzpflicht für Sachschäden - be-

---

87 RGZ 159, S. 129 ff.

88 BGHZ 49, S. 148 ff.; BGHZ 54, S. 384.

89 BGHZ 64, S. 220 ff.

90 BGH NJW 1983, S. 751 ff.

wegliche und unbewegliche Sachen - ausgeschlossen ist, wenn die Beeinträchtigungen nur unwesentlich oder nach örtlichen Verhältnissen zu dulden sind. Nach dem Kommentar von *Landsberg/Lülling* stimmt die Vorschrift für das Grundstückseigentum inhaltlich mit § 906 I BGB überein[91]. Aus dieser Perspektive liegt somit keine Erweiterung des Grundstückseigentums vor. Die Vorschrift enthält aber auch die Bestimmung, daß Schäden, von unwesentlichn oder wesentlichen, ortsüblichen Beeinträchtigungen hervorgerufen, wohl zu ersetzen sind, wenn die verursachende Anlage nicht bestimmungsgemäß betrieben wurde. Da unter Umständen auch § 906 BGB einen verschuldensunabhängigen Schadensersatzanspruch für wesentliche, ortsübliche Beeinträchtigungen gewährt, liegt darin bezüglich der wesentlichen, ortsüblichen Einwirkungen nichts neues. Bis zur Inkraftsetzung des § 5 UmweltHG war es aber unmöglich, Schadensersatz für unwesentliche Beeinträchtigungen zu erhalten. Derartige Beeinträchtigungen waren nicht rechtswidrig. Eine Eigentumsverletzung lag nicht vor. Das ist seit der Einführung des § 5 UmweltHG anders.

IV. Die sonstigen Rechte i.S.d. § 823 I BGB

Auch im Privatrecht wird die Frage eines subjektiven Rechts an einer sauberen Umwelt diskutiert. *Köndgen* hat befürwortet, daß es ein sonstiges Recht an einer sauberen Umwelt geben sollte[92]. Die sonstigen Rechte i.S.d. § 823 I BGB sind die Rechte, die eigentumsähnliche Rechtspositionen gewährleisten[93]. Innerhalb dieser Kategorie hat die Rechtsprechung den deliktsrechtlichen Rechtsschutz mit der Anerkennung eines allgemeinen Persönlichkeitsrechts und des bereits erwähnten Rechts am eingerichteten und ausgeübten Gewerbebetrieb erheblich erweitert[94]. Der Konstruktion eines sonstigen Rechts an einer sauberen Umwelt wird - wie auch dem Grundrecht an einer sauberen Umwelt - somit entgegengehalten, daß dieses Recht nicht besonders konturierbar sei[95]. Umweltgüter wie Luft und Wasser seien Allgemeingüter, an denen vorzugswürdige Positionen Einzelner nicht ohne weiteres ein-

91 Landsberg/Lülling, S. 125 ff.

92 Köndgen, UPR 1983, S. 345 (348 ff.).

93 Palandt(-Thomas), 51. Aufl., § 823 Rdn. 11.

94 BGHZ 13, S. 334; RGZ 58, S. 24 ff.

95 Diederichsen, BB 1973, S. 485 (487); Marburger, Gutachten zum 56. DJT, C. 101 ff.; Medicus, JZ 1986, S. 778 (779).

geräumt werden können[96]. Zudem sei ein derartiges Recht in der Praxis nicht erfüllbar. Es verspreche zu viel[97]. Es hat somit nicht den Anschein, daß ein derartiges Recht sich in nächster Zukunft durchsetzen wird[98].

Dennoch kommt der Kategorie der sonstigen Rechte auch für das Umwelthaftungsrecht eine praktische Bedeutung zu. Das in der Verfassung von Art. 14 GG geschützte Recht am eingerichteten und ausgeübten Gewerbebetrieb ist im Privatrecht ein sonstiges Recht i.S.d. § 823 I BGB. Ein Beispiel derartiger sonstigen Rechte stellen die alten wasserrechtlichen Benutzungsrechte (§ 15 WHG) dar[99]. Wichtiger sind die sonstigen Rechte, die auf den wasserrechtlichen Genehmigungen nach den §§ 7 und 8 WHG basieren.

D. Zusammenfassung und Schlußfolgerung

Aus obenstehender Darstellung folgt, daß es keine wesentlichen Unterschiede bezüglich der verfassungsrechtlichen Rechtspositionen und der des Privatrechts gibt. Im Verhältnis Staat/Bürger kommt dem Bürger - die Befugnis des Staates zur Enteignung außer Betracht gelassen - nicht weniger Eigentum oder Schutz seines Lebens und körperlicher Unversehrtheit als im Verhältnis Bürger/Bürger zu. Mögliche Spannungen zwischen beiden Teilrechtsordnungen sind nicht daraus zu erklären, daß sie die gleichen Rechtsgüter inhaltlich unterschiedlich bestimmen.

---

96 BVerwGE 54, S. 211 (219 ff.); Wolf, UTR Bd. 12, S. 243 (247).

97 v. Bar, Karlsruher Forum 1987, S. 4 (12); Selmer, Privates Umwelthaftungsrecht und öffentliches Gefahrenabwehrrecht, S. 18 m.w.N.

98 Siehe die Beschlüsse 36 und 37 des 56. Deutschen Juristentages: (36) "Eine Gesetzesänderung mit dem Ziel eines weiteren Ausbaues des deliktsrechtlichen Individualschutzes gegen Umweltbelastungen empfiehlt sich nicht." (37) "Insbesondere empfiehlt es sich nicht, den Kreis der 'sonstigen Rechte' i.S. des § 823 Abs. 1 BGB um (notwendig unbestimmte) Rechte auf gewisse Naturgüter (sauberes Wasser, reine Luft, Lärmfreiheit usw.) zu erweitern".

99 Siehe z.B. BGHZ 69, S. 1 ff.

§ 5 DIE ANSPRUCHSGRUNDLAGEN DES UMWELTHAFTUNGSRECHTS

A. Einführung

Es wurde festgestellt, daß die beiden Teilrechtsordnungen beim Schutz der gleichen Rechtsgüter ansetzen. Somit wären nun die unterschiedlichen Unterlassungs- und Schadensersatzansprüche zu erörtern, mittels derer das Umwelthaftungsrecht es dem einzelnen ermöglicht, seine Interessen zu schützen.

Die Darstellung der verschiedenen Anspruchsgrundlagen erfolgt ziemlich ausführlich, denn es handelt sich hier schließlich um das im Mittelpunkt stehende Rechtsgebiet, auf das die öffentlich-rechtlichen Rechtssätze gestaltend einwirken.

Das Umwelthaftungsrecht setzt sich zusammen aus den Unterlassungsansprüchen der §§ 1004, 906 II, 907 BGB und den verschiedenen Schadensersatz- und Entschädigungsansprüchen nach den §§ 823 I, II, 826, 906 II BGB, § 14 BImSchG, § 11 LuftVG, §§ 8 III 2, 10 II 2 WHG, § 12 FluglärmG sowie den verschiedenen Gefährdungshaftpflichten, wie sie im UmweltHG, § 22 WHG und § 33 LuftVG enthalten sind, sowie den verschiedenen Aufopferungsansprüchen.

Der Entwurf einer europäischen Richtlinie zur Haftpflicht für Abfälle[1] wird nicht besprochen[2]. Der Inhalt dieser möglicherweise zukünftigen Gefährdungshaftung ist noch zu unsicher. Im Zusammenhang mit der zentralen Frage kann Art. 6 II des Entwurfes jedoch nicht unerwähnt bleiben. Es wird ausdrücklich bestimmt, daß der Besitz einer Genehmigung nicht von der Haftpflicht befreit.

Obwohl auch die § 839 BGB (Haftung bei Amtspflichtverletzung), § 114 BergBG (Gefährdungshaftung für Bergbauschäden), § 2 I HPflG und § 25 AtomG (Haftung des Inhabers einer Energieanlage) unter Umständen zu den Anspruchsgrundlagen des Umwelthaftungsrechts gehören, bleiben sie, wie in der Einführung erörtert, aufgrund der notwendigen Einschränkung des Themas außer Betracht.

---

1 Letzter geänderter Vorschlag wurde von der Kommission am 28. Juni 1991 vorgelegt. ABl Nr. L 269/10.

2 Siehe dazu Salje, DB 1990, S. 2053 ff.; v. Bar, FS. Hermann Lange, S. 385.

Die Darstellung der verschiedenen Tatbestände erfolgt mittels einer Untergliederung in Deliktsrecht, Sachenrecht und Gefährdungshaftung.

B. Das Deliktsrecht

I. Keine deliktsrechtliche Generalklausel

Die Väter des BGB wollten sehr bewußt für das Deliktsrecht keine Generalklausel formulieren. Sie befürchteten ähnliche Auswüchse wie die, welche manche Urteile der französischen Gerichte aufwiesen[3]. Nicht jede rechtswidrige, schuldhafte Handlung, die einen Schaden herbeiführt, sollte eine Schadensersatzpflicht begründen.

An sich ist diese Auffassung bezeichnend für den damaligen Zeitgeist. Die freie Entfaltung der Persönlichkeit sollte nicht durch weitgehende und schlecht einzuschätzende Schadensersatzpflichten gehindert werden. Die Gesellschaft richtete den Blick nach vorn. Wer dabei ständig über seine Schulter blicken muß, damit Rechte anderer nicht verletzt werden, kommt nur langsam voran und wird dabei regelmäßig stolpern oder sogar fallen, ohne aufzustehen[4].

Der BGB-Gesetzgeber entschied sich für einen dreistufigen Aufbau des Deliktrechts. Zu unterscheiden sind Haftpflichten nach § 823 I und II BGB sowie § 826 BGB. § 823 I BGB verlängert den Schutz der absoluten Rechte und einiger Lebensgüter durch einen Schadensersatzanspruch bei schuldhafter Verletzung. § 823 II BGB gewährt den gleichen Schutz mittels Schutzgesetze. Wenn zum Schutzzweck dieser Gesetze ausdrücklich auch die sog. reinen Vermögensschäden gehören - Vermögensschäden, die entstehen, ohne daß eine Verletzung einer der in § 823 I BGB aufgelisteten Rechtsgüter vorliegt[5] -, kann der Geschädigte diesen Schaden ersetzt bekommen. § 826 BGB verpflichtet den sittenwidrig Handelnden zur Kompensation jedes vorsätzlich verursachten Schadens. Von dieser Schaden-

---

3 Prot. II, S. 566 (571).

4 Vgl. Deutsch, JZ 1968, S. 721 (722).

5 Siehe unten S. 121.

sersatzpflicht werden somit auch die reinen Vermögensschäden erfaßt. In den nächsten Abschnitten ist tiefer auf die obenstehenden Tatbestände einzugehen.

II. § 823 I BGB

In § 823 I BGB wurde der engste Tatbestand untergebracht. Eine Schadensersatzpflicht entsteht aufgrund dieser Norm erst, wenn nicht nur Schaden infolge einer rechtswidrigen, schuldhaft verursachten Handlung hervorgerufen wird, aber zudem eine Verletzung der in § 823 I BGB enumerativ aufgelisteten Rechtsgüter (Leben, Körper, Gesundheit, Freiheit, Eigentum oder ein sonstiges Recht) vorliegt. Dieser enge Tatbestand bildet die Grundvorschrift des Deliktrechts. Nach *v. Bar* hat der Gesetzgeber dabei, obwohl das nicht aus dem Gesetzestext hervorgeht, der damaligen Lehre und Rechtsprechung entsprechend, nur an unmittelbare, durch ein positives Tun hervorgerufene Rechtsgutverletzungen gedacht und nicht an die mittelbaren[6] infolge eines Unterlassens hervorgerufenen Schädigungen[7].

Die Unterscheidung zwischen Tun und Unterlassen ist vage. So stellt sich bei dem Skifahrer, der auf einer belebten Piste mit einem anderen kollidiert, die Frage, ob der entstandene Schaden jetzt auf zu schnellem Fahren (Tun) oder dem Nicht-früh-genug-Stoppen (Unterlassen)[8] beruht. *v. Caemmerer* definiert den Unterschied wie folgt: "Sind Gefahr abwehrende Maßnahmen nicht möglich oder nicht hinreichend, so liegt das Delikt in dem gefährdenden Tun. Wo Sorgfaltsmaßnahmen aber möglich und ausreichend sind, liegt der Verstoß in der Herbeiführung der Gefahr in

---

6 Der Unterschied zwischen unmittelbaren und mittelbaren Rechtsgutverletzungen hängt mit dem Unterschied zwischen abstrakten und konkreten Gefahren zusammen. Verursacht eine Handlung eine konkrete Gefahr, dann handelt es sich im Regelfall um ein Tun oder Unterlassen, aus dem aufgrund der Erfahrung immer Schaden entsteht. Derjenige, der mit seinem Wagen gegen eine Mauer zu prallen droht, verursacht eine konkrete Gefahr, die zu einer unmittelbaren Rechtsgutverletzung führen wird. Wenn man es aber unterläßt, bei Glätte zu streuen und dadurch seine Streupflicht verletzt, entsteht nur eine abstrakte Gefahr. Eine Rechtsgutverletzung droht hier nur mittelbar, denn nicht jedes Nichtstreuen ruft nach der Erfahrung Schäden hervor. Vgl. v. Bar, Verkehrspflichten, S. 77 und die dort erwähnte Rechtsprechung.

7 Siehe v. Bar, Verkehrspflichten, S. 6 ff., 16 u. 19.

8 BGHZ 58, S. 40 ff.; siehe für weitere Beispiele aus der Rechtsprechung v. Bar, Verkehrspflichten, S. 67 ff.

Verbindung mit der Unterlassung der zur Gefahrenabwehr erforderlichen Maßnahmen."[9]

Die Rechtsprechung hat mit Hilfe der Verkehrspflichten Haftungslücken ausgefüllt. Das ist sogar der eigentliche Zweck dieser Gefahrsteuerungsgebote[10]. Die Haftungslücken befanden sich im Bereich der Verantwortung für die schädlichen Folgen abstrakter Gefahren. Bevor zu erörtern ist, wie mittels der Verkehrspflichten diese Haftungslücke ausgefüllt wurde, muß zuerst die Haftungslücke selbst beschrieben werden. Dazu ist vorweg die Haftpflicht des § 823 II BGB zu erörtern. In § 6 der Arbeit ist auf die Vorschrift des § 823 I BGB tiefer einzugehen[11].

III. § 823 II BGB

1. Schutzgesetze und Verkehrspflichten

Die Schadensersatzpflicht wird - wie angesprochen - mittels der sog. Schutzgesetze des § 823 II BGB um den Ersatz reiner Vermögensschäden erweitert. Der Gesetzgeber hat bei den Schutzgesetzen in erster Linie an die Strafgesetze gedacht, die nicht nur den Schutz allgemeiner Interessen bezweckten, aber zumindest auch das einzelne Rechtssubjekt schützen wollten[12]. Die Schadensersatzregelung der Schutzgesetze bildet die Ergänzung zu den strafrechtlichen Ge- und Verboten, die darauf abzielen, die Interessen des einzelnen vor der Beeinträchtigung durch den anderen zu wahren[13]. Hervorgehoben werden soll, daß, wie aus dem Text des § 823 II BGB hervorgeht, auch, wenn ein Verstoß gegen das Schutzgesetz ohne Verschulden möglich ist, für den Schadensersatzanspruch dennoch immer ein Verschulden vorliegen muß.

---

9 v. Caemmerer, Wandlungen des Deliktsrechts, S. 49 (75).

10 v. Bar, JuS 1988, S. 172.

11 Siehe unten S. 85 ff.

12 Prot. II S. 518; Mot.II, S. 276/726.

13 Prot. II, S. 568, Mot. II, S. 276/726.

In der heutigen Rechtsprechung werden jedoch nicht nur Strafgesetze als Schutzgesetze bezeichnet. Auch andere öffentlich-rechtliche Gesetze können die Voraussetzungen erfüllen. Da die vom Gesetzgeber formulierte Bedingung, wonach das Gesetz nicht nur die Allgemeinheit, aber auch den einzelnen schützen will, nicht besonders klar war[14], hat die Rechtsprechung der Entscheidung, ob von einem Gesetz i.S.d. § 823 II BGB die Rede ist, weitere bzw. andere Voraussetzungen zugrunde gelegt. So soll die Vorschrift eine konkrete Verhaltensnorm enthalten - ein Gebot oder Verbot -, die den Kreis der geschützten Interessen genügend abgrenzt und bestimmt[15], soll das verletzte Interesse schutzbedürftig sein, da es nicht oder nicht ausreichend von anderen Normen geschützt wird[16], und soll die Anerkennung als Schutzgesetz dem gesamten Rechtssystem nicht widerstreben[17].

Die Schutzgesetze begründen eine Haftpflicht für die Verwirklichung abstrakter Gefahren. Hier zeigt sich die im Verhältnis zu den Verkehrspflichten wichtige Bedeutung der Schutzgesetze. Mittels ihrer Konstruktion werden die Interessen geschützt, die nicht davon abhängig sein dürfen, ob der normale Mensch in der Tat imstande ist, eigenständig die Gefahrenlage zu überblicken und sich vernünftig, Schaden vermeidend, zu verhalten. Das ist eben häufig da der Fall, wo es sich um die drohenden Rechtsgutverletzungen infolge abstrakter Gefahren handelt. So hat z.B. der Inhaber einer Wasserversorgungsanlage gem. § 8 TrinkVO die Pflicht, das Wasser gemäß den Bestimmungen der §§ 9 und 10 dieser Verordnung das Wasser von einem Sachverständigen auf Schadstoffe untersuchen zu lassen, wenn ihm die Fähigkeiten zu einer tauglichen Gefahrenüberwachung fehlen[18].

Wird ein Schutzgesetz verletzt, genügt zur Auslösung der Schadensersatzpflicht, daß nur die Verletzung des Schutzgesetzes für den Verursacher des Schadens vor-

---

14 Knöpfle, NJW 1967, S. 698 ff. Auch der Gesetzgeber war sich bewußt, daß man nicht einen wirklichen sicheren Maßstab entwickelt hatte. Siehe oben Fn. 12 Prot. und Mot., a.a.O.

15 BGHZ 40, S. 307 = NJW 1964, S. 398.

16 BGH NJW 1980, S. 1792.

17 BGH VersR 1976, S. 983 ff.

18 BGH NJW 1983, S. 2935 ff.

hersehbar war. Es wird somit nicht verlangt, wie im Rahmen des § 823 I BGB, daß der Verursacher die konkrete Schädigung vorhersehen konnte[19].

Gerade im Bereich der Haftpflicht für abstrakte Gefahren haben sich die Verkehrspflichten als Lückenbüßer erwiesen[20]. Wo der Gesetzgeber es unterlassen hat, Schutzgesetze zu formulieren, erfüllen die Verkehrspflichten im Grunde genommen die gleiche Funktion wie diese. Die Schutzgesetze und Verkehrspflichten sind austauschbar[21]. Selbstverständlich ist denn auch, daß im Rahmen der Prüfung, ob die Verkehrspflicht im Einzelfall eingehalten worden ist, die gleiche Tatbestandsprüfung wie bei den Schutzgesetzen Anwendung findet[22]. Der verkürzte Verschuldensbezug gilt auch bei den Verkehrspflichten[23].

Es ist daher nicht erstaunlich, daß es in der Literatur eine lebhafte Diskussion gibt, wo im ersten oder im zweiten Absatz des § 823 BGB die Verkehrspflichten dogmatisch untergebracht werden sollten[24]. Von einzelnen wurde sogar vertreten, daß es vernünftig wäre, sie in einem eigenen dritten Absatz unterzubringen[25]. Der BGH hat sich im Jahre 1987 jedoch dafür ausgesprochen, die Verkehrspflichten dort zu belassen, wo sie auch entstanden sind, nämlich im ersten Absatz des § 823 BGB[26]. Daraus folgt zudem, daß, obwohl im Schrifttum anders vertreten[27], die Verkehrspflichten nicht zum Schutz reiner Vermögensschäden dienen können.

---

19 Prot. II, S. 572.

20 Siehe die bei v. Bar, Verkehrspflichten, S. 16 erörterten Beispiele.

21 Z.B. BGH VersR 1976, S. 149 ff.; v. Bar, Verkehrspflichten, S. 165.

22 v. Bar, Verkehrspflichten, S. 165 m.w.N. aus der Rechtsprechung.

23 Z.B. BGH VersR 1976, S. 149 ff.; siehe für weitere Beispiele v. Bar, Verkehrspflichten, S. 160 ff.

24 Siehe z.B. Deutsch, JuS 1967, S. 152, 175; Medicus, BGB, § 24 II 3; Larenz, FS. f. Dölle, Bd. I, S. 169; ders., Lehrbuch des Schuldrechts II, § 72 I d, S. 618; Soergel(-Zeuner), § 823 Rdn. 4; Marburger, VersR 1983, S. 597 (608); v. Bar, Verkehrspflichten, S. 157 ff.

25 v. Caemmerer, Wandlungen des Deliktsrechts, S. 89.

26 BGH NJW 1987, S. 2671 (2672); siehe auch schon Steffens Bemerkung in: VersR 1980, S. 409, er hält die Diskussion für müßig.

27 v. Bar, Verkehrspflichten, S. 157/204 m.w.N.

2. Umwelt-Schutzgesetze

Aus der Sicht des Themas sind die Schutzgesetze besonders interessant. Die Schutzgesetze importieren nämlich die öffentlich-rechtlichen Betriebspflichten unter Umständen als "geronnene" Verkehrspflichten[28] ins Haftungsrecht. Die Wertentscheidungen des öffentlichen Rechts fließen in das Privatrecht hinein. Dennoch erhalten die Schutzgesetze ihren eigenen Charakter, indem sie auch, wenn ein Verstoß gegen die öffentlich-rechtlichen Betriebspflichten bereits ohne Verschulden erfolgen kann, immer zur Begründung einer Schadensersatzpflicht den Verschuldensnachweis verlangen. Die Schutzgesetze sind somit "Mischnormen". Sie koppeln die öffentlich-rechtliche Betriebspflicht an ein privatrechtliches Verschulden.

Obwohl das öffentliche Recht sich in den vergangenen zwei Jahrzehnten mittels einer großen Zahl spezieller Umweltgesetze weiterentwickelt hat und dies Anfang der siebziger Jahre im Schrifttum sogar zu einer kleinen "Schutzgesetzeuphorie" geführt hat[29], ist nicht zu erkennen, daß das in der Rechtsprechung zu einem beachtlichen Wachstum umweltrelevanter Schutzgesetze geführt hat. Die Zahl der umweltrechtlichen Schutzgesetze ist gering[30] und umstritten[31].

---

28 v. Bar, Verkehrspflichten, S. 241 hat diesen Begriff im Rahmen des § 831 BGB (Gehilfenhaftung) entwickelt. Der Begriff deutet darauf hin, daß sich das erst ungeschriebene, richterrechtliche Recht als gesetzliche Norm wiederfindet.

29 So führt Diederichsen, in BB 1973, S. 489 aus, daß die Verletzung von Schutznormen sich als Angelpunkt des Umwelthaftungsrechts erwiese. Ders. bereits nuancierter, in: FS. R. Schmidt, S. 12: "Eine vernünftige Betrachtungsweise kann zweifellos nicht so weit führen." Siehe auch Bauer, JZ 1974, S. 660; Simitis, VersR 1972, S. 1093.

30 BGHZ 69, S. 1 (§ 8 III u. IV WHG); 88, S. 34; OLG München NJW 1967, S. 570 (§§ 2, 3, 4 I Nr. 1 WHG); BGH VersR 1983, S. 44 (§§ 3 u. 8 TrinkwasserVO); OVG Münster BB 1976, S. 2199 (§ 5 I Nr. 1 BImSchG); LG Münster NJW-RR 1986, S. 947 (953); OLG Münster BlGBW 1978, S. 150 (§ 5 Nr. 1 u. 2 BImSchG); OVG Lüneburg BRS 32 Nr. 157, S. 283 (§ 22 I 1 BImSchG). Für die hier nicht erwähnten landesrechtlichen Schutzgesetze siehe RGRK(-Steffen), § 823 Rdn. 552.

31 So z.B. in bezug auf § 5 I Nr. 1 u. 2 BImSchG. Verneinend Larenz, Schuldrecht II, Bes. Teil, S. 622. Bejahend in bezug auf Nr. 1 Diederichsen, UTR Bd. 1, S. 127; Marburger, Gutachten zum 56. DJT, C. 122. Umstritten ist auch, ob die Norm zur Anerkennung als Schutzgesetz der behördlichen Konkretisierung bedarf und ohne weiteres als Grundlage für Verhaltenspflichten dienen kann. Siehe dazu MüKo(-Mertens), § 823 Rdn. 154, 154 a m.w.N.

IV. § 826 BGB

Das einzige Haftpflichtgebiet, in dem es eine Generalklausel gibt, wird von dem Wirkungsbereich des § 826 BGB umfaßt. Diese Norm begründet eine Haftpflicht für alle Schäden, also auch reine Vermögensschäden, die in einer gegen die guten Sitten verstoßenden Weise, einem anderen vorsätzlich zugefügt werden. Die Vorsätzlichkeit soll sich auf die Schadenszufügung beziehen. Die Sittenwidrigkeit kann von einem Tun oder Unterlassen hervorgerufen werden[32].

Umweltschäden können bewußt hervorgerufen werden. Zu denken ist nicht nur an Lärmimmissionen von Straßenarbeiten und Flugplätzen sowie Erschütterungen durch Bergbauarbeiten, sondern auch an die alltäglichen Verkehrsemissionen. Das öffentliche Recht genehmigt jedoch selbstverständlich nicht die *vorsätzliche* Schädigung der vom Privatrecht geschützten Interessen. Für die Privatrechtsgestaltende Wirkung des öffentlichen Rechts kommt der Vorschrift somit keine Bedeutung zu.

V. Der Unterlassungsanspruch nach § 1004 BGB

1. Die Entwicklung des Unterlassungsanspruches

Nach den Motiven und Protokollen zum BGB gehören die Bestimmungen der unerlaubten Handlung zu den Vorschriften, deren Zweck es ist, die Rechtskreise der Einzelnen, innerhalb derer sie ihre individuelle Freiheit entfalten und ihre Interessen verfolgen dürfen, von einander abzugrenzen[33]. Es handelt sich bei diesem Schutz der Persönlichkeitsrechte um ein "an Jedermann gerichtetes Verbot eines Eingriffes"[34].

Gerade wenn man derartigen Aussagen in den Gesetzgebungsmaterialien begegnet, ist es um so bemerkenswerter, daß der BGB-Gesetzgeber keinen allgemeinen Unterlassungsanspruch entwickelt hat. Zweck dieser Klage ist schließlich, daß einer rechtswidrigen Verletzung von Rechtspositionen vorgebeugt wird. Da man der An-

---

32 Z.B. BGH NJW 1963, S. 149 ff.

33 Prot. II, S. 567; Mot. II, S. 725.

34 Prot. II, S. 568; Mot. II, S. 726.

sicht war, daß das Bedürfnis zu einem allgemeinen Unterlassungsanspruch nicht vorhanden war[35], beschränkte man die Klage auf das Eigentumsrecht (§ 1004 BGB).

Dieser auf das Eigentumsrecht beschränkte Unterlassungsanspruch war zudem nur in den Fällen anzuwenden, in denen eine Beeinträchtigung des Rechtsgutes bereits erfolgt war, und weitere Beeinträchtigungen zu befürchten waren. § 1004 BGB bestimmt, daß der Eigentümer erst auf Unterlassung klagen kann, wenn weitere Beeinträchtigungen zu befürchten sind. Der Anspruch entfällt jedoch, wenn der Eigentümer den Eingriff dulden muß. Das ist der Fall, wenn ein Rechtfertigungsgrund vorliegt[36]. Eine Ausnahme dieser Regelung bildet § 907 BGB (gefahrdrohende Anlage). Auf sie ist später zurückzukommen.

Die Rechtsprechung hat aber § 1004 BGB als Ausdruck eines allgemeinen Rechtsgedankens verstanden und die Vorschrift nicht nur auf Eigentumsverletzungen beschränken wollen. Damit war eine der wichtigsten, über das Gesetzesrecht weit hinausgehende Schöpfungen der Praxis getan[37]. Das RG urteilte bereits im Jahre 1905, wobei es sich um die drohende Veröffentlichung eines vom Beklagten verfaßten Buches handelte, das Behauptungen enthielt, die geeignet waren, den guten Ruf der Klägerin zu schädigen: "Jeder auch nur objektiv widerrechtliche Eingriff in ein vom Gesetz geschütztes Recht berechtigt zu einer Klage auf Unterlassen ..."[38] Ob die drohende Beeinträchtigung von einer nach deliktsrechtlichen Maßstäben sorgfältigen oder unsorgfältigen Handlung hervorgerufen wird, ist für die Anwendung der Klage gleichgültig[39]. Wenn der Bedrohte nachweisen kann, daß eine Schädigung seiner geschützten Interessen bevorsteht, ist die potentiell gefährliche Handlung zu unterlassen. Allerdings wird dabei der Nachweis der höchsten Wahrscheinlichkeit verlangt[40].

---

35 Mot. III, S. 243.

36 Palandt(-Bassenge), § 1004 Rdn. 30.

37 v. Caemmerer, Wandlungen des Deliktsrechts, S. 49 (52).

38 RGZ 60, S. 6 (7).

39 RGZ 48, S. 114; 102, S. 335 (340); BGHZ 2, S. 394; MüKo(-Medicus), § 1004 Rdn. 48; RGRK(-Pikart), § 1004 Rdn. 28.

40 Eine ausreichende Wahrscheinlichkeit lag nach Ansicht des BGH vor in dem Fall, in dem eine Niederspannungsleitung das Wachstum der darunter

Der Unterlassungsanspruch ist nach § 1004 II BGB ausgeschlossen, wenn der Eigentümer zur Duldung verpflichtet ist. Wie zu beschreiben ist, ist das im Umwelthaftungsrecht regelmäßig der Fall.

2. Der Unterlassungsanspruch gegen den mittelbaren Störer

Dem privatrechtlichen Unterlassungsanspruch kommt in der Praxis eine untergeordnete Rolle zu. Das ist bemerkenswert, da dieser Anspruch gerade zur teilweisen Umgehung des schwierigen Kausalitätsnachweises geeignet sein kann. Die Klage läßt sich unter Umständen nämlich auch gegen den mittelbaren Störer anwenden. Als mittelbarer Störer wird derjenige angesehen, der die rechtliche und tatsächliche Möglichkeit hat, die auf ihn zurückgehenden, aber unmittelbar von einem anderen Rechtssubjekt verursachten, Störhandlungen zu steuern und die daraus folgenden Gefahren zu verhindern[41]. Einem Erfolg der Klage steht nicht im Wege, daß der mittelbare Störer das schädigende Verhalten des unmittelbaren Störers erlaubt hat und daß er diesen nur mittels finanzieller Opfer zum Verzicht auf die Ausübung des ihm in ihrem Innenverhältnis zustehenden Rechts bringen kann[42]. Der mittelbare Störer kann sich nur von der ihm obliegenden Pflicht befreien, indem er nachweist, daß eine Abhilfemöglichkeit fehlt[43].

Soweit ersichtlich, hat diese Konstruktion im Umweltrecht nur in drei Fällen Anwendung gefunden. Der Betreiber eines Omnibusunternehmens kommt als Störer in Betracht für die durch Fahrgäste verursachten Verunreinigungen der Umgebung einer Haltestelle[44]. Der Fluglärm landender und startender Flugzeuge ist dem Flugplatzhalter zuzurechnen[45]. Die Bundesrepublik kann als Grundstückseigentümerin Störerin wegen Beeinträchtigungen sein, die von einem, den Stationierungsstreit-

---

stehenden Bäume behinderte (BGH WM 1976, S. 185/186). Münzberg JZ 1967, S. 689 m.w.N.

41 RGRK(-Pikart), § 1004 Rdn. 63; MüKo(-Medicus), § 1004 Rdn. 47.

42 MüKo(-Medicus), § 1004 Rdn. 47.

43 BGHZ 69, S. 118 (123); BGH JZ 1968, S. 384.

44 BGH WM 1960, S. 1276.

45 BGH WM 1977, S. 1033 = DB 1977, S. 1694.

kräften überlassenen, Truppenübungsplatz ausgehen, wenn sie zur Beseitigung der Beeinträchtigung in der Lage ist[46].

C. Das Sachenrecht

I. Zum Ausgleichsanspruch des § 906 II BGB

1. Inhalt und Bedeutung der Vorschrift

Die dogmatisch und praktisch wichtigste Vorschrift des Umwelthaftungsrechts ist der bereits im Rahmen der geschützten Rechtspositionen angesprochene § 906 BGB. Die Vorschrift enthält in ihrem zweiten Absatz, wie bereits in § 4 dargestellt[47], eine Duldungspflicht, die über die des ersten Absatzes des § 906 BGB hinausgeht. Wenn eine wesentliche Beeinträchtigung ortsüblich[48] ist und vom Verursacher nicht mit wirtschaftlich zumutbaren[49] Mitteln zu verhindern ist, hat der Nachbar die schädlichen Emissionen als sozialadäquate Lasten zu tragen.

Nebenbei sei bemerkt, daß die Voraussetzung der wirtschaftlichen Zumutbarkeit erst im Jahre 1959 eingefügt wurde. Bis zu der Zeit waren die ortsüblichen Beeinträchtigungen, auch wenn sie mittels wirtschaftlich zumutbaren Maßnahmen zu verhindern waren, entschädigungslos hinzunehmen[50]. Vor dem Jahre 1959 hatte der Nachbar nur aufgrund der öffentlich-rechtlichen Vorschrift des § 26 GewO die Möglichkeit, auf die Errichtung wirtschaftlich zumutbarer Schutzvorkehrungen zu klagen[51].

---

46 BGHZ 49, S. 340, 347.

47 Siehe oben S. 43.

48 Siehe unten S. 60.

49 Der Betreiber hat die Schutzmaßnahmen nicht zu errichten, wenn dadurch die Kontinuierbarkeit seines Betriebes gefährdet wird. Siehe zu diesem Begriff eingehend unten S. 133.

50 Baur, JZ 1987, S. 317 (318).

51 Siehe oben S. 42.

Die Vorschrift begründet eine Duldungspflicht nach § 1004 II BGB. Wo das Recht auf Unterlassen zu klagen infolge der Bestimmungen des zweiten Absatzes geopfert werden muß, bekommt der Grundstückseigentümer den entstandenen Schaden ersetzt. Der Umfang des Ausgleichsanspruchs bestimmt sich nach den Grundsätzen, die für die Bemessung der Enteignungsentschädigung gelten[52].

Der Gesetzgeber hat sich für diese Ausgleichskonstruktion entschieden, da es so möglich ist, Vor- und Nachteile einer Beeinträchtigung gegeneinander auszugleichen. Als Beispiel wird in den Gesetzgebungsmaterialien der Fall herangezogen, in dem der Inhaber einer Gastwirtschaft neben dem Nachteil der Immissionen des benachbarten Fabrikwerkes gleichzeitig den Vorteil der mit dem Werk verbundenen Kundschaft hat[53]. In der Praxis hat die Vorschrift jedoch nie eine derartig "ausgleichende" Anwendung gefunden. Die Grenzen zwischen Entschädigung und Schadensersatz verwischen, und man muß sich fragen, ob der Unterscheidung überhaupt noch eine Bedeutung zukommt[54]. So führt das OLG Stuttgart in seinem Urteil v. 08.11.1988 aus, der Ausgleichsanspruch gem. § 966 II BGB sei i.S. des § 308 ZPO nicht "etwas anderes", sondern "weniger" als der geltend gemachte Schadensersatzanspruch[55].

2. Insbesondere: Dauerlastimmissionen und Ortsüblichkeit

Damit der Inhalt der Vorschrift und ihr Wirkungsbereich schärfere Umrisse bekommen, ist die Art der Immissionen, gegen die § 906 II BGB schützt, sowie der Begriff der Ortsüblichkeit zu beschreiben.

§ 906 BGB bezieht sich auf die Zuführung sinnlich wahrnehmbarer, nicht wägbarer Stoffe, die dem Grundstück durch die Luft auf mechanischem oder physikalischem Wege zugeleitet werden[56]. Eine Grundstücksschädigung, die durch Entziehung

52 BGHZ 90, S. 255 (263) m.w.N. aus der BGH-Rechtsprechung.

53 Siehe zu BT-Prot., 3. Wahlperiode, S. 4855.

54 Zuletzt Bälz, JZ 1992, S. 56 (58 ff.).

55 OLG Stuttgart NJW 1989, S. 1224.

56 Erman(-Hagen), § 906 Rdn. 5.

oder Zuführung von Grundwasser hervorgerufen wird, wird somit nicht von der Vorschrift erfaßt[57]. § 906 BGB bezieht sich im allgemeinen nicht auf die Beeinträchtigungen, die von einem Störfall hervorgerufen werden. Es ist eine Eigenschaft der Ortsüblichkeit, daß die, die Beeinträchtigung bewirkende, Benutzung öfter vorkommt[58]. Eine weitere wichtige Beschränkung liegt darin, daß die Entziehung positiver Umweltgegebenheiten, z.B. der Entzug von Licht und Luft, sowie immaterielle Einwirkungen, wie z.B. Nacktbaden auf dem benachbarten Grundstück[59], nicht zu den geregelten Einwirkungen gehören[60]. Die Begründung zur Ausklammerung negativer und immaterieller Einwirkungen besteht darin, daß die schädigende Benutzung sich innerhalb der Grenzen des eigenen Grundstückes hält[61]. Das Eigentum am betroffenen Grundstück ist durch diese Ausschließung des Abwehrrechts somit inhaltlich beschränkt[62]. Diese Ausklammerung des Abwehrrechts wird jedoch aufgehoben, wenn die Benutzung innerhalb der Grundstücksgrenze gegen drittschützende öffentlich-rechtliche Vorschriften verstößt. Der geschädigte Nachbar kann aufgrund § 823 II BGB auf Einhaltung dieser Vorschriften klagen[63].

Die Entwicklung geht dahin, daß die Rechtsprechung den Immissionenbegriff erweitert, wodurch sich der Wirkungsbereich der Vorschrift ausdehnt. So findet § 906 BGB in jüngster Zeit auch Anwendung bei Störfällen[64]. Die Rechtsprechung

---

57 Diese Schäden werden im Rahmen des § 823 BGB oder des § 22 WHG ersetzt. Siehe z.B. BGHZ 47, S. 1 (13) - Einsickerung von ölverseuchtem Grundwasser in ein Grundstück - und BGHZ NJW 1977, S. 763 - Entziehung der Stütze durch das Absenken von Grundwasser.

58 Staudinger(-Roth), § 906 Rdn. 194.

59 RGZ 76, S. 130 ff.

60 MüKo(-Säcker), § 906 Rdn. 20.

61 BGH NJW 1984, S. 729 ff.

62 Palandt(-Bassenge), 51. Aufl., § 903 Rdn. 8.

63 Vgl. Palandt(-Bassenge), a.a.O.

64 BGHZ 90, S. 255 ff. = VersR 1984, S. 655 - Grundstücksbeeinträchtigung infolge abfließenden Regenwassers -; BGH VersR 1985, S. 740 - Rohrbruch.

bezieht sie auch auf Immissionsarten, die nicht im Gesetzestext aufgelistet worden sind, wie z.B. störende Krähen und herabfließendes Regenwasser[65].

Abzulehnen bleibt aber die Tatsache, daß diese Vorschrift sich nach wie vor nur auf positive Umweltbelastungen bezieht[66]. Wie künstlich die Trennung zwischen positiven und negativen Immissionen ist, zeigt das Urteil des OLG Koblenz[67]. Bei Arbeiten zum Ausbau des Flußbettes der Saar wurden Bodenmieten aufgeschottet. Infolgedessen konnte die Kaltluft nicht mehr aus den Weinbergen in das Tal abfließen. Dadurch entstanden erhebliche Frostschäden an den Weinreben, die jedoch nach § 906 BGB nicht zu entschädigen waren, weil es sich hier nicht um die grenzüberschreitende Zuführung von schädlichen Umweltgegebenheiten handelte. Es ist aber nicht einzusehen, weshalb die Gefahrsteuerungspflicht des Verursachers sich nicht auf derart positive Beeinträchtigungen bezieht. Eine Verletzung einer Verkehrspflicht könnte hier vorliegen [68].

Der Ortsüblichkeitsbegriff geht zurück auf die wohl überholten Vorstellungen einer gleichartigen, kleingewerblichen Nutzung eines bestimmten Gebietes. Der Nachbar hat somit die Beeinträchtigung hinzunehmen, "die nach den örtlichen Verhältnissen bei Grundstücken dieser Lage gewöhnlich ist"[69]. Nach dieser Vorschrift muß der Schweinemäster den üblen Geruch und Lärm des benachbarten Schweinemästbetriebs hinnehmen, da er seinem Nachbarn und Kollegen die gleichen Beeinträchtigungen zufügt oder zufügen kann. § 906 BGB findet häufig Anwendung gerade auch in den Fällen, wo sich eben keine gleichartigen Grundstücksnutzungen gegenüberstehen. Dabei ist z.B. zu denken an die Lärm- und Luftimmissionen, die von einem Flugplatz ausgehen, und welche die anliegenden Grundstückseigentümer in ihrem Recht verletzen. Grundsätzlich immer da, wo ein Wohngebiet an ein Industriegebiet grenzt. Für die modernen Immissionenkonflikte trifft der ursprüngliche

---

65 Siehe den bereits erwähnten Fall des herabfließenden Regenwassers (BGHZ 90, S. 255 ff. = VersR 1984, S. 655) und OLG Zweibrücken, NJW-RR 1986, S. 688 (689) - Saatschäden durch angelockte Vögel.

66 BGHZ 83, S. 64 (66); 88, S. 344 (345).

67 UPR 1984, S. 205 ff.

68 Kritisch zu dieser Einschränkung auch Diederichsen, Referat zum 56. DJT, L. 52; Jauernig, JZ 1986, S. 606 ff.

69 RGBl. 1896, S. 195 (351).

Gedanke der gleichartigen, kleingewerblichen Nutzung nicht mehr zu. Der auf ihm basierende Ortsüblichkeitsbegriff ist dennoch geblieben und sogar weiterentwickelt. Einen ähnlichen Begriff enthält nämlich § 5 UmweltHG. Gemäß dieser Vorschrift ist die Schadensersatzpflicht ausgeschlossen, wenn u. a. eine Sachbeschädigung vorliegt, die nach örtlichen Verhältnissen zumutbar ist[70].

Die Bestimmung der Ortsüblichkeit ist im Einzelfall problematisch. Ihr Inhalt unterliegt ständigen Wandlungen. Mehr oder weniger entscheidend sind die Erfordernisse der wirtschaftlichen Entwicklungen, der Fortschritt des Verkehrs und der Technik, Interessen der Umwelt und die Anschauungen der beteiligten Bevölkerungskreise[71]. Für die Frage der Ortsüblichkeit kommt es auf das schädigende und nicht auf das betroffene Grundstück an[72]. Zur Bestimmung der Ortsüblichkeit lautet die zentrale Frage, ob im maßgeblichen Vergleichsbereich eine Mehrzahl von Grundstücken, mit nach Art und Umfang annähernd gleich beeinträchtigender Wirkung, auf andere Grundstücke genutzt wird[73]. Bei der Bestimmung dieses Vergleichsgebietes ist im Grundsatz von den Verhältnissen im ganzen Gemeindegebiet auszugehen[74]. Unter Umständen wird die Ortsüblichkeit von einem einzigen Betrieb bestimmt. Wichtiges Beispiel im Umwelthaftungsrecht sind die Flugplätze[75]. Zur Bestimmung der Ortsüblichkeit ist unerheblich, daß die Benutzung des betroffenen Grundstückes später begonnen hat als die des immittierenden Grundstückes[76].

II. Der bürgerlichrechtliche Aufopferungsanspruch

Das RG führt im Jahre 1907 aus: "Es bestehe im Gebiet des gemeinen Rechts der Grundsatz - der der Bestimmung im § 75 der Einleitung zum Allgemeinen Land-

---

70 Siehe unten S. 82.

71 Staudinger(-Roth), § 906 Rdn. 81; RGRK(-Augustin), § 906 Rdn. 47.

72 Staudinger(-Roth), § 906 Rdn. 182 m.w.N. aus der Rechtsprechung.

73 Staudinger(-Roth), a.a.O.

74 Staudinger(-Roth), § 906 Rdn. 184.

75 BGHZ 59, S. 378; 69, S. 105 ff.

76 BGHZ 77, S. 146; BGH NJW 1976, S. 1204 ff.

recht entspricht -, daß auch *abgesehen von den Fällen der Enteignung*[77], der Staat dann zur Entschädigung verpflichtet sei, wenn eine Verwaltungsbehörde auf Grund einer ihr gesetzlich zustehenden Befugnis im Interesse des öffentlichen Wohles in private dingliche Rechte eingreife und diesen Eingriffen nicht widersprechen werden könne."[78]

Dieser Gedanke findet sich nicht nur bezüglich staatlicher Eingriffe in private Rechtspositionen, sondern auch hinsichtlich der von privatrechtlichen Rechtssubjekten hervorgerufenen Beeinträchtigungen. In einem späteren Urteil des RG heißt es: "Man verkennt nicht, daß der Betrieb erhebliche Gefahren mit sich bringt und leicht zur Schädigung berechtigter Interessen führen kann, aber man gestattet ihn wegen des Interesses der Allgemeinheit. Daß unter diesen Umständen Ersatz geleistet werden muß, ist ohne weiteres verständlich."[79]

Oben erwähnter Gedanke bildet die Grundlage des bürgerlichrechtlichen Aufopferungsanspruches. Dieser Anspruch ist, wie gleichfalls aus obenstehendem Beispiel hervorgeht, ein von der Rechtsprechung geregeltes Rechtsinstitut, das auf dem Gewohnheitsrecht beruht. Der Anspruch gewährt einen verschuldensunabhängigen Schadensausgleich in all den Fällen, in denen ein rechtswidriger oder erlaubter Eingriff in eines der von § 823 I BGB geschützten Rechtsgüter vorliegt, und diese Beeinträchtigung und die Rechtsgutverletzung aus rechtlichen oder tatsächlichen Gründen nicht vom Geschädigten verhindert werden konnte[80].

Hervorgehoben sei, daß im Gegensatz zu § 906 BGB der bürgerlichrechtliche Aufopferungsanspruch sich nicht auf den Schutz des Grundstückseigentümers beschränkt. Der Anspruch erstreckt sich auch auf die übrigen in § 823 I BGB aufgeli-

---

77 Hervorhebung d. Verf.

78 RGZ 49, S. 252.

79 RGZ 99, S. 99.

80 Vgl. Staudinger(-Roth), § 906 Rdn. 239; z.B. BGHZ 28, S. 225; 48, S. 98; 60, S. 190; 72, S. 289; 85, S. 375; BGH WM 1985, S. 1041.

steten Rechtsgüter[81]. Dennoch ist der Aufopferungsanspruch in der Praxis immobilienbezogen. Seine Darstellung im sachenrechtlichen Kapitel ist daher berechtigt.

Der bürgerlichrechtliche Aufopferungsanspruch ist in den Fällen, in denen eine unerlaubte Beeinträchtigung eines Rechtsgutes erfolgt - die jedoch im allgemeinen Interesse geduldet werden muß -, regelmäßig gesetzlich geregelt. Auf diese unterschiedlichen Tatbestände ist später einzugehen[82]. Seine eigentlich wichtigste Bedeutung für die Weiterentwicklung des Umwelthaftungsrechts hat der Aufopferungsanspruch jedoch in den Fällen bekommen, in denen es für den Geschädigten aus tatsächlichen Gründen unmöglich war, die Beeinträchtigung seines Rechtsgutes zu verhindern. Hier hat die Rechtsprechung eine Art richterrechtliche Gefährdungshaftung entwickelt. Als Beispiel sei der folgende Fall erwähnt: Die Eigentümerin eines Grundstücks verwendete dieses zum "biologischen" Anbau von Kartoffeln. Infolge des Bodengefälles gelangten vom Nachbargrundstück mit dem Regenwasser Unkrautvernichtungsmittel auf die angebauten biologischen Kartoffeln. Da sie die Kartoffeln deshalb nicht mehr als biologisch vermarkten konnte, erhielt sie den entsprechenden Schaden ersetzt[83]. Die Aufopferung bestand darin, daß es für die Eigentümerin, bei der nicht ersichtlich war, daß sie Kenntnis von der Verwendung des Unkrautvernichtungsmittels hatte, unmöglich war, den ihr zustehenden Unterlassungsanspruch zu erheben[84].

---

81 Siehe Horst, Querverbindungen zwischen Aufopferungsanspruch und Gefährdungshaftung einerseits und Aufopferungsanspruch und Eingriffserwerb andererseits, S. 58 ff.

82 Siehe unten S. 66.

83 BGHZ 90, S. 255 ff.

84 Siehe auch OLG Stuttgart NJW 1989, S. 1224; LG Hechingen NJW 1987, S. 2729 (Die Zuführung und Ablagerung von Schrotblei, die tatsächlich vom Grundstückseigentümer nicht zu verhindern waren). Zudem LG Münster NJW-RR 1986, S. 947 (948) (Schäden eines Landwirtes durch Emissionen eines Zementwerkes); OLG Zweibrücken NJW-RR 1986, S. 688. Weitere Beispiele enthalten die beiden BGH-Urteile, in denen der Unterlassungsanspruch genommen wird, weil es für den Inhaber eines mangelhaften Dammes wirtschaftlich unzumutbar ist, diesen so nachzubessern, daß keine Wasserschäden verursacht werden können (BGHZ 58, S. 149), und beim andern - sehr bemerkenswert - der Geschädigte infolge der schwierigen juristischen Lage - es ist nicht zu erkennen, ob er mittels des öffentlichen oder des Privatrechts auf Unterlassung weiterer Beeinträchtigungen klagen muß - längere Zeit rechtswidrige Beeinträchtigungen hinnehmen muß (BGHZ 72, S. 289 [294]).

Erwähnenswert ist die Bemerkung *v. Bars*, daß man im ersten Beispielsfall (Unkrautvernichtungsmittel in biologischer Landwirtschaft) auch zu einer verschuldensabhängigen Schadensersatzpflicht im Rahmen des § 823 I BGB hätte kommen können. Schließlich verletzt der Nachbar seine Verkehrspflicht zur Sicherung der Interessen seiner Nachbarin. Er hätte verhindern müssen, daß das Regenwasser mit den schädlichen Rückständen auf das Nachbargrundstück gelangen konnte[85]. Der Gedanke findet sich auch in der Rechtsprechung wieder. In einem Urteil des LG Münster wurde der Klage eines Landwirtes auf Ersatz der von den Emissionen eines Zementwerkes hervorgerufenen Schäden, sowohl aufgrund einer Verkehrspflichtverletzung als auch eines Aufopferungsanspruchs, stattgegeben[86].

III. Die gesetzlichen Aufopferungsansprüche

1. Allgemeines

Die gesetzlichen Aufopferungsansprüche werden zum größten Teil von den Präklusionsnormen erfaßt[87]. Die Präklusionsnormen verbieten es dem Grundstückseigentümer - oder allen Rechtssubjekten schlechthin -, gegen die von einer genehmigten Anlage hervorgerufenen Beeinträchtigungen vorzugehen.
Die dadurch entstandenen Duldungspflichten begründen Aufopferungsansprüche, die zu der oben dargestellten Fallgruppe der Aufopferung zum Schutz allgemeiner Interessen gehören, in der der Beeinträchtigte seinen Unterlassungsanspruch nicht benutzen *darf*, obwohl er ihn tatsächlich benutzen *kann*[88].

2. § 14 BImSchG und § 11 LuftVG

Zweck des im Jahre 1974 in Kraft getretenen BImSchG ist zwar, in erster Linie die Umwelt zu schützen; gleichwohl begründet § 14 BImSchG, ganz nach dem Prinzip

85 v. Bar, Karlsruher Forum 1987, S. 9 u. 10.

86 LG Münster NJW-RR 1986, S. 947 (948, 952).

87 Siehe zu diesen Normen eingehend unten S. 168 ff.

88 Vgl. oben S. 65.

der Gewerbeordnung aus dem 19. Jahrhundert[89], einen erweiterten Bestandsschutz[90] für genehmigte Anlagen. Allerdings nur, insoweit deren Betrieb bei den benachbarten Grundstücken Schäden hervorruft, die nicht mittels nach dem Stand der Technik[91] durchführbaren Vorkehrungen, die wirtschaftlich vertretbar sind, vermindert werden können. In § 11 LuftVG wird für die Beeinträchtigungen, die von einem genehmigten Flugplatz ausgehen, auf die Regelung des § 14 BImSchG verwiesen. Grundstückseigentümer haben somit die Lärmbeeinträchtigungen startender und landender Flugzeuge hinzunehmen.

Da die Vorschrift einen erweiterten Bestandsschutz begründet, entfalten diese Ansprüche nach herrschender Meinung erst da ihre Wirkung, wo die Duldungsgrenzen des § 906 BGB überschritten werden[92]. Theoretisch ist das der Fall bei wesentlichen, nicht ortsüblichen Beeinträchtigungen und wesentlichen, ortsüblichen Beeinträchtigungen, die genehmigt sind. § 14 BImSchG gewährt einen Anspruch auf Schadensersatz und nicht wie § 906 II BGB eine Entschädigung. Es gibt aber - wie erörtert - nur geringe Unterschiede bezüglich der Höhe einer Entschädigung und der Höhe der Schadensersatzsumme.

Bislang gibt es in der Praxis kaum Schadensersatzansprüche gegeben, die sich auf diese Vorschrift stützen.
Soweit ersichtlich, ist das einzige Beispiel ein Urteil des OLG Frankfurt aus dem Jahre 1980[93]. Der Eigentümer eines Wohnhauses ging gegen einen Wasser- und Bodenverband, als Betreiber einer nach dem BImSchG genehmigten Müll-klärschlamm-Kompostieranlage, vor und klagte auf Unterlassung der von diesem Betrieb ausgehenden üblen Gerüche. § 14 BImSchG stand jedoch dem Erfolg der Klage im Wege. Die wesentlichen, nicht ortsüblichen Immissionen waren zu dul-

89 Siehe dazu oben S. 43.

90 BT-Drucks. 7/179, S. 36.

91 Siehe zu diesem Begriff unten S. 149.

92 BT-Drucks 7/179, S. 36; BVerfGE 72, S. 66 (67); Gerlach, Privatrecht und Umweltschutz im System des Umweltrechts, S. 33; Kleinlein, S. 261; Erbguth, HdUR Bd. I, S. 367; Kloepfer, Umweltrecht, S. 232; Staudinger (-Roth), § 906 Rdn. 72.

93 OLG Frankfurt VersR 1983, S. 41 ff.

den. Der Hauseigentümer bekam seinen Schaden jedoch aufgrund § 14 BImSchG ersetzt.

Die Schadensersatzpflicht gem. § 14 BImSchG ist seit der Inkraftsetzung des UmweltHG überholt. Das UmweltHG begründet - wie zu beschreiben ist - eine Gefährdungshaftung für die schädlichen Folgen des nach dem BImSchG genehmigten Betriebes. Die Tatsache, daß diese Gefährdungshaftung in ihrer Höhe auf 160 Mio DM beschränkt ist (§ 17 UmweltHG), wird für die Praxis ohne Bedeutung sein.

3. § 12 FluglärmG und die §§ 39 und 42 ff. BauGB

Dem Flugplatzhalter obliegt gem. § 12 I FluglärmG eine angemessene Entschädigungspflicht für die Schäden, die dadurch verursacht werden, daß die bisher zulässige bauliche Nutzung eines Grundstücks, zum Zwecke der Fluglärmbekämpfung (§ 5 FluglärmG), aufgehoben wird und diese Aufopferung eine nicht nur unwesentliche Wertminderung des Grundstücks mit sich bringt (§ 8 I 1 FluglärmG). Ein derartiges Bauverbot ergibt sich, wenn infolge der Lärmbelästigung in der Umgebung des Flugplatzes solche Beeinträchtigungen entstehen, daß das Wohnen in diesem Lärmschutzbereich untersagt werden muß (§§ 4 II u. 5 des FluglärmG). Der Lärmschutzbereich umfaßt das Gebiet außerhalb des Flugplatzgeländes, in dem der durch Fluglärm hervorgerufene äquivalente Dauerschallpegel 67 dB[A] überschritten wird. Der Lärmschutzbereich wird nach dem Maß der Lärmbelästigung in zwei Schutzzonen gegliedert. Die Schutzzone 1 umfaßt das Gebiet, in dem der äquivalente Dauerschallpegel 75 dB[A] übersteigt, die Schutzzone 2 das übrige Gebiet des Lärmschutzbereiches (§ 2 FluglärmG). Die Lärmschutzbereiche sind neu festzusetzen, wenn eine Änderung in der Anlage oder im Betrieb des Flugplatzes zu einer wesentlichen Veränderung der Lärmbelästigung in der Umgebung des Flugplatzes führen wird. Die Festsetzung des Lärmschutzbereiches ist spätestens nach Ablauf von zehn Jahren zu überprüfen (§ 4 III FluglärmG). Daß gerade bei den Einwirkungen, die von Flugplätzen ausgehen, die Gefahrenlage besonders schwierig einzuschätzen ist, folgt aus dem Bericht "Erfahrungen zur Durchführung des Fluglärmgesetzes"[94].

94 BT-Drucks. 8/2254, S. 13.

Eine Entschädigung in Geld wird auch gewährt, soweit durch das Bauverbot Aufwendungen für Vorbereitungen zur baulichen Nutzung des Grundstückes, die der Eigentümer im Vertrauen auf den Bestand der bisher zulässigen baulichen Nutzung des Grundstückes gemacht hat, an Wert verlieren (§ 8 I 2 FluglärmG).

In den Lärmschutzbereichen, in denen Wohnen noch gestattet ist, werden auf Antrag Aufwendungen nach bestimmten Höchstsätzen (§§ 9 III u. IV, 10 FluglärmG) durch den Flugplatzhalter erstattet (§§ 9 I und 12 FluglärmG).
§ 16 FluglärmG bestimmt, daß die Ansprüche, die auf dem FluglärmG beruhen, weitergehende Entschädigungen, aufgrund anderer Vorschriften, nicht außer Kraft setzen.
Eine ähnliche Regelung wie die Entschädigungsansprüche des FluglärmG enthalten §§ 39, 42, 43 und 44 BauBG. Haben Eigentümer im berechtigten Vertrauen auf den Bestand eines rechtsverbindlichen Bebauungsplanes Vorbereitungen für die Verwirklichung von Nutzungsmöglichkeiten getroffen, die sich aus dem Bebauungsplan ergeben, können sie eine angemessene Entschädigung in Geld verlangen, wenn die getroffenen Aufwendungen durch die Änderung, Ergänzung oder Aufhebung des Planes an Wert verlieren (§ 39 BauGB). Das gleiche trifft zu, wenn die zulässige Nutzung eines Grundstückes durch einen rechtskräftigen Bebauungsplan aufgehoben oder geändert wird und dadurch eine nicht nur unwesentliche Wertminderung des Grundstückes eintritt (§ 42 BauGB). Entschädigungspflichtig ist in erster Linie der Begünstigte. Wenn dieser aber nicht zur Entschädigung bereit ist oder ein Begünstigter nicht bestimmbar ist, ist die Gemeinde zur Entschädigung verpflichtet.

4. Die §§ 8 III, 10 II und 22 III WHG

Vorschriften, die - soweit ersichtlich - in der Praxis keine Anwendung gefunden haben, sind Entschädigungspflichten aufgrund der §§ 8 III und 10 II WHG. Wie § 14 BImSchG begründen sie einen erweiterten Bestandsschutz für den genehmigten Betrieb.

§ 8 I WHG erlaubt gegebenenfalls die Erteilung einer Bewilligung. Die Bewilligung gewährt das Recht, ein Gewässer, in einer nach Art und Maß bestimmten Weise, zu benutzen. Sie gibt jedoch kein Recht auf Zufluß von Wasser bestimmter Menge und Beschaffenheit (§ 2 WHG). Eine Bewilligung darf nur erteilt werden, wenn dem Unternehmer die Durchführung seines Vorhabens ohne eine gesicherte Rechtsstellung nicht zugemutet werden kann, und die Benutzung einem bestimmten Zweck dient, der nach einem bestimmten Plan verfolgt wird (§ 8 I u. II WHG). Den §§ 8 III, 10 II WHG kommt praktisch nur eine sehr geringe Bedeutung zu. Seit der Änderung des WHG im Jahre 1976[95] darf die Bewilligung nicht mehr für das Einleiten von Stoffen erteilt werden. Somit kann nur die Entnahme bestimmter Wassermengen genehmigt werden.

§ 8 III WHG begründet für den betroffenen Wasserbenutzer dann eine Duldungspflicht, wenn die mit dem bewilligten Betrieb verbundenen nachteiligen Wirkungen nicht durch Auflagen verhindert oder ausgeglichen werden können, und die Bewilligung gleichwohl aus Gründen des Wohls der Allgemeinheit (z.B. zum Zwecke der öffentlichen Wasserversorgung) erteilt wird. Für diese Aufopferung seines Rechts ist der Betroffene zu entschädigen.

§ 10 II WHG bildet für den Betroffenen eine Duldungspflicht hinsichtlich der Beeinträchtigungen, die für ihn während des Genehmigungsverfahrens nicht vorhersehbar waren und die nicht durch nachträgliche Auflagen verhindert oder ausgeglichen werden können. Der Betroffene ist für diese Aufopferung seines Rechts zu entschädigen. Im Gegensatz zu § 8 III WHG beruht die Duldungspflicht des § 10 II WHG nicht auf dem, gegenüber dem individuellen Interesse stehenden, Wohl der Allgemeinheit, sondern auf dem Interesse des Betreibers an dem Bestandsschutz seines Betriebes.

§ 11 WHG verbietet dem, von den schädlichen Einwirkungen des bewilligten Betriebes, Betroffenen nicht nur, auf Unterlassung zu klagen, sondern ihm wird auch das Recht auf Schadensersatz genommen. § 22 III WHG enthält jedoch einen Entschädigungsanspruch. Der Betroffene ist nach § 10 II WHG zu entschädigen.

IV. Die vorbeugende Unterlassungsklage nach § 907 BGB

§ 907 BGB ist eine besondere Vorschrift. Er berechtigt den Grundstückseigentümer dazu, über den privatrechtlichen Rechtsweg gegen die Errichtung oder den Betrieb einer Anlage auf einem Nachbargrundstück vorzugehen, wenn mit Sicherheit vor-

95 4. Änderungsgesetz zum WHG v. 26.04.1976, BGBl. I, S. 1109; siehe auch BT-Drucks. 6/2869.

auszusehen ist, daß von dieser Anlage unzulässige Einwirkungen auf sein Grundstück ausgehen werden. Diese offensive Nachbarklage steht ihm jedoch nicht zu, wenn landesgesetzliche Vorschriften[96], die einen bestimmten Abstand von der Grenze oder sonstige Schutzmaßregeln beim Betrieb der Anlage vorschreiben, eingehalten werden. In dem Fall kann er erst, wenn eine unzulässige Einwirkung vorliegt, auf Unterlassung des Betriebes klagen. Dieser 2. Satz der Vorschrift beruht auf dem Gedanken, daß die Beachtung dieser spezialgesetzlichen Vorschriften in der Regel zur Verhinderung von Beeinträchtigungen genügt[97].

Die Vorschrift des § 907 BGB hat nie eine praktische Bedeutung erlangt. Das mag darauf zurückzuführen sein, daß das öffentliche Nachbarrecht sich im Laufe der Zeit besonders stark entwickelt hat. Die von § 907 BGB erfaßten Konflikte werden im Rahmen der Bauleitplanung und der Erteilung einer Baugenehmigung sowie der Genehmigung nach dem BImSchG oder LuftVG bewältigt.

Den Löwenanteil der Rechtsprechung zu § 907 BGB bilden die Urteile des RGZ. Man befaßt sich dabei nie mit der eigentlich von § 907 BGB erfaßten Frage, ob die Errichtung einer Anlage infolge ihrer Gefährlichkeit durch den Nachbarn *verhindert* werden kann. Es handelt sich in diesen Fällen immer um Schadensersatzansprüche, die auf dem, oben beschriebenen, Aufopferungsgedanken basieren.
Beispiele bilden die Fälle, in denen es sich um die nicht nach den sichersten Methoden betriebenen Munitionsfabriken des 1. Weltkrieges handelt[98]. Die Vorsichtsmaßnahmen sind durch den Notzustand nicht genügend berücksichtigt worden. Die Explosionsgefahr wurde infolgedessen auf das höchste gesteigert und wurde zu einer akuten und dauernden Gefahr. Eine Unterlassungsklage wäre infolge des Krieges erfolglos gewesen. Die Kriegsführung erforderte gebieterisch den weiteren Betrieb der Fabriken[99]. "Als Ersatz für diese Entziehung eines so wesentlichen Rechts müsse ihnen daher entsprechend dem vom Reichsgericht entwickelten allgemeinen Rechtsgedanken gegen die Folgen der Explosion, der sie schutzlos preisge-

96 § 907 BGB beruht auf dem Rechtszustand des 19. Jahrhunderts. Insoweit gegenwärtig bundesgesetzliche Vorschriften über Grenzabstände oder Schutzmaßnahmen bestehen, ist der 1. Absatz entsprechend anzuwenden MüKo(-Säcker), § 907 Rdn. 16.

97 MüKo(-Säcker), § 907 Rdn. 15.

98 RGZ 101, S. 102 ff.; 104, S. 81 ff.; 134, S. 254 ff.

99 RGZ 101, S. 104.

geben gewesen seien, eine durch den Verschuldensnachweis bedingte Klage auf Ersatz der Explosionsschäden zugebilligt werden."[100]

Wie dicht die Schutzgesetze (und somit auch die Verkehrspflichten) sich der Gefährdungshaftung annähern, zeigt sich besonders deutlich im Rahmen dieser Vorschrift. Einerseits wird § 907 BGB von der Rechtsprechung als Schutzgesetz anerkannt[101] - demzufolge hat man das Verschulden nach dem Text des § 823 II somit immer nachzuweisen[102] -, andererseits erkennt die Rechtsprechung, daß § 907 BGB aufgrund des Aufopferungsgedankens einen *verschuldensunabhängigen* Schadensersatzanspruch beinhalten kann.

D. Die Gefährdungshaftung

I. Die Typen der Gefährdungshaftung

1. Die klassische Gefährdungshaftung

Die Gefährdungshaftung war die haftpflichtrechtliche Antwort auf die Weiterentwicklung der Industrie und die damit verbundenen gesellschaftlichen Risiken. Die Entwicklung der Technik brachte einerseits für jedes einzelne Mitglied der Gesellschaft große Vorteile, andererseits war der Stand der Sicherheitstechnik jedoch nicht so hoch, daß das an sich vorteilhafte Unternehmen betrieben werden konnte, ohne regelmäßig Personen- und Sachschäden hervorzurufen.

Die erste Gefährdungshaftung gab es denn auch für Schäden, die bei Störfällen des Eisenbahnbetriebes entstanden. § 25 des preußischen Gesetzes vom 3. November 1838 über die Eisenbahnunternehmungen lautete: "Die Gesellschaft ist zum Ersatz verpflichtet für allen Schaden, welcher bei der Beförderung auf der Bahn an den auf derselben beförderten Personen und Gütern oder auch an andern Personen und deren Sachen entsteht, und sie kann sich von dieser Verpflichtung nur durch den Be-

100 RGZ a.a.O.

101 Z.B. BGH NJW 1991, S. 1671; auch die genehmigungsrechtlichen Vorschriften, die die Errichtung und Betreibung der Anlage erlauben, sind als Schutzgesetze anerkannt (BGHZ 55, S. 354).

102 RGZ 145, S. 107 (115).

weis befreien, daß der Schade entweder durch die eigene Schuld des Beschädigten oder durch einen unabwendbaren äußeren Zufall bewirkt worden ist. Die gefährliche Natur der Unternehmung selbst ist als ein solcher von dem Schadensersatz befreienden Zufall nicht zu betrachten."

Hedemann schreibt zu diesem Gesetz, daß mit diesem Übergang vom Verschuldensprinzip zur Haftung für bloße Verursachung eine wahrhaft geniale Tat getan war[103]. Man schuf eine Haftpflicht, unabhängig von einer Sorgfaltsverletzung. Die Frage nach der Rechtswidrigkeit und dem Verschulden wurde dabei für die Haftpflichtbestimmung außer Betracht gelassen.

Nebenbei sei aber bemerkt, daß man in anderen Teilen Deutschlands bis zum Jahre 1861 mit der Verschuldenshaftung die gleichen haftpflichtrechtlichen Erfolge erzielte. Das Musterbeispiel bildet in diesem Zusammenhang das Urteil des OAG München vom 16. 4. 1861[104]. Im Rahmen eines genehmigten Eisenbahnbetriebes entstehen Schäden infolge des Funkenflugs. Das Gericht führt dazu aus: "Die Concession zum Betrieb einer Eisenbahn, wodurch erfahrungsgemäß täglich und stündlich das Eigentum der Einwohner mit Feuergefahr bedroht wird, welches aber dessen ungeachtet aus höheren staatsökonomischen Rücksichten und im Hinblick auf den Weltverkehr unumgänglich geboten erscheint, nur unter Schadloshaltung der Einwohner" geschehen kann. Die Handlung des Eisenbahnunternehmers ist vom rein zivilrechtlichen Gesichtspunkt eine unerlaubte. Ein Verschulden des Unternehmers liegt vor, da irgendeine Schädigung infolge des Bahnbetriebes vorhersehbar war.

Man übersieht allzu leicht, daß durch die Einführung der Gefährdungshaftung der Handlungsspielraum des Betriebes im Grunde genommen erweitert wurde. Denn es war und ist gerade Sinn und Zweck der Gefährdungshaftung, Tätigkeiten zu erlauben, die man im Prinzip, da sie die von § 823 I BGB geschützten Rechtsgüter unmittelbar bedrohen, als rechtswidrig zu bezeichnen hat[105]. Diese "unerlaubte" Handlung kann jedoch nur unter zwei Voraussetzungen gebilligt werden, erstens,

---

103 Hedemann, Die Fortschritte des Zivilrechts im XIX. Jahrhundert, S. 88.

104 SeuffArch Bd. 14, Nr. 208, S. 354 (358).

105 v. Bar, FS. f. Hermann Lange, S. 385. Siehe zu dem Rechtswidrigkeitsbegriff unten S. 85 ff.

wenn allgemeine Interessen es gebieten, und zweitens, wenn der Geschädigte Schadensersatz erhält. Wie dargestellt, hat die Rechtsprechung den verschuldensunabhängigen Aufopferungsanspruch aufgrund der gleichen Voraussetzungen entwickelt[106]. Die gemeinsamen Grundlagen des bürgerlichrechtlichen Aufopferungsanspruchs und der Gefährdungshaftung folgen beispielhaft aus einer Entscheidung des Reichsgerichts aus dem Jahre 1938: "Als Ausgleich für die in § 1 I LuftVG angeordnete allgemeine Beschränkung des Grundeigentums im Interesse des Luftverkehrs kann lediglich § 19 (= § 33 LuftVG n.F.) daselbst angeordnete strenge Haftung angesehen werden." § 33 LuftVG stellt somit einen bürgerlichrechtlichen Aufopferungsanspruch in Form einer Gefährdungshaftung dar. Die Gefährdungshaftung wird jedoch nicht vom Standpunkt des Opfers aus begründet - wie das bei der Aufopferungsklage der Fall ist -, sondern vom Standpunkt des Verursachers aus. Diese Unglücksschäden soll derjenige tragen, in dessen Bereich die Gefahrenquelle liegt, und der in erster Linie Nutzen aus der erlaubten gefährlichen Aktivität zieht[107].

Mittels der Gefährdungshaftung konnten also risikovolle Handlungen durchgehen, die vorhersehbar Rechtsgutverletzung mit sich brachten und deshalb im Prinzip von der Rechtsordnung zu mißbilligen waren. Gerade durch die Entwicklung einer strengen Haftpflicht für dieses an sich "illegale" Handlungsgebiet konnten die für die Gesellschaft vorteilhaften, den einzelnen unter Umständen schädigenden, Handlungen als erlaubt qualifiziert werden. Die klassische Gefährdungshaftung hat sich somit neben dem vom Deliktsrecht erfaßten Haftpflichtbereich entwickelt[108].

2. Die moderne Gefährdungshaftung

Der zweite Typus der Gefährdungshaftung, der als "moderne" Gefährdungshaftung zu charakterisieren ist, unterscheidet sich von der klassischen Gefährdungshaftung dadurch, daß er eben keine Haftpflicht außerhalb des Anwendungsgebietes des Deliktsrechts begründet, dessen Zweck es ist, die Handlungsspielräume im allgemeinen Interesse zu erweitern. Es ist - ganz im Gegenteil - gerade Sinn und Zweck die-

---

106 Siehe oben S. 64.

107 BGHZ 24, S. 21 (26); MüKo(-Mertens), Vorbem. §§ 823 - 853 Rdn. 41.

108 Deutsch, Haftungsrecht I, S. 365.

ses Typus, die Sorgfalt zum Schutz des einzelnen zu fördern. So dient z.B. die Gefährdungshaftung des ProdHaftG[109] und die Gefährdungshaftung des UmweltHG nicht dazu, um eine Schadensersatzpflicht für die erlaubte, im allgemeinen Interesse gesetzte, Gefahr zu begründen, sondern um eine Haftpflicht für Gefahr, die im Regelfall niemandem nützt[110]. Bei der modernen Gefährdungshaftung ist nicht der Leitgedanke, Schaden zu ersetzen, sondern ist es Hauptziel, Schaden zu verhindern. Der zweite Typus lenkt das Verhalten des Betreibers und fördert die Sorgfalt, er wird somit als eine verhaltensbezogene, statt gefahrbezogene Gefährdungshaftung qualifiziert[111]. § 1 a II WHG verpflichtet z.B. jedermann dazu, bei Maßnahmen, mit denen Einwirkungen auf ein Gewässer verbunden sein können, die nach den Umständen erforderliche Sorgfalt anzuwenden, damit eine Verunreinigung des Wassers möglichst verhindert wird. Die Einhaltung dieser Sorgfaltspflicht wird durch die erwähnte Gefährdungshaftung gefördert.

Die moderne Gefährdungshaftpflicht hat sich für das Umweltrecht aus dem "Kupolofen-Fall" entwickelt[112]. Analog der Rechtsprechung zur Produzentenhaftung[113] kam der BGH auch im Kupolofen-Fall für das Umwelthaftungsrecht zu der Schlußfolgerung, daß es gerade Aufgabe des Beklagten ist, nachzuweisen, daß er die zumutbaren Vorkehrungen, um eine Schädigung des Klägers zu verhindern, getroffen hat. Da der Geschädigte im Rahmen von technisch komplizierten Sachverhalten nicht imstande war, nachzuweisen, ob der vermutliche Verursacher seine Sorgfaltspflichten ihm gegenüber eingehalten hat, findet in derartigen Fällen eine Umkehrung der Beweislast statt. Die Anforderungen an diesen Entlastungsbeweis dürfen allerdings nicht überspannt werden, da gewährleistet werden muß, daß der Beklagte nicht mit einer bloßen Verursacherhaftung belastet wird, sondern nur für ein Verschulden einzustehen hat[114].

---

109 BGBl. I 1989, S. 2198.

110 v. Bar, FS. f. Hermann Lange, S. 388.

111 v. Bar, a.a.O., S. 387.

112 BGHZ 92, S. 143 ff.

113 BGHZ 51, S. 91 ff.

114 BGHZ 92, S. 151.

Obwohl die Rechtsprechung sich somit der Gefährdungshaftung näherte, unterscheidet sich diese Judikatur dadurch, daß es dem Verursacher nach wie vor möglich ist, sich von der Haftpflicht zu befreien, indem er nachweist, daß er die ihm obliegenden Sorgfaltsnormen eingehalten hat.

Mit dem Inkrafttreten des Produkthaftungsgesetzes[115] und des Umwelthaftungsgesetzes gibt es heute für die Bereiche, in denen eine Modifikation durch die zuvor beschriebene Beweislastumkehr erfolgt ist, eine Gefährdungshaftung[116].

Zum Schluß ist folgender Unterschied zwischen beiden Typen der Gefährdungshaftung zu erwähnen. Die klassische Gefährdungshaftpflicht begründet immer nur eine Schadensersatzpflicht für die Rechtsgutsverletzungen, die infolge von Störfällen des normalen Betriebes hervorgerufen werden. Die moderne Gefährdungshaftung kann nach ihrer verhaltensbezogenen Art sich auch auf die Schäden, die vom normalen, alltäglichen, störungsfreien Betrieb hervorgerufen werden, beziehen[117].

Der Unterschied zwischen der modernen Gefährdungshaftung einerseits und § 906 BGB und den Aufopferungsansprüchen andererseits, die beide gleichfalls eine verschuldensunabhängige Haftpflicht für Dauerlastschäden begründen können, besteht darin, daß es sich im Fall der Gefährdungshaftung um eine sorgfaltsfördernde Haftpflicht handelt, während mittels § 906 BGB und der Aufopferungsansprüche erweiterte Duldungspflichten begründet werden. Beide sind jedoch verhaltens- und nicht gefahrbezogen.

II. Die einzelnen Anspruchsgrundlagen der Gefährdungshaftung

1. § 22 I WHG

"Derjenige, der Stoffe in ein Gewässer einbringt oder einleitet oder derart auf ein Gewässer einwirkt, daß sich infolgedessen die physikalische, chemische oder biolo-

115 BGBl. I S. 2198; Richtlinie v. 25.7.1985 - 374/EWG - ABl. EG L 210 v. 7.8.1985, S. 29.

116 Eine Haftung aufgrund anderer Vorschriften bleibt unberührt (§ 18 I UmweltHG, § 15 II ProdHaftG).

117 Z.B. § 22 I WHG und § 1 UmweltHG.

gische Beschaffenheit des Wassers verändert, soll die dadurch entstandenen Schäden ersetzen" (§ 22 I WHG).
Die Haftpflicht setzt bei unterschiedlichen menschlichen Handlungen (Einwirken, Einbringen, Einleiten) an. Das Einbringen bezieht sich auf feste Stoffe. Einleiten umfaßt flüssige Stoffe und Gase. Das Einwirken umfaßt die Handlungen, die nicht als Einbringen oder Einleiten zu bezeichnen sind[118]. Der Gesetzgeber hat bei dem Begriff Einwirken in erster Linie an die Beeinträchtigung durch radioaktive Strahlung der Gewässer gedacht[119]. Einwirken bezieht sich somit z.B. auf die Zuführung von Stoffen oder Strahlungen über die Luft in das Wasser. Die Bedeutung des Begriffes geht jedoch in der Praxis über diesen Wirkungsbereich hinaus. Man wirkt auch auf Gewässer ein, indem man den Abfluß sauberen Wassers erschwert und infolgedessen den Abbau der schädlichen Stoffe nachteilig beeinflußt[120].

Zur Begründung der Haftpflicht verlangt die herrschende Lehre nicht, daß der Handelnde den Schaden vorhersehen und vermeiden konnte, sondern es wird nur der Wille zur Entsorgung im Rahmen dieser Haftpflicht vorausgesetzt[121]. Nach dieser Auffassung begründet § 22 I WHG somit keine Haftpflicht für mittelbare Gewässerverunreinigungen, wie z.B. Nitratauswaschungen im Grundwasser infolge landwirtschaftlicher Düngung[122]. Es gilt jedoch auch die Ansicht, daß zur Begründung der Haftpflicht die bloße, objektive Eignung der Handlung, das Wasser zu verschmutzen, genügt[123].

Der Zivilsenat des BGH hat bis heute die Beantwortung dieser Streitfrage offen gelassen[124]. Nicht jedoch der Strafrechtssenat, dessen Auffassung mit der herrschenden Lehre in Übereinstimmung ist. Im BGH-Urteil aus dem Jahre 1966 han-

---

118 G.W.C., § 22 WHG Rdn. 17.

119 G.W.C., § 22 WHG Rdn. 17.

120 Siehe zu alldem G.W.C., § 22 Rdn. 1, 9, 10, 16 sowie BGH NJW 1976, S. 291.

121 v. Bar, Karlsruher Forum 1987, S. 9; Deutsch, JuS 1981, S. 322; Sieder/Zeidler/Dahme, § 22 Rdn. 18, 24.

122 Salzwedel, NuR 1983, S. 49/50.

123 So G.W.C., § 22 Rdn. 7.

124 Siehe z.B. BGHZ 57, S. 170 (173); 62, S. 351 (356).

delt es sich um eine Grundwasserschädigung, die durch Düngung mit Fäkalienjauche hervorgerufen wurde. Durch das dadurch verseuchte Trinkwasser erkrankten 18 Personen an Typhus. Der BGH führt aus, daß es an einem Einleiten i.S.d. § 22 I WHG fehle, da es sich dabei - auch bei der fahrlässigen Begehungsform - nur um eine ihrem Wesen nach zweckbestimmte Zuführung handeln könne. Die bloße Verursachung des Hineingelangens gehöre somit nicht dazu[125].

Die Ansicht der bewußten Entsorgung führt aber zu Problemen hinsichtlich der Haftpflicht für höhere Gewalt. Nicht in allen Fällen der höheren Gewalt - z.B. Naturgewalt - ist von einer bewußten Entsorgung die Rede. Dennoch gibt es auch in diesen Fällen eine Haftpflicht.

Obwohl sich diese Haftpflicht im wesentlichen auf die Erstattung von Dauerlastschäden bezieht, steht der Definition der unterschiedlichen Begriffe nicht im Wege, daß auch die einmalige schädliche Entsorgung von dieser Haftpflicht erfaßt wird[126]. Im letzteren Bereich ist aber zweifellos die, im nächsten Abschnitt zu erörternde, Gefährdungshaftung des § 22 II WHG wichtiger.

Bemerkenswert an der Gefährdungshaftung des § 22 I WHG ist, daß sie nicht unmittelbar den Schutz der in § 823 I BGB aufgeführten Rechtsgüter bezweckt, sondern bei dem Schutz des Umweltmediums Wasser ansetzt.
Zudem ist hervorzuheben, daß sich die Schadensersatzpflicht nicht auf den Ersatz von Personen- und Sachschäden beschränkt, sondern sich als einzige Gefährdungshaftung auch auf den Ersatz der reinen Vermögensschäden erstreckt. So gewährte der BGH aufgrund § 22 I WHG einen Anspruch auf Ersatz von Kosten zur Untersuchung von Wasserproben, obwohl eine Verletzung des Eigentums oder des Rechts am eingerichteten und ausgeübten Gewerbebetrieb des klagenden Wasserverbandes nicht vorlag. Es genügte, daß eine tatsächliche Wasserverschmutzung, die die Rechtssphäre des Klägers bedrohte, am Ort des Einleiters vorlag[127]. Nicht jeder, der einen reinen Vermögensschaden erleidet, bekommt diesen Schaden ersetzt. Der BGH hat entschieden, daß der Kreis der Anspruchsberechtigten sich im wesentlichen auf die Wasserbenutzer nach § 3 WHG und die Fischereiberechtigten

---

125 NJW 1966, S. 1570.

126 OLG Celle WuB 1953, S. 277.

127 BGH NJW 1988, S. 1593; siehe auch BGH VersR 1972, S. 463 (465).

beschränkt[128]. Die Haftpflicht schützt somit die unmittelbaren, oft genehmigten[129] Wasserbenutzer.

Zum Schluß sei darauf hingewiesen, daß die Haftpflicht auch Anwendung finden kann, wenn Schaden durch höhere Gewalt hervorgerufen wird. Beispiele bilden die Fälle, in denen Gemeinden, welche Abwässer, die außergewöhnliche Einmischungen enthalten, aus ihrer Kanalisation in ein Gewässer einleiten. Für die Haftpflicht ist gleichgültig, ob diese gefährlichen Stoffe gegen den Willen der Gemeinde oder entgegen einem von ihr ausgesprochenen Verbot in die Kanalisation gelangt sind. Die Gemeinde haftet unter Umständen, da sie durch das Sammeln der Abwässer und der damit verbundenen Konzentration eine zusätzliche Gefahrenquelle geschaffen hat[130].

2. § 22 II WHG

Die Vorschrift des zweiten Absatzes richtet sich im Gegensatz zu der des ersten Absatzes nicht an jedermann. Sie beinhaltet eine klassische Gefährdungshaftung, die auf Anlagen[131] beschränkt ist, die bestimmt sind (wassergefährdende) Stoffe herzustellen, zu verarbeiten, zu lagern, abzulagern, zu befördern oder wegzuleiten.

Die Haftpflicht bezieht sich auf das bloße Hineingelangen wassergefährdender Stoffe. Der Wille zur Entsorgung, wie beim Einleiten und Einbringen des § 27 I WHG, ist keine Voraussetzung. Bemerkenswert ist, daß die Haftpflicht für Schäden, die infolge höherer Gewalt entstanden sind, im Rahmen des zweiten Absatzes ausgeklammert ist.

---

128 BGHZ 103, S. 129 (133).

129 Das Fehlen eines derartigen Rechts schließt den Schadensersatzanspruch aufgrund des § 22 WHG jedoch nicht völlig aus. Siehe dazu BGHZ 55, S. 180 (186).

130 G. W. C. § 22 Rdn. 12; Sieder/Zeidler/Dahme, § 22 Rdn. 39.

131 Der Anlagebegriff wird weit gefaßt. Es kommt weder auf die Größe noch auf die technische Ausstattung noch auf den wirtschaftlichen Zweck der Anlage an. Auch wird nicht zwischen ortsfesten und beweglichen Anlagen unterschieden. So hat der BGH ein Güllefaß, das mit einer Vakuumpumpe gefüllt, entleert und auf einem Trecker transportiert wurde, als Anlage qualifiziert; BGH ZfW 1972, S. 230 (232).

3. § 1 UmweltHG

§ 1 UmweltHG besagt folgendes: "Wird durch eine Umwelteinwirkung die von einer im Anhang 1 genannten Anlage ausgeht, jemand getötet, sein Körper oder seine Gesundheit verletzt oder eine Sache beschädigt, so ist der Inhaber der Anlage verpflichtet, dem Geschädigten den daraus entstehenden Schaden zu ersetzen."
Die praktische Bedeutung des relativ neuen Umwelthaftungsgesetzes ist noch nicht richtig einzuschätzen. Bis heute gibt es zu diesem Gesetz noch keine Urteile. Wenn man aber den Inhalt dieser Haftpflicht in Betracht zieht, fragt es sich, ob das Gesetz die Ziele, die seinem Entwurf zugrunde liegen, auch wirklich erfüllen kann.

Durch diese Haftpflicht soll der Umweltschutz und die Rechtsstellung der Geschädigten nachhaltig verbessert und die bestehenden Regelungslücken geschlossen werden. Das UmweltHG soll das Umwelthaftungsrecht somit ergänzen.
Die Haftung aufgrund anderer Vorschriften bleibt somit unberührt (§ 18 UmweltHG). Darüber hinaus soll das Risiko künftiger Schadensersatzleistungen die Inhaber bestimmter Anlagen zu einem umsichtigen, schadensvermeidenden Verhalten veranlassen. Die vom Gesetz begründete Gefährdungshaftung dient somit der Umweltvorsorge[132]. Sie gehört zu den modernen Gefährdungshaftpflichten, wie diese oben beschrieben wurden[133].

Aufmerksamkeit verdient der Begriff "Umwelteinwirkungen" wie von § 3 I UmweltHG erfaßt. Das Merkmal Umwelteinwirkung soll den umweltpolitischen Ansatz des UmweltHG betonen. Es ist dem § 3 I BImSchG entnommen. Auf die Schädlichkeit der Umwelteinwirkung kommt es jedoch, im Gegensatz zum BImSchG, nicht an[134]. Vom UmweltHG werden auch Einwirkungen erfaßt, die die Umweltmedien nicht verschlechtern oder nachteilig beeinflussen, wie z.B. Überschwemmungsschäden durch übermäßiges Einleiten von Wasser[135].

Wichtig ist, daß die Haftpflicht des § 1 UmweltHG sich auf die in Anhang 1 des Gesetzes erwähnten Anlagen beschränkt. Dabei handelt es sich um die gleichen

---

132 Siehe dazu BT-Drucks. 11/7104.

133 Siehe oben S. 74.

134 Siehe dazu unten S. 139.

135 Landsberg/Lülling, Umwelthaftungsrecht, S. 104 ff.

Anlagen, wie sie auch - bis auf wenige Ausnahmen - in die vierte Verordnung zur Durchführung des BImSchG[136] aufgenommen worden sind[137]. Diese Verordnung bestimmt, welche Anlagen im Sinne des BImSchG genehmigungspflichtig sind.

Mit Recht ist diese Einschränkung kritisiert. Erstens ist die Anknüpfung an die nach dem BImSchG genehmigungspflichtigen Anlagen wenig sachgerecht, da diese nicht sämtlich und nicht ausschließlich mit besonderen Gefahren verbunden sind[138]. Zweitens läßt sich gegen das Enumerationsprinzip vor allem einwenden, daß dieses Prinzip die Gleichbehandlung vergleichbarer Tatbestände und die Offenheit für neue Gefahrenlagen nicht gewährleisten kann[139].

Aufgrund der Tatsache, daß § 1 UmweltHG sich nur auf die genehmigungspflichtigen Anlagen nach dem BImSchG beschränkt, folgt erstens, daß das Umwelthaftungsgesetz sich nicht auf Schäden, hervorgerufen durch den Flugverkehr, auf Gefahren der Kernenergie und auf die schädliche Wirkung ionisierender Strahlen bezieht, wenn die Anlagen, von denen diese Schäden hervorgerufen werden, nicht auch nach dem BImSchG genehmigt worden sind. Denn § 2 II BImSchG bestimmt, daß die Vorschriften des BImSchG nicht für Flugplätze und für Anlagen, Geräte, Vorrichtungen sowie Kernbrennstoffe und sonstige radioaktive Stoffe, die den Vorschriften des Atomgesetzes oder einer hiernach erlassenen Rechtsverordnung unterliegen, soweit es sich um den Schutz vor den Gefahren der Kernenergie und der schädlichen Wirkung ionisierender Strahlen handelt.
Wie zu zeigen sein wird, ist die Ausklammerung des UmweltHG, wenn die Beeinträchtigungen von einem Flugplatz ausgehen, nicht gerade glücklich[140].

Zweitens erstreckt sich die Haftpflicht infolge ihrer Beschränkung auf die nach dem BImSchG genehmigungspflichtigen Anlagen, nicht auf die nichtgenehmigungspflichtigen Anlagen nach § 22 BImSchG. Bei diesen nichtgenehmigungs-

---

136 BGBl.I 1985 S.1586, zuletzt geändert durch G. v. 20.6.1990, BGBl. I, S. 1080.

137 Feldhaus, UPR 1992, S. 161 (162)

138 So Rehbinder, NuR 1989, S. 149 (154); Henseler, UTR Bd. 5, 1988, S. 220 ff.

139 Rehbinder, a.a.O., S. 155.

140 Siehe unten S. 219 ff.

pflichtigen Anlagen - wie z.B. Sportanlagen - handelt es sich keineswegs, wie man vielleicht erwarten würde, um eine für die Umwelt ungefährliche Restgruppe. Die örtlichen Umweltverhältnisse werden regelmäßig gerade von diesen nichtgenehmigungspflichtigen Anlagen bestimmt.

Keine Haftpflicht entsteht erstens, wenn der Schaden durch höhere Gewalt[141] verursacht worden ist (§ 4 UmweltHG), zweitens, wenn die Anlage bestimmungsgemäß betrieben worden ist und es Sachschäden betrifft, die nur unwesentlich sind oder die die Sache in einem Maße beeinträchtigen, das nach den örtlichen Verhältnissen zumutbar ist (§ 5 UmweltHG). § 5 UmweltHG ist eine verschuldens*abhängige* Haftpflicht. Die Schäden sind erst zu ersetzen, wenn eine Verletzung der Betriebspflichten nachgewiesen wird. Eine Anlage wird bestimmungsgemäß betrieben, wenn ihr Betrieb den besonderen Betriebspflichten i.S.d. § 6 UmweltHG genügt. Auf den Inhalt dieser Pflichten ist zurückzukommen[142]. Im 4. Paragraphen wurde bereits darauf hingewiesen, daß sowohl die Unwesentlichkeit einer Beeinträchtigung als auch ihre Ortsüblichkeit anhand des § 906 BGB bestimmt wird[143].

§ 15 des UmweltHG enthält Haftpflichtbeschränkungen für den Umfang der Ersatzpflicht bei Tötung und Körper- und Gesundheitsverletzungen sowie bei Sachbeschädigungen. Für Schäden hinsichtlich der ersten Kategorie haftet der Ersatzpflichtige bis zu einem Höchstbetrag von 160 Mio DM. Das gleich trifft zu für die Kategorie der Sachschäden, wenn sie aus einer einheitlichen Umwelteinwirkung entstanden sind. Der Begriff einheitliche Umwelteinwirkung setzt eine zeitliche und räumliche Eingrenzung voraus. Es handelt sich um einen Unfall. Die Umwelteinwirkung entsteht nicht allmählich, aber plötzlich. Im Zweifel wird nicht von einer einheitlichen, sondern von einer Vielzahl fortdauernder Umwelteinwirkungen auszugehen sein[144].

In § 19 UmweltHG wird bestimmt, daß der Inhaber einer, der im zweiten Anhang aufgelisteten, Anlage Deckungsvorsorge zu treffen hat, damit er die Schäden, für die er durch das UmweltHG haftpflichtig ist, tatsächlich ersetzen kann. Aus dem

---

141 Landsberg/Lülling, Umwelthaftungsrecht, S. 115 ff.

142 Siehe unten S. 109 ff.

143 Siehe oben S. 45 ff.

144 Landsberg/Lülling, Umwelthaftungsrecht, S. 246.

vierten Absatz folgt, daß die Behörde dazu befugt ist, den Betrieb ganz oder teilweise zu untersagen, wenn die vorgeschriebene Deckungsvorsorge nicht getroffen wird[145].

4. § 33 LuftVG

Der § 33 LuftVG aus dem Jahre 1922 lautet in seinem hier interessierenden Teil: "Wird beim Betrieb eines Luftfahrzeuges durch Unfall jemand getötet, sein Körper oder seine Gesundheit verletzt oder eine Sache beschädigt, so ist der Halter des Luftfahrzeuges verpflichtet, den Schaden zu ersetzen." Die Haftpflicht geht besonders weit. Der Halter des Luftfahrzeuges ist auch im Fall der höheren Gewalt zum Schadensersatz verpflichtet. Die Haftpflicht wird allerdings auf bestimmte Höchstsummen begrenzt (§ 37 LuftVG).

Hervorzuheben ist, daß der Luftfahrzeughalter nicht nur für Störfälle des normalen Betriebes haftet, sondern auch, wenn die Schäden durch das *gewöhnliche* Geräusch eines überfliegenden Flugzeuges hervorgerufen werden[146]. Der Schaden soll sich aber unfallartig, z.B. durch Erschrecken, offenbaren.

E. Zusammenfassung und Schlußfolgerung

Die Leitfigur des Umwelthaftungsrechts ist zweifellos - infolge der unterschiedlichen Aufopferungsansprüche, Ausgleichsansprüche und Gefährdungshaftungen - die verschuldensunabhängige Haftpflicht. Die wenigsten Fälle richten sich nach § 823 I BGB. Er ist schon längst nicht mehr - wenn er es überhaupt je war - die zentrale Anspruchsgrundlage des Umwelthaftungsrechts[147]. Diese Rolle kommt vielmehr § 906 BGB zu.

---

145 Siehe Renger, PHI 1992, S. 86.

146 So Ruhwedel, NJW 1971, S. 641 (642) und die bei ihm in Fn. 24 erwähnte Rechtsprechung. BGH NJW 1976, S. 1030; OLG Düsseldorf NJW 1968, S. 555; OLG Stuttgart NJW 1968, S. 2202; BGHZ 79, S. 259; BGH NJW 1982, S. 1646.

147 So Gerlach, Privatrecht und Umweltschutz im System des Umweltrechts, S. 93.

Das Umwelthaftungsrecht wird nicht von einer generalklauselartigen Gefährdungshaftung, wie diese im Schrifttum für andere Haftpflichtbereiche befürwortet wird[148], beherrscht. Das Umwelthaftungsrecht ist auch nach der Inkraftsetzung des UmweltHG nicht einheitlich und übersichtlich geregelt. Die verschiedenen Anspruchsgrundlagen unterscheiden sich hinsichtlich des verschmutzten Umweltmediums, nach Art und Dauer der Beeinträchtigung, geschützten Rechtsgütern und nach Höhe der Schadensersatzpflicht.

Wenn aber das Umwelthaftungsrecht sich aus verschuldensunabhängigen Anspruchsgrundlagen zusammensetzt, ist die nächste Frage, ob die Unterschiede zwischen öffentlichem Recht und Privatrecht, bezüglich der vom Betreiber verlangten Sorgfalt, für das Umwelthaftungsrecht überhaupt von Bedeutung sind. Offenbar ist die Frage, ob der Betreiber seine privatrechtlichen Betriebspflichten verletzt hat, auf alle Fälle für die Schadensersatzfrage überholt. *Gerlach* schreibt dazu: "Bei einer angemessenen gesetzlichen Gefährdungshaftung für alle Betroffenen würde sich das ganze Problem mit den systematischen Spannungen zwischen Privatrecht und öffentlichem Recht von selbst erledigen."[149] Diese Frage ist im nächsten Paragraphen zu beantworten.

---

148 Kötz, AcP 170 (1970), S. 1 ff.; Leser, AcP 183 (1983), S. 568 (599); Will, Quellen erhöhter Gefahr (1980), S. 243 ff.; Ogorek, Die Entwicklung der Gefährdungshaftung im 19. Jahrhundert, S. 139/140.

149 Gerlach, Privatrecht und Umweltschutz im System des Umweltrecht, S. 94.

§ 6 DIE SORGFALTSVERLETZUNG ALS VORAUSSETZUNG FÜR DEN UNTERLASSUNGS- UND SCHADENSERSATZANSPRUCH

A. Die Sorgfaltsverletzung und der Unterlassungsanspruch

I. Das Problem der erfolgs- oder handlungsbezogenen Rechtswidrigkeit

Wichtigste Voraussetzung zur Durchsetzung eines privatrechtlichen Unterlassungsanspruches ist, daß die Rechtswidrigkeit der schädigenden Handlung vorliegt[1]. Der Inhalt des Rechtswidrigkeitsbegriffs ist schwer zu bestimmen und umstritten. Es stellt sich die Frage, ob die Rechtswidrigkeit bereits von der einzelnen Rechtsgutverletzung hervorgerufen wird (erfolgsbezogen), oder ob für die Rechtswidrigkeit zusätzliche Voraussetzung ist, daß die Rechtsgutverletzung von einer unsorgfältigen Handlung hervorgerufen wird (handlungsbezogen)[2].

Aufgrund der erfolgsbezogenen Rechtswidrigkeit ist es für das einzelne Rechtssubjekt möglich, auf Unterlassung zu klagen, wenn eine wesentliche Beeinträchtigung seiner Rechte zu befürchten ist. Nach dieser Auffassung ist sein Bestandsschutz wichtiger als die Handlungsfreiheit des möglichen Verursachers. Sobald die Rechte anderer verletzt zu werden drohen, findet nach der erfolgsbezogenen Ansicht

---

1 RGZ 60, S. 6 (7).

2 Es gibt im großen ganzen vier unterschiedliche Auffassungen. 1. Nipperdey befürwortet die handlungsbezogene Rechtswidrigkeit. Das Verschulden wird bei ihm nach subjektiven Maßstäben bestimmt (NJW 1957, S. 1777; NJW 1967, S. 1895; Karlsruher Forum 1959, S. 3). Ähnlich v. Caemmerer, Wandlungen des Deliktsrechts, S. 80. 2. Kramer entscheidet sich für die erfolgsbezogene Rechtswidrigkeit und bestimmt das Verschulden nach objektiven Wertungsmaßstäben (AcP 171 [1971], S. 422). Ähnlich Stoll, JZ 1958, S. 137. 3. Fikentscher befürwortet eine Zwischenlösung. Erfolgsbezogene Rechtswidrigkeit gibt es bei den Handlungen, die unmittelbar Rechtsgutverletzungen hervorrufen. Eine handlungsbezogene Rechtswidrigkeit bei den Handlungen, die erst mittelbar Rechtsgutverletzungen hervorrufen (Schuldrecht, 6. Aufl., § 49 III 4). Siehe auch Larenz, in: FS. f. Dölle, S. 169; Deutsch, Fahrlässigkeit und erforderliche Sorgfalt, S. 195 ff.; v. Bar, Verkehrspflichten, S. 158 ff. Eine weitere Nuancierung dieser Auffassung findet sich bei Mertens, VersR 1980, S. 399. 4. Brüggemeier lehnt die Unterscheidung zwischen mittelbaren und unmittelbaren Rechtsgutverletzungen ab. Bei ihm wird die Rechtswidrigkeit in allen Fällen handlungsbezogen bestimmt. Pflichtwidrigkeit und Fahrlässigkeit (objektives Verschulden) sind identisch (JZ 1986, S. 975).

schließlich die Freiheit des Handelns ihre Grenze. Dabei ist nicht - wie beschrieben wurde - entscheidend, ob der Handelnde imstande war, die konkrete Schädigung vorherzusehen und zu vermeiden. Es genügt, wenn der möglicherweise Geschädigte nachweist, daß eine Beeinträchtigung seiner Interessen wahrscheinlich ist[3]. Der Sorgfalt des Handelnden kommt somit keine Bedeutung zu.

Im Rahmen der handlungsbezogenen Rechtswidrigkeit gibt es dagegen nur die Möglichkeit, auf Unterlassung (weiterer Beeinträchtigungen) zu klagen, wenn nicht nur eine Rechtsgutverletzung droht oder sich tatsächlich ereignet hat, sondern auch, wenn ein bestimmtes Maß an Sorgfalt von dem Handelnden nicht beachtet worden ist. Obwohl die Rechtsgutverletzung für den Schädiger vorhersehbar und vermeidbar war, hat er keine adäquaten Maßnahmen zur Verhinderung dieser Rechtsgutverletzung getroffen. Hier prägt das Maß an Sorgfalt den Umfang der Handlungsfreiheit. Sind die Sorgfaltsanforderungen streng, dann wird die Bewegungsfreiheit zugunsten des Bestandsschutzes beschränkt. Oder wie *Deutsch* bezüglich zu strenger Sorgfaltsanforderungen schreibt: "Wer ständig gezwungen ist, über die Schulter zu blicken, verliert leicht das Ziel aus dem Auge."[4]

In dieser immer noch nicht zu Ende geführten Diskussion muß auch hier Stellung bezogen werden.

Das Problem der erfolgs- oder handlungsbezogenen Rechtswidrigkeit ist für die Beantwortung der Frage nach der privatrechtsgestaltenden Wirkung wichtig. Denn wenn man sich für eine handlungsbezogene Rechtswidrigkeit entscheidet, könnte man vertreten, daß das privatrechtliche Rechtswidrigkeitsurteil entfällt, sobald beim schädlichen Betrieb die öffentlich-rechtlichen Betriebspflichten eingehalten worden sind, da die Einhaltung dieser Pflichten die privatrechtliche Sorgfalt entscheidend prägen würde. Wenn man sich aber zu einem erfolgsbezogenen Rechtswidrigkeitsbegriff bekennen würde, begründet die gleiche Tatsache höchstens einen Rechtfertigungsgrund.

---

3 BGHZ 2, S. 394; Münzberg, JZ 1967, S. 689 m.w.N.

4 Deutsch, JZ 1968, S. 721 (722).

Zur Lösung der Problematik für das Umwelthaftungsrecht stehen die Gesetzgebungsmaterialien zu den verschiedenen, relevanten Gesetzesbestimmungen und die dazu ergangenen Urteile des BGH im Mittelpunkt.

II. Die Rechtswidrigkeit im Entwurf des BGB

1. Die Rechtswidrigkeit im Deliktsrecht

Die Väter des BGB haben den Bestimmungen des Deliktsrechts eine erfolgsbezogene Rechtswidrigkeit zugrunde gelegt[5]. Aus der Verletzung der in § 823 I BGB aufgelisteten Rechtsgüter folgt die Rechtswidrigkeit, es sei denn, daß diese wegen Vorliegens eines Rechtfertigungsgrundes entfällt. Obwohl der Gesetzgeber verschiedene Rechtfertigungsgründe explizit im Gesetz geregelt hat[6], hat er bewußt diese Regelung offengelassen, damit sie im Laufe der Zeit von der Rechtsprechung vervollständigt werden könnte[7].
Trotz dieser erfolgsbezogenen Ausgangsposition kann man nicht sagen, daß es Ziel des BGB-Gesetzgebers war, den Bestandsschutz des möglicherweise Geschädigten über die Handlungsfreiheit des Schädigers zu stellen. Der Gesetzgeber hat bei der Bestimmung der Rechtswidrigkeit in erster Linie an den Schadensersatzanspruch gedacht. Wie gesehen, war man nämlich der Ansicht, daß kein Bedürfnis nach einem allgemeinen Unterlassungsanspruch bestehe[8]. Infolgedessen wurde bei der Definierung der Rechtswidrigkeit durch die Väter des BGB der Konflikt zwischen Bestandsschutz und Handlungsfreiheit nicht in voller Schärfe geregelt.

Der vom erfolgsbezogenen Rechtswidrigkeitsbegriff geleistete Bestandsschutz wird durch die Verschuldensvoraussetzung stark relativiert. Der Entwicklung der Gesellschaft ist nach der Meinung des Gesetzgebers keineswegs gedient, wenn man die Bewegungsfreiheit des Aktiven übermäßig einschränkt. "Man brauche bei seinem Thun und Lassen auf die rechtlich geschützten Interessen der anderen nur insoweit zu achten, als man bei Anwendung ordnungsmäßiger Sorgfalt erkennen müßte, daß

5 Prot. II, S. 568; Mot. II, S. 726.

6 Notwehr, Notstand und Selbsthilfe (§§ 227, 228, 229 BGB).

7 Prot. II, S. 587 und BGHZ 24, S. 21 (25).

8 .Mot. III, S. 243.

dieselben dadurch gefährdet werden können."[9] Diese ordnungsmäßige Sorgfalt wird vom Erkenntnisvermögen des Durchschnittsbürgers bestimmt[10].

Der Bestandsschutz gewinnt jedoch an Gewicht, wo die Rechtsgüter mittels Schutzgesetze geschützt werden. Bei einem Verstoß gegen ein derartiges Gesetz entsteht nämlich, infolge des erwähnten verkürzten Verschuldensbezugs[11], das Recht auf Schadensersatz nicht erst, wenn die konkrete Rechtsgutverletzung erkennbar war, sondern es entsteht bereits eine Schadensersatzpflicht, wenn die Verletzung der Schutznorm vorhersehbar war[12]. Derjenige, der die kodifizierten Gefahrsteuerungspflichten der Schutzgesetze verletzt, soll wissen, daß aus deren Verletzung eine erhöhte Chance auf Eintritt eines schädigenden Ereignisses, das er als sorgfältiger Durchschnittsbürger nicht selbständig erkennen kann, hervorgeht.

2. Die Rechtswidrigkeit im Sachenrecht

Im Rahmen des Sachenrechts hat der Gesetzgeber sich - mehr als im Deliktsrecht - mit der Frage nach der erfolgs- oder handlungsbezogenen Rechtswidrigkeit befaßt. Der Konflikt zwischen Bestandsschutz und Handlungsfreiheit tritt im Nachbarrecht in seiner vollen Schärfe zutage. Die beiden Nachbarn stoßen nicht unfallartig, wie die beiden Beteiligten an einem Verkehrsunfall aufeinander, sondern müssen Tag für Tag miteinander leben. In den Gesetzgebungsmaterialien wird - wie auszuführen ist - zudem auch das im Mittelpunkt stehende Verhältnis von öffentlichem und privatem Recht bei der Bewältigung von Immissionskonflikten angesprochen.

Von verschiedenen Autoren wird vertreten, daß der Gesetzgeber sich im Rahmen des § 906 BGB für einen handlungsbezogenen Rechtswidrigkeitsbegriff entschieden

---

9 Prot. II, S. 569.

10 Die Protokolle stimmen dazu auf das Wissen eines anderen Mannes ab (Prot. II, S. 569), die Motive auf die Sorgfalt eines ordentlichen Hausvaters (Mot. II, S. 727).

11 Siehe oben S. 52 ff.

12 Prot. II, S. 572.

hat[13]. Der Gesetzgeber hat aber die Streitfrage auch hier nicht endgültig beantworten wollen. Die Entscheidung wurde bewußt der Doktrin und der Praxis überlassen[14].

In den Ausführungen zum Entwurf des § 906 BGB[15] wird in den Motiven das Problem aufgeworfen, ob auch die sog. "indirekten" Immissionen für den Grundstückseigentümer eine objektive Rechtswidrigkeit darstellen[16]. Ausgangspunkt war der folgende Text: "Der Eigentümer eines Grundstückes hat die nicht durch unmittelbare Zuleitung erfolgende Zuführung oder Mittheilung von Gasen, Dämpfen, Rauch, Ruß, Gerüchen, Wärme, Erschütterungen und dergleichen insoweit zu dulden, als solche Einwirkungen entweder die regelmäßige Benutzung des Grundstückes nicht in erheblichem Maße beeinträchtigen oder die Grenzen der Ortsüblichkeit nicht überschreiten[17]". Es werden diesbezüglich die beiden folgenden Standpunkte vertreten.

1. Der Emittent muß wissen, daß die emittierten Stoffe ihren eigenen Weg gehen. Wenn infolge dieser Emission ein Nachbargrundstück Schaden erleidet, ist der Emittent infolgedessen für diesen verantwortlich und er haftet aufgrund eines rechtswidrigen Eingriffs in das Eigentum.

2. Das absolute Recht des Eigentums gewährt keinen Schutz gegenüber den indirekten Immissionen. Ein derartiges Postulat wäre nicht im Einklang mit den menschlichen Lebensbedingungen und wäre infolgedessen undurchführbar und unhaltbar. Besser ist es, die Erlaubtheit und Unerlaubtheit bestimmter Emissionen den Polizeigesetzen zu überlassen.

---

13 Ogorek, Actio Negatoria, S. 68 u. 69; Brüggemeier, JZ 1986, S. 969.

14 Mot. III, S. 266.

15 § 850 in den Motiven, § 820 in den Protokollen.

16 Mot. III, S. 264 ff.

17 Text § 850 wie erwähnt in den Motiven.

In den Motiven entscheidet man sich, entgegen der zu jener Zeit in der Rechtsprechung herrschenden Meinung[18], für die als zweite genannte Auffassung. Die Immissionsfreiheit ist die Hauptregel, welche durch das Verbot von exzessiven Beeinträchtigungen beschränkt wird. Die Schaffung der notwendigen Abhilfe und des notwendigen Schutzes wird der Polizeigesetzgebung überlassen[19]. Immissionsschutz ist offenbar keine Angelegenheit des Privatrechts. In den Protokollen wird dagegen die erstere Auffassung vertreten, wobei man sich auf die herrschende Meinung in Theorie und Praxis stützt. Zudem ist man der Meinung, daß es nicht Aufgabe der Polizeigesetzgebung sei, in das Privatinteresse des einzelnen Eigentümers einzugreifen[20]. Das Polizeirecht dient nur dem Schutz allgemeiner Interessen. Demzufolge kann die Regelung des potentiellen Konflikts auch nicht dem öffentlichen Recht überlassen werden. Die gleiche Meinung findet sich im bereits erwähnten "Dampfdruckerei-Fall" aus dem Jahre 1882[21].

Die Vertreter der beiden Auffassungen unterstützen jedoch die endgültige Formulierung des § 906 II BGB. In den Protokollen, in denen die erfolgsbezogene Rechtswidrigkeit unterstützt wurde, wird ausgeführt, daß trotz des grundsätzlichen Immissionsverbots der Eigentümer ortsübliche Beeinträchtigungen zu erdulden habe[22]. Zum Schluß sei hervorgehoben, daß der Gesetzgeber des ausgehenden 19. Jahrhunderts sich nicht mit den wirtschaftlich zumutbaren Maßnahmen und deren Folgen für den Inhalt des Rechtswidrigkeitsbegriffes hat auseinander setzen können. Wie erwähnt, wurde diese Voraussetzung erst im Jahre 1959 eingeführt. Ob diese Voraussetzung auf den Inhalt des Rechtswidrigkeitsbegriffes Einfluß hat, ist im Rahmen der Rechtsprechung zu untersuchen.

---

18 Siehe die unterschiedlichen Urteile bei Ogorek, Actio negatoria, S. 52 und 69 ff.; Mot. III, S. 266.

19 Mot. III, S. 266.

20 Prot. III, S. 125.

21 RGZ 6, S. 217 ff., siehe oben S. 13.

22 Prot. III, S. 123.

III. Die Entwicklung des Rechtswidrigkeitsbegriffes in der Rechtsprechung

1. Die Rechtsprechung zum § 823 BGB

a) Das RG-Urteil vom 5. Januar 1905

Was der Gesetzgeber zu tun versäumt hat, da er der Meinung war, daß es kein Bedürfnis nach einem allgemeinen Unterlassungsanspruch gäbe, wurde - wie dargestellt[23] - bereits kurz nach dem Inkrafttreten des BGB durch das RG im Jahre 1905 nachgeholt[24]. Die Regelung des in § 1004 BGB erfaßten Unterlassungsanspruches wurde vom RG als Ausdruck eines allgemeinen Rechtsgedankens verstanden.

"Der Anspruch auf Unterlassung der Vornahme von Handlungen beschränkt sich nicht auf das Gebiet der unerlaubten Handlungen. Jeder auch nur objektiv widerrechtliche Eingriff in ein vom Gesetz geschütztes Recht berechtigt zu einer Klage auf Unterlassung, wenn weitere Eingriffe zu befürchten sind; *das Schuldmoment kommt bei einer solchen Klage nicht in Betracht, ebensowenig die Wahrnehmung berechtigter Interessen*[25]. Die Billigkeit mag erfordern, die Schadensersatzpflicht nur beim Vorhandensein eines Verschuldens anzuerkennen; es ist aber ein Gebot der Gerechtigkeit, daß auch ohne ein solches gegen die Wiederholung auch nur objektiv widerrechtlicher Eingriffe ein Schutz gegeben werde, damit der Zufügung weiteren Schadens vorgebeugt werde, dessen Ersatz sonst, wenn nicht nachträglich ein Verschulden hinzutreten sollte, ebenfalls nicht gefordert werden könnte. Seine gesetzliche Grundlage findet jener Schutz in der analogen Anwendung der §§ 12, 862, 1004 BGB."[26]

Die Tatsache, daß das RG sich mit diesem Urteil im Wirkungsbereich des § 823 I BGB für die erfolgsbezogene Rechtswidrigkeit entschieden hat, bedarf keiner weiteren Erörterung. Hervorgehoben werden soll aber, daß der in diesem Urteil begründete allgemeine erfolgsbezogene Unterlassungsanspruch trotz der hier erörterten Rechtsprechung nie eine große Bedeutung im Umwelthaftungsrecht erreicht hat.

---

23 Siehe oben S. 57.

24 RGZ 60, S. 6 ff.

25 Hervorhebung d. Verf.

26 RGZ 60, S. 6 ff.

Charakteristisch für das Umwelthaftungsrecht ist nicht die Vielzahl von erfolgreichen Unterlassungsansprüchen, sondern die Duldungspflichten des Geschädigten, die durch einen verschuldensunabhängigen Ausgleichsanspruch, Aufopferungsanspruch oder eine Gefährdungshaftung ausgeglichen werden. Dieses trifft sowohl für die schädlichen Folgen des störungsfreien Normalbetriebs zu als auch für die Rechtsgutverletzungen, die von Störfällen herbeigeführt werden.

Statt sich zu einem handlungsbezogenen Rechtswidrigkeitsbegriff zu bekennen, hat der BGH für die Störfälle einen außergesetzlichen Rechtfertigungsgrund entwickelt. Ausgangspunkt bleibt somit auch die erfolgsbezogene Rechtswidrigkeit. Die Rechtswidrigkeit wird aufgehoben, nachdem sie entstanden ist. Bei der handlungsbezogenen Rechtswidrigkeit entsteht diese erst gar nicht. Der Beschluß, in dem der Rechtfertigungsgrund entwickelt wurde, erfordert eine Erörterung. Es sei vorweg aber darauf hingewiesen, daß dieser Rechtfertigungsgrund zwar dogmatisch wichtig ist, ihm in der umweltrechtlichen Praxis jedoch kaum eine Rolle zukommt. Er sieht nicht auf die Rechtsgutverletzungen, die im Rahmen des alltäglichen, bestimmungsgemäß geführten Betriebes als Dauerlastschäden entstehen. Er zielt auf die für das Umwelthaftungsrecht in der Regel weniger wichtigen Störfälle. Zudem funktioniert dieser Rechtfertigungsgrund nur im Rahmen verschuldensabhängiger Haftpflichten.

b) Der BGH-Beschluß vom 4. März 1957

Beim Einsteigen in eine Straßenbahn wurde das Bein des Klägers durch die Straßenbahn bei der Abfahrt verletzt. Es mußte amputiert werden. Zu diesem Unfall sei es, nach Auffassung des Klägers, gekommen, weil die Straßenbahn zu früh abgefahren sei. Der Schaffner habe das entsprechende Signal gegeben, woraufhin der Fahrer angefahren sei, obwohl für beide erkennbar gewesen sei, daß der Kläger, noch im Begriff gewesen sei, auf die vordere Plattform zu steigen. Der Kläger verlangt u. a. von der Straßenbahngesellschaft Schadensersatz. Als Anspruchsgrundlagen dienen § 831 BGB und § 823 I BGB. Im Vorlagebeschluß für den großen Zivilsenat wurde die folgende Frage gestellt: "Fügt ein Verrichtungsgehilfe im Straßen- oder Eisenbahnverkehr einem anderen im Sinne von § 831 I BGB schon dadurch widerrechtlich Schaden zu, daß er dessen Leben, Körper, Gesundheit oder Eigentum verletzt? Oder ist zur Begründung der Widerrechtlichkeit weitere

Voraussetzung, daß sich der angestellte Verkehrsteilnehmer objektiv ordnungswidrig verhalten hat?"[27]

Der Große Senat beantwortete diese Frage zusammengefaßt wie folgt: Der Gesetzgeber hat dadurch, daß er den Unrechtstatbestand gesetzlich umschreibt, zum Ausdruck gebracht, daß er die Verletzung der in § 823 I BGB genannten Rechtsgüter in der Regel als widerrechtlich ansieht. Es ist jedoch nicht notwendig, daß mit der Verletzung dieser Rechtsgüter auch schon die Rechtswidrigkeit feststeht. Letztere kann aus besonderen Gründen entfallen. Für die Rechtfertigungsgründe gilt das Enumerationsprinzip nicht. Erst mit der technischen Entwicklung des Verkehrs und der Steigerung der Verkehrsgefahren zeichneten sich jene Probleme ab, die sich aus dem modernen Massenverkehr für die Rechtsordnung ergeben. Zur Bewältigung der mit diesem Verkehr verbundenen Gefahren baute der Gesetzgeber die Gefährdungshaftung aus. Mit dieser Rechtsentwicklung ist eine Auffassung nicht mehr vereinbar, die im Deliktsrecht auch die unvermeidbaren Schädigungen des Straßen- und Eisenbahnverkehrs als rechtswidrige Körper- oder Eigentumsverletzung ansieht und nur unter dem Gesichtspunkt fehlender Schuld die Schadenshaftung verneint. Indem die Rechtsordnung den gefahrvollen Verkehr zuläßt und den Teilnehmern an diesem Verkehr im einzelnen vorschreibt, wie sie ihr Verhalten einzurichten haben, spricht sie auch aus, daß sich ein Verhalten unter Beachtung dieser Vorschriften im Rahmen des Rechts hält. Es geht nicht an, ein Verkehrsverhalten, das den Ge- und Verboten der Verkehrsordnung voll Rechnung trägt, trotzdem mit dem negativen Werturteil der Rechtswidrigkeit zu versehen. Es ist daher der Satz aufzustellen, daß bei verkehrsrichtigem (ordnungsgemäßem) Verhalten eines Teilnehmers am Straßen- oder Eisenbahnverkehr eine rechtswidrige Schädigung nicht vorliegt.

Die Beweislastverteilung im Rahmen des § 823 I BGB regelt der BGH in diesem Urteil auf folgende Weise: Der Schädiger kann nur die Rechtswidrigkeit der von ihm verursachten Rechtsgutverletzung aufheben, indem er nachweist, daß er die entsprechenden Sorgfaltsvorschriften eingehalten hat. Hinsichtlich der Durchsetzung eines Unterlassungsanspruches trägt somit der Schädiger das Beweislastrisiko. Wenn der Geschädigte aber seinen Schaden ersetzt bekommen möchte, hat er nachzuweisen, daß der Schädiger die Sorgfaltsvorschriften nicht eingehalten hat. Bezüglich des Schadensersatzanspruches trägt somit der Geschädigte das Beweis-

27 BGHZ 24, S. 21 (24).

lastrisiko[28]. Dieses System leistet für den Geschädigten somit mehr Rechtsschutz hinsichtlich weiterer Beeinträchtigungen als bezüglich der von ihm zu fordernde Schadensersatz. Dieser Unterscheidung mittels der Beweislastverteilung zwischen Unterlassungsanspruch und Schadensersatzanspruch kommt im gegenwärtigen Umwelthaftungsrecht - soweit ersichtlich - keine Bedeutung zu. Für die Fälle, die mittels einer Gefährdungshaftung gelöst werden, ist der Verschuldensnachweis obsolet geworden, während im übrigen der Schädiger regelmäßig zu beweisen hat, daß er der ihm obliegenden Sorgfalt genügt hat[29].

Anhand dieses Urteils kann man verstehen, wie man bei der klassischen Gefährdungshaftung zu der Konstruktion einer Schadensersatzpflicht für eine erlaubte Handlung gekommen ist[30]. Die unvermeidbaren Schädigungen der Rechtsgüter sind nicht rechtswidrig, dennoch gibt es eine vom Verschulden und der Rechtswidrigkeit unabhängige Schadensersatzpflicht.

Obwohl der BGH diesen Rechtfertigungsgrund für die Gefahrenbereiche der klassischen Gefährdungshaftung entwickelt hat, findet sich der gleiche Gedanke in der Rechtsprechung des RG und auch des BGH zum § 906 BGB. Dort handelt es sich im Regelfall um die Dauerlastschäden des normalen störungsfreien Betriebs und eine verschuldensunabhängige Schadensersatzpflicht.

2. Die Rechtsprechung zum § 906 BGB

a) Der Rechtswidrigkeitsbegriff

Wie erörtert, hat der Gesetzgeber den Inhalt des Rechtswidrigkeitsbegriffes für das Sachenrecht nicht endgültig bestimmen wollen. Erwähnt wurde auch, daß am Ende des vergangenen Jahrhunderts die herrschende Meinung in Rechtsprechung und Lehre war, daß auch im Sachenrecht die bloße Rechtsgutverletzung die Rechtswidrigkeit begründete.

---

28 a.a.O., S. 28.

29 Siehe oben S. 72 ff.

30 So z.B. Larenz, Schuldrecht II, § 77; Deutsch, Haftungsrecht, Bd. I, S. 367; Münzberg, Verhalten und Erfolg, S. 72.

Das RG bestätigte in einem Urteil aus dem Jahre 1904, das sich mit Schaden infolge Funkenflugs einer Kleinbahn befaßte, kurz nach der Inkraftsetzung des BGB, diese herrschende Meinung[31]. Das RG führt aus, daß es infolge der Vorschrift des § 906 BGB dem geschädigten Grundstückseigentümer untersagt ist, auf Beseitigung der Störung und auf ihre Unterlassung zu klagen. § 906 BGB ist nämlich eine der Sondervorschriften i.S.d. § 1004 II BGB, die dem Grundstückseigentümer das Recht auf Einstellung des Betriebes, auf Beseitigung der Eisenbahnanlage und sogar auf eine entsprechende Verbesserung des gefahrvollen Betriebes zu klagen, untersagt. Die Rechte des Geschädigten werden allerdings nur dann eingeschränkt, wenn der Eisenbahnbetrieb bestimmungsgemäß geführt wurde. Nur unter dieser Voraussetzung liegt ein Rechtfertigungsgrund vor. Diese Voraussetzung wird im RG Urteil nicht ausdrücklich hervorgehoben. Die Klage auf Ersatz des Schadens hatte, trotz des vorliegenden Rechtfertigungsgrundes, Erfolg. Das RG gewährte Schadensersatz im Rahmen eines Aufopferungsanspruches.

Schlußfolgerung ist, daß die Beeinträchtigung innerhalb der Grenzen des § 906 BGB keine rechtswidrige Rechtsgutverletzung darstellt und somit zu dulden ist[32]. Ausgangspunkt ist die erfolgsbezogene Rechtswidrigkeit.

In vielen Urteilen des RG und des BGH wurde diese Ansicht bestätigt. Die Einführung der Voraussetzung, daß unter Umständen wirtschaftliche Maßnahmen zur Immissionsvermeidung getroffen werden müssen, hat daran nichts geändert. Die Beeinträchtigungen, die sich innerhalb der Grenzen des § 906 II BGB halten, sind nicht rechtswidrig [33]. Rechtswidrig sind erst die Immissionen, die das nach § 906 II BGB zu duldende Maß überschreiten. Oberhalb dieser Grenze sind Beeinträchtigungen nur kraft einer besonderen gesetzlichen Vorschrift, wie z. B. § 14 BImSchG, zu dulden. Auf den Inhalt des Rechtswidrigkeitsbegriffes dieser Präklusionsnormen kann erst im 9. Paragraphen zurückgekommen werden.

---

31 RGZ 58, S. 130 ff.

32 Bemerkenswert ist auch die Rolle der Genehmigungserteilung in diesem Urteil. Die Duldungspflicht stützt sich auch auf die Tatsache, daß "die staatliche Konzessionserteilung und die ihr in der Regel gegenüberstehende Verpflichtung zur Fortsetzung des konzessionierten Eisenbahnbetriebes" Unterlassungsklagen verbieten (RGZ 58, a.a.O.).

33 RGZ 59, S, 68, (74); 133, S. 342, 350; 156, S. 314 (320); BGHZ 16, S. 366 (371); 44, S. 130 (134); 90, S. 255 (258); 91, S. 22; 92, S. 143 (148).

Die Beweislastverteilung bezüglich des Unterlassungsanspruches entspricht der des erwähnten BGH-Beschlusses vom 4. März 1957[34]. Hinsichtlich der Durchsetzung des Unterlassungsanspruches trägt der Schädiger somit das Beweislastrisiko. Er hat darzutun, daß die Beeinträchtigung nur eine unwesentliche ist oder als eine wesentliche, aber ortsübliche zu qualifizieren ist, die nicht mittels wirtschaftlich zumutbarer Maßnahmen verhindert werden kann[35]. Der Geschädigte hat zu beweisen, daß eine grundstücksbeeinträchtigende Immission vorliegt und daß diese Immission vom Beklagten herrührt[36].

b) Die Rechtswidrigkeit in § 906 BGB als Maßstab für die Rechtswidrigkeit in § 823 BGB und in § 5 UmweltHG

In der Literatur wurde mehrfach vertreten, daß der im Nachbarrecht bezüglich Sachschäden entwickelte Rechtswidrigkeitsbegriff auch Anwendung findet oder finden sollte, wenn es sich um Beeinträchtigungen von nach § 823 I BGB geschützten Lebensgütern handelt[37]. Diese Ansicht würde mit sich bringen, daß der Nachbar unter Umständen gesundheitschädigende Immissionen zu dulden hat.

Hagen, Mitglied des V. Zivilsenats, hat auf dem Karlsruher Forum 1987 jedoch deutlich gemacht, daß § 906 BGB nur beschränkt die Rechtswidrigkeit des § 823 BGB bestimmt[38]. Nur soweit es sich um Sachschäden handelt, richtet die Rechtswidrigkeit der Emissionen sich nach den Maßstäben des § 906 BGB. Etwas anderes ist auch der Rechtsprechung des BGH, in der die Erweiterung des Wirkungsbereiches der nachbarrechtlichen Vorschrift des § 906 BGB festgelegt wurde, nicht zu entnehmen[39]. Die bloße Verletzung der Gesundheit ruft die Rechtswidrigkeit der Beeinträchtigung hervor und ermöglicht es dem Nachbarn auf Un-

---

34 Siehe oben S. 92.

35 BGHZ 92, S. 143 ff.; Staudinger(-Knöpfle), § 906 Rdn. 205, 233.

36 BGHZ 95, S. 307; Staudinger(-Knöpfle), § 906 Rdn. 175.

37 Simitis, VersR 1972, S. 1090 ff.; Bullinger, VersR 1972, S. 602 ff.; Roth, NJW 1972, S. 922 ff.; Lang, AcP 174 (1974), S. 382 ff.; v. Bar, Karlsruher Forum 1987, S. 10; Gerlach, JZ 1988, S. 170.

38 Diskussionsbericht Karlsruher Forum 1987, S. 23.

39 BGHZ 44, S. 130 (134); 90, S. 255.

terlassung weiterer Beeinträchtigungen zu klagen. In diesem Bereich stellt die Tatsache, daß es sich um ortsübliche, nicht mittels wirtschaftlich zumutbarer Maßnahmen zu verhindernde Immissionen handelt, keinen Rechtfertigungsgrund dar.

Im UmweltHG ist dieses von der Rechtsprechung entwickelte Muster wiederzuerkennen. Nach § 5 UmweltHG ist die Ersatzpflicht für Sachschäden - wie bereits bei der Beschreibung des privatrechtlichen Eigentumsrecht ausgeführt wurde - ausgeschlossen, wenn die Sache nur unwesentlich oder in einem Maße beeinträchtigt wird, das nach den örtlichen Verhältnissen zumutbar ist. Zusätzliche Voraussetzung ist, daß die verursachende Anlage bestimmungsgemäß betrieben wurde. Die Vorschrift erstreckt sich nicht auf Gesundheitsschädigungen, sondern beschränkt sich auf Sachschäden.

§ 5 UmweltHG enthält eine merkwürdige Ausnahme auf die Hauptregel der erfolgsbezogenen Rechtswidrigkeit.
Obwohl das UmweltHG eine besondere Regelung der Schadensersatzpflicht und eben nicht des Unterlassungsanspruches darstellt, bleibt die Frage offen, ob man im Gegensatz zu § 906 I BGB u. U. bereits auf Unterlassung der *unwesentlichen* oder ortsüblichen Emissionen klagen kann, wenn der Anlagenbetreiber nicht nachweisen kann, daß er seine Anlage bestimmungsgemäß betrieben hat.
Wäre das der Fall, würde man die Rechtswidrigkeit hier nicht erfolgs-, sondern handlungsbezogen bestimmen. Voraussetzung ist die Verletzung einer Sorgfaltspflicht. Der Erfolg einer unwesentlichen Beeinträchtigung an sich kann die Rechtswidrigkeit nicht begründen.

IV. Die Rechtswidrigkeit im Wasserrecht

Im allgemeinen wird angenommen, daß § 22 I WHG eine Haftpflicht für einen rechtswidrigen Erfolg begründet[40]. So führt der BGH in einem Urteil, in dem er sich mit der Erstattung von Kosten für die Wasseranalysen befaßte, aus, daß der haftungsbegründende Tatbestand des § 22 I WHG mit der Einleitung des gewässerschädlichen Stoffes BCBE in den Rhein und der dadurch am Einleitungsort herbei-

40 BGHZ 57, S. 170 (176); BGH VersR 1970, S. 625 (627); Henseler, UTR Bd. 5, S. 231; G.W.C., § 22 Rdn. 24; Sieder/Zeitler/Dahme, § 2 Rdn. 23; Lummert/Thiem, S. 165; Larenz, Schuldrecht II, § 77 IX, S. 732 f.; v. Bar, Karlsruher Forum 1987, S. 8/9.

geführten Verschlechterung der Gewässerqualität erfüllt war. Der Tatbestand setzt nicht die Verletzung eines Rechts oder Rechtsgutes i.S.d. § 823 I BGB voraus[41]. Die Wasserverschmutzung i.S.d. § 22 I WHG stellt somit einen von der Rechtsordnung mißbilligten Erfolg dar. Die Rechtswidrigkeit wird also erfolgsbezogen bestimmt. Für den privatrechtlichen Unterlassungsanspruch kann dieser Schlußfolgerung aber nicht eine allzu große Bedeutung zukommen. Das kollektive Rechtsgut Wasser gehört nämlich nicht zu den von § 823 I BGB geschützten Rechtsgütern. Die privatrechtliche Rechtswidrigkeit kann nur aus der Verletzung eines derartigen Rechtsgutes folgen.

Dennoch setzt der BGH auch für den privatrechtlichen Unterlassungsanspruch im Wasserrecht beim Tatbestand des § 22 I WHG an. Er macht damit im Grunde genommen etwas Systemwidriges. So urteilte der BGH in einem Fall, in dem ein Fischzuchtbetrieb durch die mit Jauche durchsetzten Abwassereinleitungen einer Schule erhebliche Einnahmeausfälle erlitt, daß Umstände, die den Tatbestand des §§ 22 I WHG verwirklichen, bei drohender Wiederholungsgefahr einen Anspruch auf Unterlassung begründen können[42].

Es sei darauf hingewiesen, daß der Tatbestand einer Gefährdungshaftung auch die Rechtswidrigkeit für den Unterlassungsanspruch bestimmt. An sich ist das richtig. Die Rechtswidrigkeit für den Schadensersatzanspruch und den Unterlassungsanspruch werden einheitlich bestimmt. Folglich müßte es aber im Rahmen des § 5 UmweltHG, wie bereits oben erwähnt wurde, unter Umständen auch möglich sein, auf Unterlassung weiterer unwesentlicher oder nach den örtlichen Verhältnissen zumutbarer Beeinträchtigungen zu klagen. Dieses dogmatische Ergebnis ist rechtspolitisch nicht erwünscht. Ein vernünftiger Mensch wird zwar nicht auf Unterlassung unwesentlicher Beeinträchtigungen klagen, aber nicht alle Menschen sind - wie allgemein bekannt - vernünftig.

---

41 BHG NJW 1988, S. 1593 (1595).

42 BGH VersR 1970, S. 625 (627).

V. Zusammenfassung und Schlußfolgerung

Droht ein privatrechtlich geschütztes Interesse mit größter Wahrscheinlichkeit verletzt zu werden, dann hat der Betroffene das Recht, auf Unterlassung zu klagen. Ob die drohende Rechtsgutverletzung von sorgfältigem oder unsorgfältigem Verhalten hervorgerufen wird, ist dabei gleichgültig. Gemäß dieser Hauptregel, die das RG im Jahre 1905 aufstellte, wird auch im Umwelthaftungsrecht die Rechtswidrigkeit erfolgsbezogen bestimmt.

Die Hauptregel kennt jedoch verschiedene Nuancierungen und eine Ausnahme. So gibt es zwei unterschiedliche Rechtfertigungsgründe. Der erste Typus ist der des sorgfaltsbezogenen Rechtfertigungsgrundes. Der BGH hat diesen Rechtfertigungsgrund für die schädlichen Folgen des Massenverkehrs entwickelt, die trotz Einhaltung der Sorgfaltspflichten entstehen. Der gleiche Gedanke findet sich in § 906 BGB wieder. Die Rechtswidrigkeit wesentlicher, ortsüblicher Emissionen wird aufgehoben, sobald der Emittent nachweist, daß diese nicht mittels wirtschaftlich zumutbarer Maßnahmen zu verhindern sind.

Den zweiten Typus der Rechtfertigungsgründe stellen die Präklusionsnormen dar. Diese Rechtfertigungsgründe basieren nicht auf der Einhaltung bestimmter Sorgfaltspflichten. Die bloße Tatsache, daß die Beeinträchtigung von einem genehmigten Betrieb herrührt, hebt das Rechtswidrigkeitsurteil auf.

Die Ausnahme von der Hauptregel der erfolgsbezogenen Rechtswidrigkeit bildet § 5 UmweltHG. Die Rechtswidrigkeit wird hier handlungsbezogen bestimmt. Die unwesentliche Beeinträchtigung von Sachgütern ist an sich nicht rechtswidrig, aber wird es, sobald die unwesentlichen Beeinträchtigungen im Rahmen des nichtbestimmungsgemäß geführten Betriebes hervorgerufen wurden.

Eine ganz eigene Stellung hat die Rechtswidrigkeit im WHG. Dort ist sie zwar erfolgsbezogen, setzt aber nicht bei der Verletzung einer der von § 823 I BGB geschützten Rechtsgüter an, sondern bezieht sich auf die schädliche Wasseränderung.

Aus Obenstehendem folgt, daß für die Frage, ob im Einzelfall auf Unterlassung geklagt werden kann, in der Regel die Frage, ob eine Sorgfaltsverletzung vorliegt, von entscheidender Bedeutung ist. Liegt eine Sorgfaltsverletzung vor, kann der Betreiber sich nicht auf einen Rechtfertigungsgrund berufen.

C. Die Sorgfaltsverletzung und der Schadensersatz

I. Einführung

Nachdem erörtert wurde, wo für den Unterlassungsanspruch die Sorgfaltsfrage für die Bestimmung der Rechtswidrigkeit ausschlaggebend ist, ist jetzt zu untersuchen, wo die Einhaltung von Sorgfaltspflichten darüber entscheidet, ob der Verursacher schadensersatzpflichtig ist und welche Art von Schadensersatz er zu erbringen hat. Denn - wie gesagt - nur in diesen Haftpflichtbereichen können die im Mittelpunkt stehenden Wertungsdivergenzen zwischen den beiden Teilrechtsordnungen des öffentlichen Rechts und des Umwelthaftungsrechts zum Tragen kommen.

II. Die verschuldensabhängigen Schadensersatzpflichten

Der Gesetzgeber hat mit dem UmweltHG versucht die Regelungslücken im Haftungsrecht zu schließen[43]. Trotz dieser Bemühungen gibt es noch einzelne Anspruchsgrundlagen, die wohl versehentlich vom Verschuldensprinzip beherrscht werden.

Die Haftpflicht des Flugplatzhalters richtet sich für die Gesundheitsschäden und die Schädigung beweglicher Sachen, soweit diese vom normalen störungsfreien Betrieb des Flugplatzes hervorgerufen werden, nach § 823 I BGB. Da wie ausgeführt die Flugplätze nicht im Anhang 1 zum UmweltHG erwähnt werden, findet das UmweltHG hier keine Anwendung. § 33 LuftVG beschränkt sich auf Unfallschäden, während die gesetzlichen Aufopferungsansprüche des FluglärmG sich nur auf bestimmte Grundstücksbeeinträchtigungen beziehen.

Wenn die gleichen Rechtsgutverletzungen von nichtgenehmigungspflichtigen Anlagen hervorgerufen werden, ist der Schaden gleichfalls nur verschuldensabhängig zu ersetzen. Der Ausgleichsanspruch des § 906 BGB beschränkt sich auf die Grundstücksschädigungen, während das UmweltHG sich auf bestimmte genehmigungspflichtige Anlagen bezieht.

---

43 BT-Drucks. 11/7104, S. 1: "Durch das Gesetz über die Umwelthaftung soll der Umweltschutz und die Rechtsstellung der Geschädigten nachhaltig verbessert und die bestehenden Regelungslücken geschlossen werden."

Einen neuen Tatbestand der verschuldensabhängigen Haftpflicht stellt § 5 UmweltHG dar. Wie erörtert[44], haftet der Anlagenbetreiber für die unwesentlichen oder ortsüblichen Beeinträchtigungen nur, wenn er nicht nachweisen kann, daß er seinen Betrieb bestimmungsgemäß geführt hat. Die Sorgfaltsverletzung bestimmt hier nicht nur die Rechtswidrigkeit, sondern auch das Vorliegen eines Verschuldens. Zumindest hier ist *Brüggemeier* recht zu geben wo er die Ansicht vertritt, daß das Urteil bezüglich der Rechtswidrigkeit mit dem des Verschuldens zusammenfällt[45].

Die Regelungslücke bezüglich der nichtgenehmigungspflichtigen Anlagen hat jedoch nur geringe praktische Konsequenzen. Gerade die Anlagen, deren Betrieb möglicherweise Körper- und/oder Gesundheitsverletzungen hervorrufen, sind im Regelfall nach den Bestimmungen des BImSchG genehmigungspflichtig und unterliegen somit der Haftpflicht des § 1 UmweltHG . Nur wo infolge fehlender Kenntnisse ein an sich gefährlicher Betrieb als ungefährlich und deshalb nichtgenehmigungspflichtig qualifiziert wurde, spielt die Regelungslücke auf den ersten Blick somit eine praktische Rolle. Aber in einem derartigen Fall hilft, wie das Urteil des OLG Münster zeigt[46], die Anwendung des richterrechtlichen Aufopferungsanspruches aus. Als "triftiger Grund" zur Anwendung dieses Anspruches genügt die Tatsache, daß der Abwehranspruch nicht geltend gemacht werden kann, da die Immissionsschäden zum Zeitpunkt der Emission nicht bekannt waren. Das Richterrecht füllt die Regelungslücke im Bereich des Schadensersatzes somit aus.

Die Lücke ist jedoch auch mit dieser Rechtsprechung nicht vollständig geschlossen. Es gibt keine Gefährdungshaftung hinsichtlich körper- und gesundheitsschädigender Geruchsbelästigungen. So gehören z.B. Kläranlagen nicht zu den genehmigungsbedürftigen Anlagen des BImSchG[47]. Diese Anlagen werden demzufolge vom Wirkungsbereich des UmweltHG erfaßt, da sie nicht in den Anhang zu § 1 UmweltHG aufgenommen worden sind. Soweit von diesen Anlagen gesundheitsschädigende Ge-

---

44 Siehe oben S. 47.

45 Siehe oben S. 85, Fn. 2.

46 NJW-RR 1986, S. 947. Siehe auch LG Hechingen NJW 1987, S. 2749; OLG Stuttgart NJW 1989, S. 1224.

47 Engelhardt, BImSchG (2. Aufl.) Bd. 2, § 2 der 4. BImSchV Rdn. 8; Feldhaus, Kommentar BImSchG, Anm. zur 4. BImSchV § 2 Nr. 2.

ruchsbelästigungen ausgehen[48], gibt es bezüglich dieser Beeinträchtigungen keine verschuldensunabhängige Haftpflicht. Der Geschädigte kann somit nur aufgrund einer Verletzung des § 823 I oder II BGB auf Schadensersatz klagen.

III. Die Sorgfaltsverletzung und Altlasten

Kann der Betreiber sich von seiner Schadensersatzpflicht für Altlasten befreien, wenn er nachweist, daß er zur Zeit seines schädigenden Handelns den damaligen Sorgfaltspflichten genügt hat? Diese Frage ist nicht nur im Bereich der Bodenverschmutzung relevant - diese Problematik ist von der Arbeit ausgeklammert -, sondern auch bezüglich des Immissionsschutzrechts und des Wasserrechts. Auch im Fall von Luft- und Wasserverschmutzungen ist es möglich, daß sich schädliche Umwelteinwirkungen erst nach längerer Zeit offenbaren[49].

Aufgrund des § 823 I BGB haftet der Handelnde im Prinzip nicht im nachhinein für Schäden, die zum Zeitpunkt der Handlung nicht vorhersehbar waren. So urteilte das LG Hechingen in einem Fall, in dem von einer Wurftaubenanlage die Nutzung eines angrenzenden, landwirtschaftlichen Grundstücks wegen übermäßigen Bleigehalts beeinträchtigt worden war, daß dem beklagten Schützenverein nicht zum Vorwurf gemacht werden könne, daß er von den bereits zur Zeit des Betriebs theoretisch vorhandenen Erkenntnismöglichkeiten bezüglich derartiger Bleiablagerungen keine Kenntnis hatte. Dabei ist zu berücksichtigen, daß die Schädlichkeit von Bleiablagerungen, angesichts des hohen Bindevermögens des Humusbodens, nicht von vornherein offensichtlich ist. Der zeitlichen und räumlichen Verteilung der Bleiablagerung muß dabei Rechnung getragen werden. Vom Schützenverein kann jedoch verlangt werden, daß er sich aus der ihm zugänglichen Fachliteratur und der allgemein zugänglichen Literatur zu Umweltfragen sachkundig macht[50]. In

48 Siehe als praktisches Beispiel BGH NuR 1987, S. 43, in diesem Fall waren die Geruchsbelästigungen so stark, daß sie bei den Betroffenen Übelkeit, Brechreiz und Kopfschmerzen auslösen konnten. In diesem Fall wurde der Schaden mittels eines Entschädigungsanspruches aus enteignendem Eingriff, die Kläranlage wurde schlicht hoheitlich betrieben, ersetzt.

49 Siehe für das Wasserrecht: Breuer, NVwZ 1987, S. 752 m.w.N. für das Immissionsschutzrecht: LG Hechingen NJW 1987, S. 2749 ff.

50 LG Hechingen NJW 1987, S. 2249; siehe auch OLG Zweibrücken NJW-RR 1986, S. 688.

besagter Literatur wurde jedoch zur Zeit des Betriebes nicht auf die Gefahr von Ablagerungen durch Schrotblei hingewiesen. Folglich liegt kein Verschulden, wie § 823 I BGB zur Gewährung des Schadensersatzanspruches verlangt, vor.

Obwohl es somit den Anschein hat, daß der Sorgfaltsfrage bezüglich der Schadensersatzpflicht für Altlasten eine entscheidende Rolle zukommt, ist das nicht ohne weiteres der Fall. Wie bei der Regelungslücke für die nichtgenehmigungspflichtigen Anlagen des BImSchG schafft der Aufopferungsanspruch hier für den Geschädigten eine Abhilfe. Da der geschädigte Grundstückseigentümer tatsächlich daran gehindert gewesen war, die rechtswidrigen Einwirkungen mittels eines Unterlassungsanspruches zu unterbinden - er war sich nicht der Gefahr bewußt -, wird ihm ein auf § 906 II BGB basierender Aufopferungsanspruch gewährt. Das Urteil wurde in der Berufung bestätigt[51].

Inwieweit für die Gefährdungshaftpflichten das Genügen der zur Zeit der Handlung geltenden Sorgfaltspflichten die Schadensersatzpflicht beseitigt, ist unklar. *Deutsch* vertritt die Auffassung, daß für die Gefährdungshaftung die Übernahme eines Risikos kennzeichnend ist. Eine derartige Risikoübernahme erfordert eine Willensbestätigung. Der Betreiber müsse sich der Gefahr bewußt sein[52]. So lehnte der BGH z.B. eine Haftung nach § 22 II WHG ab. In besagtem Fall waren in einer Freilufthalle gelagerte Kunststoffteile in Brand geraten. Mit dem Löschwasser gerieten wasserschädigende Verbrennungsrückstände in das Wasser, was ein Fischsterben zur Folge hatte. Der BGH begründete seine Ablehnung der Haftung nach § 22 II WHG damit, daß Art und Maß der gelagerten Kunststoffteile nicht imstande waren, die Wasserbeschaffenheit nachteilig zu verändern. Erst die Stoffe, die mit den Verbrennungsrückständen freigesetzt worden waren, hatten die Wasserverschmutzung herbeigeführt. Durch die auf diese Weise lagernden Kunststoffteile hatte der Inhaber der Anlage somit nicht die für die Haftpflicht notwendige typische Gefährlichkeit gesetzt[53]. Im UmweltHG hat der Gesetzgeber jedoch ausdrücklich bestimmt, daß auch die der Gefahr von Altlasten ähnlichen Entwicklungsrisiken von der Gefährdungshaftung abgedeckt sind[54].

---

51 OLG Stuttgart NJW 1989, S. 1224 ff.

52 Deutsch, JuS 1981, S. 324.

53 BGH NJW 1983, S. 2029.

54 BT-Drucks. 11/7104, S. 15.

Aus dem Beschriebenen folgt, daß, sowohl bei der Gefährdungshaftung als auch bei der verschuldensabhängigen Haftpflicht, der Betreiber seine Schadensersatzpflicht nicht mit dem Argument umgehen kann, daß der Schaden nach dem Wissensstand im Moment der schädigenden Handlung nicht vorhersehbar war. Im Bereich der Altlasten kommt demnach der Beantwortung der Sorgfaltsfrage wahrscheinlich nur eine geringe Bedeutung zu. Hauptregel für den Schadensersatzanspruch bleibt aber, daß eine Sorgfaltsverletzung vorliegen muß.

IV. Die Sorgfaltsverletzung und der Kausalitätsbeweis

1. Die Hauptregel der Beweislastverteilung

Die folgenden Darstellungen der Beweislastverteilung beschränken sich auf die Problematik der haftungsbegründenden Kausalität. Es handelt sich dabei um den Zusammenhang zwischen dem Verhalten des Verletzers und der dadurch hervorgerufenen Rechtsgutverletzung. Die haftungsausfüllende Kausalität bezieht sich auf den Zusammenhang von Verhalten, Rechtsgutverletzung und den dadurch entstandenen Schaden[55]. Die haftungsbegründende Kausalität befaßt sich im Umwelthaftungsrecht mit den Fragen, ob ein Stoff imstande war, die vorliegende Rechtsgutverletzung hervorzurufen, wer diesen Stoff emittiert hat und zu welchem Teil dieser Stoff die vorliegende Rechtsgutverletzung herbeigeführt hat.

Hauptregel des Beweisrechts ist, daß derjenige, der einen Anspruch geltend macht, sämtliche Voraussetzungen jener gesetzlichen Bestimmung, aus der er seinen Anspruch herleitet, zu beweisen hat[56]. Der Anspruchsteller trägt die Beweislast dafür, daß die Voraussetzungen der ihm günstigen Norm vorliegen[57]. Gemäß § 286 I 1 ZPO hat der Richter nach seiner persönlichen Gewißheit zu entscheiden, ob der Kausalitätsbeweis erbracht worden ist[58]. Eine bloße Möglichkeit, ebenso wie eine

---

55 Deutsch, Haftungsrecht I, S. 140 und 141.

56 Zusammenfassend Baumgärtel/Wittmann, in: FS. für Karl Schäfer, S. 13.

57 Rosenberg-Schwab, Zivilprozeßrecht, § 118 II, S. 2.

58 BGHZ 53, S. 245 (256).

gewisse Wahrscheinlichkeit, genüge dazu nicht[59]. Im internationalen Vergleich verlangt der deutsche Richter für den Kausalitätsbeweis ein relativ hohes Beweismaß[60]. Der Richter darf und muß sich aber in tatsächlich zweifelhaften Fällen mit einem für das praktische Leben brauchbaren Grad an Gewißheit begnügen, der den Zweifeln Schweigen gebietet, ohne sie völlig auszuschließen[61].

2. Der Anscheinsbeweis

Damit nicht allzu hohe Anforderungen an den, vom Geschädigten zu erbringenden, Kausalitätsbeweis gestellt werden, hat die Rechtsprechung den Anscheinsbeweis entwickelt. Der Anscheinsbeweis findet Anwendung, wenn ein Sachverhalt nach der Lebenserfahrung auf einen bestimmten, typischen Verlauf hinweist. Danach genügt zum Kausalitätsnachweis, daß das Schadensereignis eine übliche Folge des festgestellten Verhaltens ist. Der Anscheinsbeweis findet vor allem dann Anwendung, wenn eine Pflichtverletzung vorliegt, wobei es gerade Sinn dieser Pflicht ist, die verwirklichte Gefahr zu verhindern. Wenn z.B. ein Hausbesitzer seine Streupflicht verletzt hat und gerade innerhalb der zeitlichen Grenzen der Streupflicht ein Passant stürzt[62] oder wenn der Emittent nicht nachweisen kann, daß er die ihm obliegenden Emissionsbeobachtungspflichten eingehalten hat und gerade während dieser Zeit die typische Gefahr, die mit der Überschreitung der kritischen Grenzwerte verbunden ist, sich verwirklicht[63]. Die Rechtsprechung ist eher geneigt, sich des Anscheinsbeweises zu bedienen, wenn die verletzten Interessen besonders schutzwürdig sind[64]. In den Fällen, in denen bei den Sachverständigen keine Übereinstimmung darüber besteht, daß der angeblich typische Geschehensablauf naturwissenschaftlich überhaupt möglich ist, wird der

---

59 BGHZ 34, S. 206 (215).

60 RGZ 15, S. 338 (339); Stoll, AcP 176 (1976), S. 179.

61 BGHZ 53, S. 245 (256).

62 BGH VersR 1967, S. 685 (686).

63 OLG Oldenburg v. 14.12.1990 (nicht veröffentlicht).

64 RGRK(-Steffen), § 823 Rdn. 509.

Anscheinsbeweis jedoch nicht angewendet[65]. Im Umweltrecht wird dies regelmäßig der Fall sein, da die Kausalketten noch nicht ausreichend geklärt sind[66].

Der mutmaßliche Verursacher kann den Anscheinsbeweis widerlegen. Dazu hat er Tatsachen nachzuweisen, aus denen sich die ernsthafte, nicht bloß theoretische Möglichkeit eines anderen Geschehensablaufes ergibt. Gelingt dem mutmaßlichen Verursacher dieser Beweis, dann trägt der Geschädigte die volle - bis an Sicherheit grenzende - Beweislast[67]. Im Umweltrecht wird der mutmaßliche Verursacher diesen Gegenbeweis relativ einfach erbringen können. Meistens wird der Schaden von mehreren Verursachern hervorgerufen und/oder ist es nicht sicher, ob der Schaden nur von den emittierten Stoff verursacht wurde. Der Gesetzgeber hat mittels § 7 II UmweltHG - wie noch zu erörtern ist - diese Möglichkeiten zum Gegenbeweis eingeschränkt.

Für das Umwelthaftungsrecht ist der Anscheinsbeweis vor allem nützlich, wenn plötzlich eine Umweltschädigung bewirkt wird, deren Folgen sich auf ein kleines Gebiet beschränken. Meistens handelt es sich dabei um einen einzigen Verursacher und die Emissionen eines einzelnen Stoffes, z.B. Schäden an Baumkulturen infolge von Pflanzenschutzmitteln[68], schwere Verletzungen bei Arbeitern an einem Kanal infolge kurz zuvor eingeleiteter Stoffe[69], ein Fischsterben durch das Einleiten giftiger Stoffe einer Galvanisierungsanstalt[70].

---

65 OLG Düsseldorf MDR 1972, S. 876.

66 So hebt Krasney hervor, daß es zu der Zeit 300 000 bis 400 000 Stoffe gab, von denen man nicht wußte, ob sie für die Umwelt gefährlich sind. Zudem gab es 200 000 umweltschädigende Arbeitsstoffe, in: Diskussionsbericht Karlsruher Forum 1987, S. 38.

67 BGHZ 39, S. 103 (108); Staudinger(-Schäfer), Vorbem. § 823 Rdn. 131; MüKo(-Grunsky), Vor § 249 Rdn. 136.

68 OLG Celle VersR 1981, S. 66.

69 BGH MDR 1975, S. 46.

70 BGH VersR 1962, S. 60 (61); weitere Beispiele Landsberg/Lülling, S. 179.

3. Die Ursachenvermutung des § 6 UmweltHG

a) Der Anwendungsbereich

In Anlehnung an den gesetzlich geregelten Anscheinsbeweis des § 120 BBergG[71], der vom Gesetzgeber als Vorstoß zur Verbesserung der Beweismöglichkeiten des Geschädigten begriffen wurde[72], hat der Gesetzgeber im UmweltHG gleichfalls eine - einem Anscheinsbeweis sehr ähnliche - gesetzliche Ursachenvermutung aufgenommen. Wenn eine gem. § 1 UmweltHG genehmigungspflichtige Anlage nach den Gegebenheiten des Einzelfalles geeignet ist, den Schaden zu verursachen, so wird vermutet, daß der Schaden durch die Anlage hervorgerufen ist. Die "zu beachtenden Gegebenheiten des Einzelfalles" werden in der Vorschrift nicht limitativ aufgelistet und konkretisiert. Die Vermutung erfordert, daß alle für die Kausalität maßgebenden Umstände in die Betrachtung einbezogen werden. Die Eignung im Einzelfall ist nach dem Betriebsablauf, den verwendeten Einrichtungen, der Art und Konzentration der eingesetzten und freigesetzten Stoffe, den meteorologischen Gegebenheiten, nach Zeit und Ort des Schadenseintritts und nach dem Schadensbild sowie allen sonstigen Gegebenheiten, die im Einzelfall für oder gegen die Schadensverursachung sprechen, zu beurteilen.

Es ist die Frage, ob diese gesetzliche Regelung weniger strenge Anforderungen an den Kausalitätsnachweis stellt als der Anscheinsbeweis. Sie enthält nicht die Voraussetzung, daß es sich um *typische nach Erfahrungssätzen* zu erwartende Schäden handelt. Theoretisch gibt es für die Rechtsprechung somit die Möglichkeit, aufgrund dieser Vorschrift ein noch geringeres Beweismaß, als im Rahmen des Anscheinsbeweises üblich ist, zu verlangen[73]. So vertritt *Hager*, ohne diese jedoch zu unterbauen, die Ansicht, daß eine Schadenseignung bereits vorliegt, wenn die von einer Anlage emittierten Stoffe "geeignet sind, den Schaden wenigstens mit anderen

---

71 BGBl. 1980 I, S. 1310. Siehe zu diesem Anscheinsbeweis Nölscher, NJW 1981, S. 2039.

72 BT-Drucks. 8/1315, S. 67.

73 Salje ist jedoch der Ansicht, daß es sich hier um eine im Rahmen des Anscheinsbeweises normale Zurücknahme des Wahrscheinlichkeitsgrades - von der an Sicherheit grenzenden Wahrscheinlichkeit als Normalfall zur bloß überwiegenden Wahrscheinlichkeit - handelt, DB 1990, S. 2053 (2055).

Schadstoffen mitzuverursachen"[74]. Selbst wenn dies zuträfe, könnte der mutmaßliche Verursacher sich nicht mit dem Beweis entlasten, daß der Schaden möglicherweise von anderen Emissionen verursacht wurde. § 7 I UmweltHG untersagt dem Inhaber der Anlage nämlich, sich dadurch zu entlasten, daß er auf die Schadenseignung anderer Anlagen hinweist[75]. Handelt es sich jedoch um natürliche Belastungen oder ist nicht einigermaßen feststellbar, von welchen Anlagen die Schadstoffe stammen, steht § 7 II UmweltHG der gesetzlichen Vermutung im Wege. Danach findet die Vermutung keine Anwendung, wenn ein anderer Umstand, nach den Gegebenheiten des Einzelfalles, imstande ist, den Schaden zu verursachen.

Der mutmaßliche Verursacher kann sich nicht nur - wie im Rahmen des Anscheinsbeweises - dadurch entlasten, daß er einen "anderen möglichen kausalen Umstand" nachweist. Das eigentlich Charakteristische dieser Ursachenvermutung zeigt sich darin, daß das UmweltHG eine "normative" Entlastungsmöglichkeit enthält. Wie erörtert, bildet beim Anscheinsbeweis der Umstand, daß man eine Gefahrsteuerungspflicht verletzt hat, einen Grund mit dem sich die Anwendung dieser Vermutung begründen läßt. Die bloße Einhaltung dieser Pflicht steht jedoch nicht grundsätzlich einem Anscheinsbeweis im Wege. Der Anscheinsbeweis setzt keine Pflichtverletzung voraus. Die gesetzliche Vermutung des § 6 I UmweltHG findet aber keine Anwendung, wenn die Anlage bestimmungsgemäß betrieben wurde. Nach § 6 II UmweltHG liegt ein bestimmungsgemäßer Betrieb vor, wenn im Zeitraum der schädlichen Umwelteinwirkungen die besonderen Betriebspflichten eingehalten worden sind und sich während dieser Zeit kein Störfall ereignet hat.

Der Sorgfaltsnachweis zur Aufhebung der Ursachenvermutung hat somit nur dann einen Sinn, wenn die Schäden durch den normalen, störungsfreien Betrieb hervorgerufen sind. Das wird allerdings von *Salje* anders gesehen. Er ist der Ansicht, daß die Ursachenvermutung nur hinsichtlich des Störfallbetriebes Anwendung finden kann[76]. Das ist verfehlt. Hinsichtlich des Normalbetriebes findet die Ursachenvermutung erst dann keine Anwendung, wenn die besonderen Betriebspflichten eingehalten worden sind. Bei einer Störung des Betriebes ist die Vermutung nicht mittels

---

74 Milieu en Recht 1991, S. 396 (399).

75 BT-Drucks. 11/7104, S. 10.

76 Salje, DB 1990, S. 2053 (2055).

des Beweises der Einhaltung besonderer Betriebspflichten zu entkräften. Das geht klar aus dem Gesetzestext hervor[77].

Die Einhaltung dieser besonderen Betriebspflichten wird wiederum vermutet, wenn die im 4. Absatz erwähnten besonderen Kontrollpflichten in dem Zeitraum durchgeführt wurden, in dem die in Frage stehende Umwelteinwirkung von der Anlage ausgegangen sein kann, und diese Kontrollen keinen Anhalt für die Verletzung der Betriebspflicht ergeben haben, oder im Zeitpunkt der Geltendmachung des Schadensersatzanspruchs die in Frage stehende Umwelteinwirkung länger als zehn Jahre zurückliegt. Auch diese Vorschrift bezweckt, einen noch stärkeren Anreiz zum sorgfältigen Betrieb zu schaffen, um auf diese Weise die Durchsetzung des Vorsorgeprinzips zu fördern[78]. In beiden Fällen hat der Geschädigte somit darzutun, daß der Betrieb nicht bestimmungsgemäß geführt worden ist. Dazu helfen ihm die in §§ 8 und 9 UmweltHG erfaßten Auskunftansprüche.

b) Die "besonderen Betriebspflichten" des § 6 III UmweltHG

Die nächste wichtige Frage ist, ob zu den besonderen Betriebspflichten des § 6 III UmweltHG nicht nur die öffentlich-rechtlichen Betriebspflichten gehören, sondern auch die privatrechtlichen Betriebspflichten. Reicht zur Entkräftung der Ursachenvermutung der Nachweis, daß man die öffentlich-rechtlichen Betriebspflichten eingehalten hat, oder muß dazu nachgewiesen werden, daß man auch den im Einzelfall möglicherweise strengeren privatrechtlichen Pflichten genügt hat?

Gemäß § 6 III UmweltHG sind "besondere Betriebspflichten" die Pflichten, die sich aus verwaltungsrechtlichen Zulassungen, Auflagen und vollziehbaren Anordnungen und Rechtsvorschriften ergeben. Ziel dieser Pflichten ist es, der Verwirklichung negativer Umwelteinwirkungen vorzubeugen.

Wenn man die Auflistung des 3. Absatzes oberflächlich betrachtet, kommt man zu der Schlußfolgerung, daß es sich hier nur um *verwaltungsrechtliche* Betriebspflichten handelt. Die besonderen Betriebspflichten können nur öffentlich-rechtliche Be-

---

77 Siehe auch Landsberg/Lülling, S. 160.

78 BT-Drucks, 11/7104, S. 14 (18).

triebspflichten sein[79]. Dieser Schlußfolgerung steht jedoch entgegen, daß das Adjektiv "verwaltungsrechtlich" sich nicht unbedingt auch auf das Substantiv der "Rechtsvorschriften" beziehen muß. Zweimal wird das Wort "und" verwendet. Es hat somit den Anschein, daß der Gesetzgeber auf zwei Gruppen hinweisen wollte; einerseits die verwaltungsrechtlichen Zulassungen, Auflagen und vollziehbaren Anordnungen, andererseits die Rechtsvorschriften schlechthin. Zu den Rechtsvorschriften gehören somit auch die privatrechtlichen Betriebspflichten.

Die obenstehende Interpretation ist im Einklang mit den Äußerungen des Gesetzgebers zum Sinn und Zweck des UmweltHG. Der Gesetzgeber wollte durch den Ausschluß der Ursachenvermutung beim sorgfältigen Betrieb einen starken Anreiz schaffen, in Sicherheitsmaßnahmen zu investieren. In den Gesetzgebungsmaterialien heißt es: "Damit wird - *auch insoweit keine besonderen gesetzlichen Regeln vorhanden sind*[80] - ein wirtschaftlicher Anreiz geschaffen den Schadstoffausstoß fortwährend zu beobachten und aufzuzeichnen[81]". Daß der Gesetzgeber die besonderen Betriebspflichten nicht nur auf die öffentlich-rechtlichen beschränken wollte, ist möglich auch Umweltminister *Töpfers* Aussage zu entnehmen, daß "die besondere Anreizwirkung des Umwelthaftungsrechts darin besteht, daß die Geltendmachung von Ersatzansprüchen durch die Geschädigten *unabhängig* vom Vollzug des Ordnungsrechts erfolgt[82]".

Gerade wenn man der Ansicht ist, daß die besonderen Betriebspflichten sich auf öffentlich-rechtliche beschränken, ist es von der Qualität dieser Vorschriften abhängig, ob diese Einschränkung für die Praxis schädliche Folgen hat. Einleuchtend in diesem Zusammenhang ist die Aussage *Geisendorfers*: "Je schärfer dessen Anforderungen (des öffentlichen Rechts, Verfasser) - und hier haben wir gerade in der Bundesrepublik bereits einen hohen Standard erreicht - desto geringer ist die Bedeutung des privaten Haftpflichtrechts"[83]. Dabei ist vor allem im dynamischen Umweltrecht die regelmäßige Überprüfung und Aktualisierung der erteilten Genehmigungen und

---

79 So Hager, Milieu en Recht, S. 396 (399); Feldhaus, UPR 1992, S. 161 (162/164); Landsberg/Lülling, S. 163/170.

80 Hervorhebung des Verfassers.

81 BT-Drucks, 11/7104, S. 14, 18.

82 Töpfer, Umwelt 1989, S. 52.

83 VersR 1989, S. 433 (434).

die davon erfaßten Genehmigungsvorschriften wichtig. Wenn die Anwendung des Genehmigungsrechts von der Einhaltung überholter öffentlich-rechtlicher Betriebsvorschriften abhängig ist, hat die Ursachenvermutung des § 6 UmweltHG für die Praxis keinen Sinn. Allzu leicht wird die tatsächliche Vermutung mittels des Nachweises, daß diese Betriebspflichten eingehalten wurden, aufgehoben. In der Praxis mangelt es aber an der regelmäßigen Überprüfung und Aktualisierung der Genehmigungsvorschriften durch die Behörden. Den Behörden ist die Sanierungsbedürftigkeit einer Immissionsquelle oft nicht bekannt und ferner werden Maßnahmen trotz hohen Sanierungsbedarfs nur äußerst selten auf behördlicher Initiative ergriffen und durchgesetzt[84].

Hager weist darauf hin, daß, wenn man die besonderen Betriebspflichten auf die des öffentlichen Rechts beschränkt, diese enge Auffassung zu Ungereimtheiten führen wird. Er gibt folgendes Beispiel: "Angenommen eine Altanlage hält die für sie noch geltenden hohen Grenzwerte ein, während eine Neuanlage jetzt geltende viel niedrigere Grenzwerte geringfügig überschreitet, dann greift die Kausalitätsvermutung zwar zu Lasten der Neuanlage ein, nicht aber zu Lasten der Altanlage, obwohl deren Schadstoffausstoß möglicherweise viel höher liegt."[85] Auf die Frage nach dem Inhalt der besonderen Betriebspflichten, und die möglichen Folgen einer Beschränkung auf nur öffentlich-rechtliche Betriebspflichten ist im 9. Paragraphen zurückzukommen.

4. Die Beweislastumkehr

Durch die Einführung der gesetzlichen Ursachenvermutung des § 6 UmweltHG wird die richterrechtliche Beweislastumkehr, wie sie sich im Umwelthaftungsrecht entwickelt hat, nicht außer Kraft gesetzt. Die Beweislastumkehr unterscheidet sich vom Anscheinsbeweis bzw.der gesetzlichen Ursachenvermutung nicht nur dadurch, daß sie vom Geschädigten nicht verlangt, daß er aufgrund der tatsächlichen Verhältnisse ein bestimmtes Kausalitätsmaß dartut, sondern sie belastet den vermutlichen Verursacher mit dem Nachweis belastet, daß die von seinem Betrieb herrührenden Immissionen nicht kausal für den Schaden sind.

84 Lorenz, UPR 1991, S. 253 (254) m.w.N.

85 Hager, NJW 1991, S. 134 (138).

Die Beweislastumkehr hat der BGH im Kupolofen-Fall, analog der Rechtsprechung im Rahmen der Produkthaftung[86] und zum § 906 BGB[87] für den *Verschuldensnachweis* entwickelt. Dem Verursacher obliegt der Beweis, daß er seine Verkehrspflicht gegenüber dem Geschädigten eingehalten hat[88].

Die Gründe zu einer Beweislastumkehr bezüglich des Nachweises des Verschuldens sind die folgenden. Die Beweislastposition des Geschädigten ist weit schlechter als die des Betreibers. Letzterer kann die komplizierten Produktionsprozesse nämlich besser überblicken und beeinflussen[89]. Man soll den Geschädigten nicht mit dem Unaufklärbarkeitsrisiko belasten, da er den ihn schädigenden Vorgang nicht gewollt hat und er nur dessen Nachteile erhält[90]. Zudem entspricht es einem allgemeinen Rechtsgedanken, daß derjenige, der fahrlässig die Aufklärung von Tatsachen vereitelt, das Unaufklärbarkeitsrisiko trägt[91].

In welchen Fällen aber ist der Betreiber dazu verpflichtet, nachzuweisen, daß er die ihm obliegenden Sorgfaltspflichten eingehalten hat, damit im Haftpflichtprozeß sichergestellt wird, daß seine Anlage nach aller Wahrscheinlichkeit die vorliegende Rechtsgutverletzung nicht hervorgerufen hat?
Bei dieser Frage handelt es sich um ein - gewiß im Umwelthaftungsrecht - noch nicht ausreichend entwickeltes Gebiet des Beweisrechts. Eine Beantwortung muß daher auf allgemeinen Umrissen und vagen Entwicklungstendenzen basieren.

Im Hinblick auf die haftungsbegründende Kausalität hat sich mittlerweile nur im Bereich des Arzthaftungsrechts eine gefestigte Beweislastumkehr entwickelt[92]. Eine Beweislastumkehr greift ein, wenn der Arzt schuldhaft einen groben Behand-

---

86 BGHZ 51, S. 91.

87 Allerdings sei hervorgehoben, daß im Rahmen des § 906 II BGB dem Schädiger die Beweislast einen Rechtfertigungsgrund darzutun, obliegt. RGRK(-Steffen), § 823 Rdn 499. Siehe oben S. 97.

88 BGHZ 92, S. 143 (151).

89 BGHZ 51, S. 104 ff.

90 BGHZ 51, S. 104 ff.

91 BGH NJW 1983, S. 2935.

92 RGZ 171, S. 168 (171); BGH VersR 1981, S. 1033; BGH NJW 1983, S. 2080 (2081); BGH NJW 1981, S. 2513.

lungsfehler begangen hat, der Behandlungsfehler generell geeignet ist, unmittelbar einen Gesundheitsschaden der vorliegenden Art herbeizuführen und sich gerade das Risiko verwirklicht hat, dessen Nichtbeachtung den Fehler als grob erscheinen läßt[93]. Der zweite Grund zeigt, daß auch im Rahmen der Beweislastumkehr immer etwas vom Anscheinsbeweis bleibt. Dieser Anscheinsbeweis wird jedoch nicht notwendiger Weise auf die typischen Fälle beschränkt[94].

Als Ansatz für das Umwelthaftungsrecht ist auch für die Umkehr der Kausalitätsbeweislast der Kupolofen-Fall wichtig. Der BGH führt in einem obiter dictum aus, daß es infolge der erheblichen Beweisschwierigkeiten hinsichtlich der Kausalitätsfrage auch in diesem Bereich für den Geschädigten Beweislasterleichterungen geben sollte. Derartige Beweislasterleichterungen sind jedoch - wie im Arzthaftungsrecht - erst bei *festgestellter* Überschreitung der durch *Verwaltungsvorschriften* festgelegten Emissions- und Immissionswerte denkbar. Im Einzelfall mag dann sogar eine Beweislastumkehr in Betracht zu ziehen sein[95]. Im Gegensatz zu der Beweislastumkehr beim Verschulden - ein Verschulden liegt vor, wenn der Schädiger nicht nachweisen kann, daß er seine Sorgfaltspflichten eingehalten hat - kehrt sich die Beweislast im Punkt der Kausalität erst um, wenn feststeht, daß beim Betrieb der Anlage die öffentlich-rechtlichen Betriebspflichten nicht eingehalten worden sind. Erst dann obliegt dem Betreiber die Pflicht, nachzuweisen, daß trotz dieser Tatsache die schädlichen Immissionen nicht von seinem Betrieb herrühren.

Obwohl theoretisch möglich, ist es sehr zweifelhaft, ob es unter den oben erwähnten Voraussetzungen im Umwelthaftungsrecht jemals zu einer wirklichen Beweislastumkehr für den Kausalitätsbeweis kommen wird. Das obiter dictum des BGH enthält strenge Anforderungen. Im Gegensatz zum Anscheinsbeweis setzt man bei der Umkehr der Kausalitätsbeweislast nämlich nicht bei einer vermuteten Kausalität an - zuerst Kausalität und dann Sorgfaltsfrage -, sondern bei der Sorgfaltsverletzung -zuerst die Sorgfaltsfrage und dann die Kausalität -. Eine Umkehr der Kausalitätsbe-

93 Lange, Schadensersatz, S. 162.

94 BGH, NJW 1983, S. 333 (334): "... daß die in Frage stehende Beweiserleichterung auf anderer Grundlage beruht als etwa diejenige des Anscheinsbeweises; jedenfalls in diesem Sinn muß die Ursachenvermutung zwischen grobem Behandlungsfehler und dem Schaden nicht naheliegend oder gar typisch sein um Beweiserleichterungen zu rechtfertigen".

95 BGHZ 92, S. 143 (147) unter Hinweis auf BGH VersR 1983, S. 441 (442).

weislast kann es nämlich nur geben, wenn *tatsächlich festgestellt* worden ist, daß der Emittent Grenzwerte überschritten hat. Hierin ist eine größere Pflichtverletzung gegeben als in den Fällen, in denen lediglich der Nachweis nicht erbracht werden kann, daß beim Betrieb die Grenzwerte eingehalten worden sind[96]. Erst bei einer tatsächlichen Verletzung der Grenzwerte obliegt dem Emittenten demzufolge die Pflicht nachzuweisen, daß seine Emissionen nicht kausal für den Schaden waren. Die umweltrechtlichen Gefährdungshaftpflichten hat der Gesetzgeber jedoch gerade deshalb entwickelt, weil der Geschädigte die Pflichtverletzung des Schädigers nur sehr schwer nachweisen kann. Nur in den wenigsten Fällen wird der Geschädigte somit die erste Voraussetzung zu einer Umkehr der Kausalitätsbeweislast erfüllen können.

Im Umweltrecht braucht man zudem in viel stärkerem Maße als im Arzthaftungsrecht einen gewissen Anschein der Kausalität. Man klagt nicht auf Schadensersatz ohne wenigsten zu vermuten, daß der Anzuklagende für den verursachten Schaden verantwortlich ist. Der Patient braucht aber eine derartige Kausalitätsvermutung nicht. Es wird so gut wie immer nachzugehen sein, welcher Arzt ihn operiert hat. Für den Kausalitätsnachweis ist der Anscheinsbeweis im Umwelthaftungsrecht somit ohne Zweifel wichtiger als die Umkehrung der Beweislast.

In der Literatur, die sich mit der Konkretisierung der vom BGH angesprochenen Beweislastumkehr auseinander gesetzt hat, zeigt sich denn auch, daß an die noch vom Geschädigten zu erbringenden Kausalitätsbeweise derart hohe Anforderungen gestellt werden, daß man es hier nicht mit einer Beweislastumkehr, sondern eher mit einem Anscheinsbeweis zu tun hat. Der geschädigte Kläger hat zu beweisen, welcher Stoff den Schaden verursacht hat, daß der Betrieb des Beklagten diesen Stoff emitiert, und daß eine Schädigung unter Berücksichtigung der räumlichen Entfernung wahrscheinlich ist[97]. Ähnliche Voraussetzungen finden sich in dem gesetzlich geregelten Anscheinbeweis des § 6 UmwelthG wieder.

---

96 Anders für das Arzthaftungsrecht, BGH NJW 1983, S. 333. Daten zur Aufdeckung des Behandlungsfehlers sind infolge des Unterlassens des Arztes nicht vorhanden.

97 Marburger-Hermann, JuS 1986, S. 354 (357 ff); Baumgärtel, JZ 1984, S. 1109; Medicus, JZ 1986, S. 781.

Hervorgehoben sei zum Schluß nochmals, daß, sollte es überhaupt zu einer wirklichen Beweislastumkehr kommen, der BGH die Einhaltung verwaltungsrechtlicher Grenzwerte als Ausgangspunkt für die Beweislastumkehr nehmen wird. Das wäre auch eine Unterstützung der herrschenden Auffassung, daß die besonderen Betriebspflichten des UmweltHG nur öffentlich-rechtlicher Natur sind. Damit stellt sich auch hier die Frage, welche Betriebspflichten - die öffentlich-rechtlichen oder die privatrechtlichen - am besten als Eckwerte für die Beweislastumkehr dienen können. In diesem Verband sollte auf die kritischen Bemerkungen von *Lorenz* und *Hager* zurückverwiesen werden[98]. Die bereits für den 9. Paragraphen versprochenen weiteren Überlegungen bezüglich des Inhaltes dieser Pflichten greifen auch in diesem Punkt.

5. Die Beweislastverteilung bei der Haftpflicht mehrerer Verursacher

a) Einführung

Die neuartigen Umweltschäden werden im Regelfall von großräumigen Emissionen mehrerer Anlagen herbeigeführt. Daß das Umwelthaftungsrecht zur Bewältigung gerade dieser typischen Fälle nicht geeignet ist, folgt daraus, daß eben die drei Vorschriften (§ 22 WHG, § 830 BGB und § 7 I UmweltHG), die sich mit der Haftpflicht mehrerer Verursacher befassen, bisher kaum Anwendung gefunden haben[99]. Für das Thema ist diese Problematik jedoch wichtig. Die Einhaltung der verlangten Sorgfaltspflichten entscheidet gerade auch in diesen Fällen über die Verteilung des Beweisrisikos. Der Sorgfaltsnachweis ist um so wichtiger, da der vermutliche Verursacher - unter Umständen - als Gesamtschuldner haftet.

---

98 Siehe oben S. 111.

99 Siehe die Rechtsprechung in Fn. 100.

b) § 830 I BGB

aa) Allgemeines

Aufgrund der Hauptregel des Beweisrechts hat der Geschädigte zu beweisen, welcher Verursacher zu welchem Teil für die vorliegende Rechtsgutverletzung verantwortlich ist. Beim Kernbestand der Haftpflicht mehrerer Verursacher - § 830 I BGB - trifft dies jedoch nicht immer zu. Der BGH hilft dem Geschädigten in seiner Beweisnot. Er benutzt die Formel der nur im Bereich der haftungsausfüllenden Kausalität anzuwendenden Vorschrift des § 287 ZPO auch zur Schätzung der Verursachungsanteile[100]. Die Vorschrift des § 287 ZPO ist allerdings nicht geeignet, den wirklichen Verursachungszweifel auszuräumen. Sie ist nur anwendbar, wenn bereits geklärt ist, daß mehrere bestimmte Verursacher einen Beitrag zu einer Rechtsgutverletzung geliefert haben, Art und Höhe dieses Beitrages aber nicht im einzelnen belegt werden können. Dann kann anhand dieses Paragraphen geschätzt werden, zu welchem Anteil der durch die Verletzung hervorgerufene Schaden auf den einzelnen Verletzungsbeitrag zurückgeht.
Der Kernbestand der Haftpflicht unterschiedlicher Verursacher - § 830 I BGB - enthält eine Ausnahme von dieser Regel. Im ersten Satz der Vorschrift wird festgelegt, daß, wenn mehrere, durch eine gemeinschaftlich begangene unerlaubte Handlung, einen Schaden verursachen, jeder von ihnen für diesen Schaden verantwortlich ist. Im zweiten Satz wird bestimmt, daß die Vorschrift des ersten Satzes auch zutrifft, wenn sich nicht ermitteln läßt, wer von mehreren Beteiligten den Schaden durch seine Handlung hervorgerufen hat. Dieser Satz enthält somit eine Beweislastumkehr bezüglich der Frage, ob man überhaupt Mitverursacher des Schadens ist. Wenn sich nicht ermitteln läßt, wer von mehreren Beteiligten den Schaden durch seine Handlung ganz oder teilweise herbeigeführt hat, soll gegenüber dem Betroffenen jeder Beteiligte als Gesamtschuldner verantwortlich sein[101]. Das Gesetz nimmt unter Umständen somit in Kauf, daß jemand als Gesamtschuldner zur Haftung herangezogen wird, der zwar rechtswidrig und schuldhaft gehandelt hat, aber von dem

---

100 BGHZ 60, S. 77; BGHZ 66, S. 70 (76 ff); BGHZ 70, S. 102 (108); BGHZ 83, S. 375 (383); BGHZ 85, S. 375 (383); OLG Neustadt VersR 1958, S. 251; LH Hamburg MDR 1965, S. 45.

101 A. G., S. 187.

nicht feststeht, daß er die Rechtsgutverletzung auch tatsächlich herbeigeführt hat[102].

§ 830 I BGB ist anzuwenden, wenn die Haftpflicht sich nach § 906 BGB oder § 823 BGB richtet, und auch im Fall der Gefährdungshaftung[103]. Im letzten Fall duldet das Gesetz unter Umständen somit, daß einer als Gesamtschuldner haftet, der den Schaden nicht verursacht hat und zudem seinen Betrieb bestimmungsgemäß geführt hat. Somit ist dies die weitgehendste Haftpflicht, die das geltende Umwelthaftungsrecht ermöglicht. Es sei zum Schluß darauf hingewiesen, daß die Haftpflicht nicht nur die Störfallschäden umfaßt, sondern auch die schädlichen Folgen des normalen, störungsfreien Betriebs umfaßt[104].

bb) Die Anwendungsvoraussetzungen

Die Haftpflicht umfaßt die Fallgruppen der alternativen und kumulativen Kausalität[105]. Für die kumulative Kausalität, die die für das Umwelthaftungsrecht wichtigste Fallgruppe darstellt, besteht diesbezüglich in der Literatur jedoch keine Klarheit[106].

---

102 A. G., S. 188.

103 BGHZ 55, S. 96 (98 ff.).

104 OLG Düsseldorf MDR 1984, S. 400 (401); Ablehnend Geisendorfer, VersR 1989, S. 436.

105 Musterbeispiel der alternativen Kausalität bildet der Fall in dem bei der Verfolgung einer Fasanenhenne mehrere Jäger Schüsse abgeben, und einer davon einer daherkommenden Radfahrer verletzt, den die Jäger fahrlässig nicht bemerkt haben (BGH VersR 1962, S. 430). Die Gruppe der kumulativen Kausalität umfaßt die Fälle, wo der Schaden infolge des gegenseitigen Reagierens unterschiedlicher, an sich nicht schädlicher, Stoffe hervorgerufen wird (synergethische Schäden) und die Fälle, in denen infolge der Summation der unterschiedlichen Schadstoffe (Summationsschäden) kritische Grenzwerte erreicht werden (BGHZ 57, S. 257; OLG Düsseldorf, MDR 1984, S. 400).

106 § 830 BGB Nur auf die alternative Kausalität beschränkend; Brüggemeier, KJ 1989, S. 218. Nur kumulative Schäden unter der Voraussetzung, daß jede Beeinträchtigung für sich den ganzen Schaden hätte hervorrufen können; Bodewig, AcP 185 (1985), S. 505, (512); Köndgen, UPR 1983, S. 353; MüKo(-Mertens), Rdn. 21 zu § 830 BGB; Medicus, JZ 1986, S. 782; Assmann, in: Prävention im Umweltrecht, Risikovorsorge, Grenzwerte, Haftung, S. 168; Hager, NJW 1991, S. 134 (139).

Die interministerielle Arbeitsgruppe "Umwelthaftungs- und Umweltstrafrecht" betont jedoch, daß sich die Vorschrift nicht nur auf die Fälle beschränkt, in denen jede Ursache für sich geeignet gewesen wäre, den Gesamterfolg herbeizuführen. Als Beispiel erwähnt sie ein Urteil des OLG Düsseldorf aus dem Jahre 1984. Auf einer Baustelle waren mehrere selbständige Bauunternehmen eingesetzt. Mit ihren Fahrzeugen verunreinigten sie die angrenzende Straße. Die Ablagerungen, die auf der Fahrbahn zurückblieben, wurden bei trockenem Wetter durch den Verkehr aufgewirbelt, so daß die Fassaden der umstehenden Häuser verschmutzt wurden. Das OLG Düsseldorf stützte die gesamtschuldnerische Haftung der unterschiedlichen Bauunternehmer auf § 830 I 2 BGB[107].

§ 830 I S. 2 BGB findet keine Anwendung, wenn die Ersatzberechtigung des Betroffenen nicht *zweifelsfrei* feststeht. Das ist z.B. der Fall, wenn zwar unwidersprochen ist, daß der in Anspruch genommene Verursacher aufgrund seiner unerlaubten Handlung zumindest für einen Teil für den Schaden mitverantwortlich ist, wenn aber nur nicht feststellbar ist, für *welchen* Teil, und wenn der Schaden teilweise auf natürliche Ursachen zurückzuführen ist. Wendet man § 830 I 2 BGB in derartigen Konstellationen an, dann haftet der Inanspruchgenommene möglicherweise für nicht rechtswidrig verursachten Schaden. Die Ersatzberechtigung des Betroffenen ist somit nicht zweifelsfrei gegeben, und die gesamtschuldnerische Haftung entfällt.

Das gleiche trifft selbstverständlich zu, wenn ein unbestimmter Teil des Schadens von einem Mitverursacher herbeigeführt wurde, der nicht schuldhaft gehandelt hat, und seine Haftpflicht sich nach einer verschuldens*abhängigen* Anspruchsgrundlage richtet. Auch in diesem Fall bestünde die Möglichkeit, daß die übrigen Gesamtschuldner für nicht rechtswidrig herbeigeführte Schäden haften.

Aus Obenstehendem folgt einerseits, daß es für alle Mitverursacher sehr wichtig ist, daß derjenige, dessen Haftpflicht vom Verschulden abhängig ist, nachweisen kann, daß sein Schadensteil nicht schuldhaft herbeigeführt wurde. In dem Fall entfällt nicht nur seine Haftpflicht, sondern grundsätzlich die gesamtschuldnerische Haftpflicht der übrigen Mitverursacher. Andererseits ist es für den Geschädigten von größter Bedeutung, daß die Beweislastanforderungen hinsichtlich des Verschuldensnachweises und der Kausalitätsnachweis nicht zu hoch geschraubt werden, sonst be-

---

107 OLG Düsseldorf MDR 1984, S. 400 (401); A. G., S. 191.

steht die Gefahr, daß die Verursacher sich, gerade im Fall schwerer Beeinträchtigungen, gegenseitig decken.

Eine besondere Regelung des Anscheinsbeweises für die Haftpflicht mehrerer enthält § 7 I UmweltHG. Der BGH hat im Rahmen des § 22 I 2 WHG einen besonders strengen Anscheinsbeweis entwickelt. Auf diese Vorschriften ist im nächsten Abschnitt kurz einzugehen.

Zum Schluß sei erwähnt, daß § 830 I S. 2 BGB gleichfalls keine Anwendung findet, wenn ein kleiner Verletzungsbeitrag des einen Verursachers mit einem größeren des anderen Verursachers, von dem er vollständig dominiert und überlagert wird[108], zusammentrifft.

c) Die Ursachenvermutung nach § 7 I UmweltHG

Nach § 7 I UmweltHG kann der Inhaber einer Anlage, deren Betrieb vermutlich für den Schaden mitverantwortlich ist, sich nicht dadurch entlasten, daß er auf die Schadenseignung anderer Anlagen hinweist[109]. Der Gesetzgeber hat somit ausdrücklich verhindert, daß die Verursacher schädlicher Immissionen sich jeweils auf die Verursachung durch andere Verschmutzer entlastend berufen können.

Wenn kein anderer Umstand als Schadensursache in Betracht kommt, kann der angesprochene Inhaber sich nur durch den Beweis, daß die Anlage zur Zeit der Schädigung ordnungsgemäß betrieben wurde, entlasten. Wie bei der Haftpflicht eines einzelnen Verursachers, richtet sich die Entkräftung der Ursachenvermutung nach den Bestimmungen des § 6 II/IV UmweltHG. Auch hier ist somit von entscheidender Bedeutung, ob beim Betrieb der Anlage die besonderen Betriebspflichten eingehalten worden sind.

---

108 RGZ 99, S. 172 ff. Die Versalzung eines Flußes wurde für 96 % durch ein einziges Kupferbergwerk hervorgerufen, während die übrigen 4 % von mehreren anderen Werken hervorgerufen wurden. Siehe auch Diederichsen/Scholz, WiVerw 1984, S. 38; Marburger, UTR Bd. 2., S. 109 (146).

109 BT-Drucks. 11/7104, S. 18.

d) Die Ursachenvermutung nach § 22 I S. 2 WHG

Gemäß § 22 I S. 2 WHG haften die unterschiedlichen Verursacher einer nachteiligen Wasserbeeinträchtigung i.S.d. § 22 I S. 1 WHG als Gesamtschuldner für die dadurch entstandenen Schäden. Gemäß dieser ausdrücklichen Regelung braucht man im Gegensatz zum UmweltHG hier § 830 I BGB nicht analog anzuwenden. Aus dem Gesetzestext geht hervor, daß die unterschiedlichen Verursacher verschuldensunabhängig als Gesamtschuldner haften.
Der BGH hat im Rahmen dieser Vorschrift die weitgehendste Ursachenvermutung entwickelt. Die Regelung enthält zugunsten des Geschädigten die Vermutung, daß ein Gefährdungsbeitrag, der den Schaden nach Erfahrungssätzen mitbewirkt haben könnte, ihn auch tatsächlich herbeigeführt hat[110]. Im Gegensatz zu der Regelung des UmweltHG entlastet der Beweis, daß die besonderen Betriebspflichten eingehalten worden sind, hier nicht. Für diesen Unterschied zum UmweltHG gibt es keinen guten Grund. In Zukunft sollte die Regelung des UmweltHG im Wasserrecht analog angewendet werden. Solange die Rechtsprechung die Frage aber nicht geklärt hat, ist festzuhalten, daß in diesem Bereich die Sorgfaltsfrage keine Bedeutung hat.

V. Die Sorgfaltsverletzung und höhere Gewalt

Alle im 5. Paragraphen beschriebenen Anspruchsgrundlagen des Umwelthaftungsrechts, außer § 22 I WHG und § 33 LuftVG, klammern die Schadensersatzpflicht im Fall höherer Gewalt aus. Höhere Gewalt ist ein betriebsfremdes, von außen durch elementare Naturkräfte oder durch Handlungen Dritter Personen herbeigeführtes Ereignis, das nach menschlicher Einsicht und Erfahrung unvorhersehbar ist und mit wirtschaftlich erträglichen Mitteln auch durch die äußerste, nach der Sachlage vernünftigerweise zu erwartende, Sorgfalt nicht verhütet oder unschädlich gemacht werden konnte[111].

Für alle in § 5 der Arbeit dargestellten Anspruchsgrundlagen des Umwelthaftungsrechts gilt, daß die Ersatzpflicht nicht besteht, soweit der Schaden durch höhere

110 BGHZ 57, S. 257 (264).

111 Landsberg/Lülling, § 4 UmweltHG m.w.N. aus der Rechtsprechung.

Gewalt verursacht wurde. Ausnahmen enthalten § 22 I WHG und § 33 LuftVG. Im Rahmen dieser Gefährdungshaftpflichten soll der Schaden auch ersetzt werden, wenn höhere Gewalt vorliegt.

Wie aus obenstehender Definition hervorgeht, ist für die höhere Gewalt notwendig, daß das Ereignis auch bei den größtmöglichen Anstrengungen, die nach dem Stand der Technik möglich und wirtschaftlich tragbar sind[112], nicht zu verhüten war. Auch hier gibt es somit noch einen Bereich des Haftpflichtrechts, in welchem dem Sorgfaltsnachweis unter Umständen noch eine haftpflichtbestimmende Bedeutung zukommt.

Ein Beispiel bildet der Fall, in dem ein Forellenzuchtbetrieb Schaden erleidet, weil infolge außergewöhnlich starker Regenfälle vom Hof des Beklagten wasserschädigende Stoffe ins Wasser gelangten. Der Kläger verlangt Schadensersatz aufgrund § 22 II WHG. Zur Feststellung, ob höhere Gewalt vorlag, müßte zuerst untersucht werden, ob der Beklagte bei der Lagerung der wassergefährdenden Stoffe "die von ihm zu erwartende Sorgfaltspflicht verletzt und insbesondere auch gegen bestehende Vorschriften verstoßen hat"[113].

VI. Die Sorgfaltsverletzung und der Ersatz reiner Vermögensschäden

Im Rahmen des § 823 I BGB werden nur solche Vermögensschäden ersetzt, die infolge der Verletzung der, von § 823 I BGB geschützten, Rechtsgüter entstehen. Der Gesetzgeber wollte, wie im 5. Paragraphen ausgeführt wurde, keinen Anspruch auf Ersatz reiner Vermögensschäden[114], wie die Beeinträchtigung von Nutzungsmöglichkeiten und die Kosten nutzloser (fehlgeschlagener) Aufwendungen, gewähren[115]. Unter Umständen können aber - bei Verstoß gegen ein Schutzgesetz - reine Vermögensschäden ersetzt werden. Die Ausweitung des Rechtsschutzes auf reine

---

112 Landsberg/Lülling, a.a.O.

113 BGH NJW 1986, S. 2312.

114 Reine Vermögensschäden sind die Vermögensbeeinträchtigungen, die erfolgen, ohne daß eine Rechtsgutverletzung i.S.d. § 823 I BGB vorliegt.

115 Z.B. Prospekthaftung BGHZ 71, S. 285 (292); BGHZ 72, S. 382 (389); BGHZ 77, S. 172 (179); BGHZ 84, S. 141 (149) und die Fleetentscheidung BGHZ 55 S. 153 (162).

Vermögensinteressen, d. h. auf solche privaten Interessen, die nicht durch Schutzgüter des § 823 I BGB verkörpert sind, ist allerdings nur zulässig, wenn das Schutzgesetz unmittelbar den Schutz bestimmter, abgrenzbarer Vermögensinteressen bezweckt oder jedenfalls im Regelungszusammenhang gerade von reinen Vermögensinteressen steht[116]. Nicht jedes Schutzgesetz zielt somit auf den Schutz reiner Vermögensschäden ab[117].

Obwohl die Rechtsprechung in vereinzelten Fällen Vorschriften als Umweltschutzgesetz qualifiziert hat[118], gibt es kein Gesetz zu dessen Schutzzweck die reinen Vermögensschäden gehören.

Auch mittels einer weiten Interpretation der Umweltschutzgesetze ist nicht zu vertreten, daß aufgrund eines dieser Gesetze auf Ersatz reiner Vermögensschäden geklagt werden kann. Der BGH hat zudem hervorgehoben, daß die Schöpfung eines derartigen Anspruches nicht auf einer nicht allzu kritischen Interpretation beruhen darf. Auf diese Weise würde man nämlich leicht die grundsätzliche Entscheidung des Gesetzgebers gegen eine allgemeine Haftung für Vermögensschäden umgehen[119].

Somit muß man zu der Schlußfolgerung kommen, daß die Rechtsordnung im Immissionsschutzrecht[120] kein Recht auf Erstattung reiner Vermögensschäden gewährt. Der verschuldensabhängigen Haftpflicht des § 823 II BGB kommt hier infolgedessen nur eine theoretische Bedeutung zu.

Schlußfolgerung ist, daß die Sorgfaltsfrage hier keine haftpflichtbestimmende Rolle spielt.

---

116 RGRK(-Steffen), § 823 Rdn. 548.

117 Ein Beispiel für ein Schutzgesetz, aufgrund dessen Verletzung auch die reinen Vermögensschäden erstattet werden können, bildet § 186 StGB (üble Nachrede). Siehe BGHZ 95, S. 212 ff.

118 Siehe oben S. 55.

119 BGHZ 66, S. 388 (391).

120 Wie oben ausgeführt wurde, können im Wasserrecht aufgrund des § 22 WHG reine Vermögensschäden erstattet werden. Siehe S. 120.

VII. Die Sorgfaltsverletzung und die Erstattung von Schmerzensgeld

Nach § 253 BGB kann der Ersatz immaterieller Schäden - nicht Vermögensschäden - nur in den durch das Gesetz bestimmten Fällen verlangt werden. Nach § 847 I BGB ist der Schmerzensgeldanspruch begründet, wenn eine unerlaubte Handlung zu einer Verletzung des Körpers, der Gesundheit oder zu einer Freiheitsentziehung geführt hat. Unerlaubte Handlung i.S.d. § 847 I BGB ist jeder Tatbestand, der zu dem 25. Titel des BGB gehört. Die Vorschrift bezieht sich somit nicht nur auf die verschuldensabhängige Haftpflicht nach § 823 BGB, sondern auch auf die verschuldensunabhängigen Haftpflichten des Gebäudebesitzers (§ 837 BGB) oder des Tierhalters (§ 833 BGB). Dennoch gibt es keinen Schmerzensgeldanspruch aufgrund einer der, außerhalb des BGB spezialgesetzlich geregelten, Gefährdungshaftpflichten. § 22 WHG sowie das UmweltHG gewähren somit keinen Anspruch auf die Erstattung von Schmerzensgeld. Einen besonderen Grund für diese Eingrenzung gibt es nicht. Sie wird kritisiert, und man befürwortet die Anwendung des § 847 I BGB auf die spezialgesetzlichen Gefährdungshaftpflichten[121].

Nach der gegenwärtigen Rechtslage gibt es bloß zwei Fälle, in denen es einen Schmerzensgeldanspruch im Rahmen einer spezialgesetzlichen Gefährdungshaftung gibt. *Lange* schreibt: "Von § 53 III LuftVG und § 29 II AtomG abgesehen, besteht kein Schmerzensgeldanspruch bei der Gefährdungshaftung."[122] Bei richtiger Betrachtung beider Regelungen ergibt sich jedoch, daß auch diese Anspruchsgrundlagen keine Erweiterung der Schmerzensgeldansprüche auf verschuldens*unabhängiger* Grundlage außerhalb des BGB begründen können. Der Text beider Paragraphen entspricht dem des § 847 BGB. Ausdrücklich hinzugefügt ist aber in beiden Fällen, daß der Schaden *schuldhaft* herbeigeführt sein muß. Demzufolge hat man es hier nicht mit einer Gefährdungshaftung zu tun, sondern mit einem normalen deliktsrechtlichen Anspruch nach § 823 I BGB. Die Gefährdungshaftung ist eben keine Lückenhaftpflicht. Sie ist neben der unerlaubten Handlung anwendbar. Es ist somit immer möglich aufgrund einer unerlaubten Handlung auf die Erstattung von Schmerzensgeld zu klagen, selbst wenn die Erstattung von Vermögensschäden auf-

121 Siehe dazu Lange, Schadensersatz, S. 428.

122 Lange, Schadensersatz, S. 434.

grund einer Gefährdungshaftung verlangt werden kann[123]. Nicht ersichtlich ist somit was beide verschuldens*abhängigen* Regelungen an Zusätzlichem leisten.

Festzuhalten ist, daß nur infolge einer unerlaubten Handlung i.S.d. § 823 BGB erfolgreich auf die Erstattung von Schmerzensgeld geklagt werden kann. Als Voraussetzung muß aber ein Verschulden nachgewiesen werden. Der Sorgfalt kommt hier folglich eine entscheidende Bedeutung zu.

VIII. Zusammenfassung

Der Sorgfaltsfrage kommt für die Schadensersatzpflicht in den folgenden Fällen eine haftpflichtbestimmende Bedeutung zu.

Verschuldensabhängig sind die Schadensersatzpflichten bezüglich der Gesundheitsverletzungen und der Beschädigungen beweglicher Sachen, wenn diese von nichtgenehmigungspflichtigen Anlagen im Sinne des BImSchG oder im Rahmen des normalen störungsfreien Betriebes von Flugplätzen i.S.d. § 6 I LuftVG hervorgerufen werden. Verschuldensabhängig ist zudem die Haftpflicht des § 5 UmweltHG.

Auch bei der Haftpflicht für Altlasten gilt die Grundregel, daß der Schädiger nicht haftet, wenn er zur Zeit der schädigenden Handlung, nach dem damaligen Stand der Wissenschaft, das schädigende Ereignis nicht vorhersehen konnte.

Von besonders praktischer Bedeutung bei der Verteilung der Kausalitätsbeweislast ist der Nachweis, daß man seinen Sorgfaltspflichten genügt hat. Erst wenn der Betreiber nachweist, daß die Anlage zur Zeit des schädigenden Ereignisses im Einklang mit den geltenden Betriebspflichten geführt wurde, entfällt in der Regel der Anscheinsbeweis bzw. die Ursachenvermutung. Zu einer Umkehr der Kausalitätsbeweislast kann es in dem Fall nicht kommen. Dazu ist Voraussetzung, daß die Betriebspflichten *nicht* eingehalten worden sind. Im Rahmen des § 22 I S. 2 WHG kommt jedoch dem Nachweis des sorgfältigen Betriebes, zur Entkräftung des Anscheinsbeweises, nach der bisherigen Rechtsprechung keine Bedeutung zu.

---

123 Deutsch weist darauf hin, daß die Gefährdungshaftung keine Lückenhaftpflicht ist, JuS 1981, S. 317 (318).

Wenn der Verursacher sich auf höhere Gewalt beruft, hat er nachzuweisen, daß er das schädigende Ereignis trotz größter Sorgfalt nicht verhindern konnte.

Für den Ersatz reiner Vermögensschäden ist eine Sorgfaltsverletzung zwar gemäß § 823 II BGB eine Haftpflichtvoraussetzung, aber der Sorgfaltsfrage kommt dennoch keine praktische Bedeutung zu, da es keine Umweltschutzgesetze gibt, zu deren Schutzzweck der Ersatz reiner Vermögensschäden gehört. Für die Erstattung von Schmerzensgeld ist immer eine Sorgfaltsverletzung nachzuweisen.

§ 7 DIE PRIVATRECHTLICHEN BETRIEBSPFLICHTEN

A. Einführung

In § 6 der Arbeit wurde festgestellt, in welchen Fällen der Sorgfaltsverletzung im Umwelthaftungsrecht noch eine Rolle zukommt. In diesem 7. Paragraphen ist kurz dargestellt, welche relevanten Arten von privatrechtlichen Betriebspflichten es gibt und welche inhaltlichen Anforderungen an die Sorgfalt gestellt werden.

Diesbezüglich ist zu bemerken, daß sich die folgenden Darstellungen auf die Arten von Betriebspflichten beschränken, die sowohl in Form einer öffentlich-rechtlichen Betriebspflicht als auch in Form einer privatrechtlichen Betriebspflicht vorkommen. So gibt es z.B. - wie nachstehend zu erörtern ist - sowohl eine öffentlich-rechtliche als auch privatrechtliche Pflicht zur Emissionsbeobachtung. Nur in jenen Fällen stellt sich schließlich die für das Thema wichtige Frage nach möglichen Wertungsdivergenzen zwischen den Sorgfaltsanforderungen beider Teilrechtsordnungen.

Die besonderen Arten der Betriebspflichten können für das Umwelthaftungsrecht der auf § 823 BGB beruhenden Grundnorm entnommen werden, die ganz allgemein für jeden gilt. Derjenige, "der in seinem Verantwortungsbereich eine Gefahrenquelle, einen gefahrdrohenden Zustand, mit anderen Worten, eine Sachlage, von der eine Gefahr für Dritte ausgeht, schafft oder andauern läßt, die Verpflichtung die ihm zumutbaren Vorkehrungen zu treffen, um eine Schädigung anderer tunlichst abzuwenden"[1]. Diese Grundnorm läßt sich auf das Umwelthaftungsrecht wie folgt übertragen: Jeder hat die Pflicht, die schädlichen Nebenprodukte seiner Produktion sorgfältig zu entsorgen oder so in Wasser, Boden oder Luft abzulagern, daß dadurch Dritte nicht geschädigt werden.

Die bei weitem wichtigsten besonderen Ausgestaltungen dieser Grundnorm bilden die Immissions- und Emissionsbeobachtungspflichten sowie die Immissionsvermeidungspflichten. Der Anlagenbetreiber hat nach der Grundnorm zu untersuchen, welche Gefahren von seinem Betrieb ausgehen; er muß adäquate Maßnahmen zur Schadensvermeidung treffen. Die Emissions- und Immissions*beobachtungs*pflichten beziehen sich auf die Vorhersehbarkeit der Gefahr, die Immissions*vermeidungs*pflichten auf die Vermeidung der Gefahr.

---

1 BGH NJW 1968, S. 443.

Die Pflichten, die vorschreiben, wie der bauliche und betriebsfähige Zustand bestimmter Gefahrenanlagen zu überprüfen ist, gibt es sowohl im öffentlichen Recht als auch im Privatrecht[2]. Eine Wertungsdivergenz zwischen den Sorgfaltsanforderungen des öffentlichen Rechts und denen des Privatrechts ist hier somit möglich[3]. Für das Umwelthaftungsrecht sind sie jedoch von keiner besonderen Bedeutung[4]. Sie bleiben - soweit ihnen keine wesentliche dogmatische Rolle zukommt - außer Betracht.

B. Die Pflichten zur Emissions- und Immissionsbeobachtung und Immissionsvermeidung

Im erwähnten Kupolofen-Fall formulierte der BGH im Rahmen des § 823 I BGB die Verkehrspflicht des Betreibers, die erforderliche Kontrolle zur Einhaltung unschädlicher Emissionswerte zu schaffen. Der Anlagebetreiber stehe nämlich hinsichtlich der Emission seiner Anlage in der Situation des Produzenten hinsichtlich des Produkts, allein der Betreiber vermag zu übersehen, ob die Emission unter Einhaltung der erforderlichen Sicherheitsvorkehrungen und Beachtung aller zumutbaren Sicherheitsmaßnahmen bewirkt worden ist. Er muß daher zur Verhinderung von Gefahren kontrollieren, welche Stoffe, in welchen Mengen, zu welcher Zeit emittiert wurden[5].

Eine ähnliche Beobachtungspflicht verletzt der Betreiber einer Wasserversorgungsanlage, wenn er unterläßt, das von ihm gelieferte Brunnenwasser gemäß den Vorschriften der TrinkwasserVO auf seine Tauglichkeit zu untersuchen und zu überprüfen. Durch die Aufnahme des nicht geeigneten Brunnenwassers erlitt ein Säugling schwere Gehirnschäden. Da die Vorschriften der TrinkwasserVO Schutzgesetze i.S.d. § 823 II BGB sind, lag nicht nur eine Verletzung öffentlich-rechtlicher Be-

---

2 Z.B. § 19 g WHG - Anlage zum Umgang mit wassergefährdenden Stoffen - als Beispiel für die öffentlich-rechtlichen Betriebspflichten und BGHZ 1, S. 105 ff. für die privatrechtlichen Betriebspflichten.

3 Z.B. BGH NJW 1956, S. 506 ff.

4 Für weitere Beispiele siehe unten S. 166 ff.

5 BGHZ 92, S. 143 (151).

triebspflichten vor, sondern auch eine Verletzung privatrechtlicher Betriebspflichten[6].

Der Betreiber soll jedoch nicht nur seine Emissionen kontrollieren, sondern auch die Immissionslage überwachen. Die konkrete Gefahr einer Schädigung rechtlich geschützter Interessen erfolgt schließlich erst durch die Immissionen emittierter Stoffe.

Sowohl im Wasserrecht als auch im Immissionsschutzrecht gibt es verschiedene Urteile, in denen diese Immissionsbeobachtungspflichten konkretisiert worden sind. In einem vom OLG Köln entschiedenen Fall gerieten bei Tiefbauarbeiten Lehmteile in einen Bach. Die Teilchen verursachten in dem stromabwärts gelegenen Forellenzuchtbetrieb ein großes Fischsterben. Das OLG Köln vertrat die Ansicht, daß das beklagte Bauunternehmen, aufgrund seiner langjährigen Erfahrung, diesen Schaden hätte vorhersehen und vermeiden können. Es hätte daher vor Beginn der Bauarbeiten den Bachlauf unterhalb der Baustelle daraufhin kontrollieren müssen, ob Gefahren durch die zu erwartende Wassertrübung entstehen konnten[7].

Das OLG Celle urteilte, daß ein Landwirt seine Verkehrspflicht verletzt hat, wenn er beim Sprühen von Unkrautvernichtungsmitteln nicht die Windrichtung und Windstärke im Zusammenhang mit der Empfindlichkeit der benachbarten Anpflanzungen in Betracht gezogen hat und demzufolge in der Nähe befindliche Anpflanzungen geschädigt werden[8].

Das LG Münster nahm in einem Fall, in dem es sich um schädliche Thallium-Emissionen handelte, für den Betreiber eines Zementwerkes eine Immissionsbeobachtungspflicht an. Beim Einsatz giftiger Stoffe, welche im Rahmen der Produktion verwendet werden, hat eine gezielte Überprüfung und Überwachung der Immissionen dieser giftigen Stoffe stattzufinden, um eine Gefährdung der Nachbarn auszuschließen[9].

---

6 BGH NJW 1983, S. 2935 ff.

7 OLG Köln NuR 1982, S. 236.

8 OLG Celle VersR 1981, S. 66; siehe auch OLG Zweibrücken NuR 1988, S. 56.

9 LG-Münster, NJW-RR 1986, S. 947 (952).

Einem vom BGH entschiedenen Fall lag folgender Sachverhalt zugrunde: Ein im Eigentum der beklagten Gemeinde stehender Graben wurde durch das gefährliche Verhalten eines Oberliegers verschmutzt. Die Gemeinde duldete dieses Verhalten. Das verschmutzte Grabenwasser durchfloß jedoch die Fischteiche des klagenden Landwirtes, dessen Fische daraufhin starben. Der BGH urteilte, daß die Gemeinde ihre Verkehrspflicht gegenüber dem Landwirt verletzt hat. Sie sei im Rahmen des Zumutbaren gehalten, gegen das für den Fischbestand eines Dritten schädliche Einleiten von Jauche und Abwässern in das Grabenwasser einzuschreiten und es zu unterbinden. Durch ihr Unterlassen sei ein gefährlicher Zustand entstanden, für den sie aufgrund des § 22 I WHG hafte[10].

Diese wasserrechtliche Immissionsbeobachtungspflicht wird im BGH-Urteil vom 10.7.1975 vervollständigt. Der Verursacher des Schadens haftet danach auch dann, wenn er einen an sich ungefährlichen Stoff ins Wasser einbringt, wo dieser sich durch Umwandlungsprozesse in einen gefährlichen Stoff verwandelt[11]. Auch die Gefahren solcher Umwandlungsprozesse sind zu kontrollieren.

Letztes Beispiel für die Immissions- und Emissionsbeobachtungspflicht liefert der Fall, in welchem dem möglichen Geschädigten entstandene Untersuchungskosten bezüglich der Qualität des Wassers, das er für seinen Betrieb benötigte, vom Einleiter der wassergefährdenden Stoffe ersetzt werden mußten, da letzterer diese Untersuchungen selber hätte durchführen lassen müssen[12].

Wer die Gefahr erkannt hat, muß auch adäquate Maßnahmen zu ihrer Vermeidung treffen. Die §§ 906 BGB, 14 BImSchG und § 11 LuftVG stellen besondere Anforderungen an diese Vermeidungspflichten. § 14 BImSchG und § 11 LuftVG verlangen für den genehmigten Betrieb Vorkehrungen nach dem Stand der Technik, die wirtschaftlich vertretbar sind; nach § 906 BGB sind die wirtschaftlich zumutbaren Maßnahmen zu treffen. Auf den Inhalt dieser Immissionsvermeidungspflichten ist im nächsten Abschnitt tiefer einzugehen.

---

10 BGHZ 65, S. 221 (224); siehe auch BGH NJW 1986, S. 2312.

11 BGH NJW 1975, S. 2012.

12 BGH NJW 1988, S. 1593 ff.

C. Die Sorgfaltsbestimmung im Einzelfall

I. Die Je-desto-Formel

Nach § 276 I BGB handelt derjenige fahrlässig, der die im Verkehr erforderliche Sorgfalt außer acht läßt. Diese erforderliche Sorgfalt wird anhand der bereits im 3. Paragraphen erwähnten Je-desto-Formel bestimmt[13]. Je größer die Gefahr, desto strenger die Sorgfaltsnorm. Die Gefahr ist die objektive Möglichkeit eines schädigenden Ereignisses. Der Umfang der Gefahr wird durch die Frequenz und Vehemenz bestimmt, mit denen sie sich verwirklicht. Die Wahrscheinlichkeit einer Gefahr wird größer, je häufiger sie erfahrungsgemäß bei einer bestimmten Tätigkeit Schaden hervorruft. Die Vehemenz der Gefahr wird von dem vorhersehbaren Umfang des Geschädigtenkreises (viele oder wenige Opfer), der Art der verletzten Rechtsgüter (Gesundheitsschäden, Sachschäden) und dem Schadensausmaß bestimmt. Die Zulassung einer gefährlicheren Tätigkeit wird durch eine strengere Sorgfaltspflicht ausgeglichen.

Aufgrund der Je-desto-Formel sind zur Gefahrenverhinderung die Maßnahmen zu ergreifen, die für einen durchschnittlichen Angehörigen des jeweiligen Verkehrskreises in der jeweiligen Situation objektiv erforderlich und nach objektiven Maßstäben zumutbar sind[14]. Dieser Pflicht ist Genüge getan, wenn die nach dem jeweiligen Stand der Erfahrung und Technik geeignet und genügend erscheinenden Sicherungen zur Verhinderung der Gefahren, die nach der Einsicht eines besonnenen, verständigen und gewissenhaften Menschen erkennbar sind, getroffen worden sind[15]. Bei der Feststellung dieser Pflicht ist sowohl das tatsächlich Übliche als auch das rechtlich Gebotene erheblich[16]. Letzterem kommt jedoch die entscheidende sorgfaltsprägende Bedeutung zu. Denn wo die Fahrlässigkeit zur Norm wird, ist es mit der Gerechtigkeit getan.

Im bereits zur Darlegung der Immissionsbeobachtungspflicht herangezogenen Urteil des LG Münster erlitt ein Landwirt beachtliche Schäden durch die thalliumhaltigen

---

13 Siehe oben S. 18 f.

14 BGH NJW 1965, S. 815; MüKo(-Hanau), § 276 Rdn. 84.

15 BGH a.a.O.

16 MüKo(-Hanau) § 276 BGB, Rdn. 85.

Emissionen eines 2 000 m entfernten Zementbetriebes. Eine derartig hohe Verflüchtigung des Thalliums, wie sie im Produktionsverfahren des Zementwerkes erfolgte, war zur Zeit der schädlichen Emissionen nach dem damalig geltenden Stand der Wissenschaft und Technik nur schwer vorhersehbar gewesen. Dennoch stellt das LG Münster fest, daß das Zementwerk sich bei der Überprüfung seines Produktionsverfahrens nicht damit hätte begnügen dürfen, sich auf eine, möglicherweise theoretisch ausgeschlossene, Gefährdung der Umwelt zu verlassen. Es hätte vielmehr die Auswirkungen seiner Produktion, insbesondere den Verbleib des verarbeiteten Thalliums, durch gezielte Untersuchungen überprüfen lassen müssen[17].

Weniger streng war nach Ansicht des LG Hechingen die Sorgfaltspflicht für einen Schützenverein, der über mehrere Jahre eine polizeilich genehmigte Wurftaubenanlage betrieb. Durch diesen Betrieb wurde ein benachbartes, landwirtschaftliches Grundstück mit Blei kontaminiert. Das LG Hechingen kam zu dem Schluß, daß die Grundstücksschädigung dem Verein nicht unter dem Gesichtspunkt fahrlässiger Unkenntnis zum Vorwurf gemacht werden konnte. "Von dem beklagten Schützenverein kann nicht verlangt werden, daß er die Problematik von Bleiablagerungen angesichts der theoretischen vorhandenen Erkenntnismöglichkeiten, wie sie bereits Mitte der 70er Jahre sicher bestanden haben, von sich aus, annimmt und dabei erkennbare Bedenken von sich aus umsetzt ... Jedoch kann von dem Beklagten verlangt werden, daß er sich aus der ihm zugänglichen Fachliteratur sachkundig macht."[18] Die Ablehnung der Sorgfaltsverletzung hatte jedoch keine Folgen für den Schadensersatzanspruch. Das LG gewährte einen Aufopferungsanspruch.

Eine umfangreiche Rechtsprechung zu der im Einzelfall verlangten Sorgfalt zeigt sich in Fällen, in denen es um das Füllen oder Entleeren von Öltanks geht. Nach dieser Rechtsprechung hat der Betreiber seine technischen Kontrollgeräte gerade in kritischen Momenten des Füllungsvorgangs besonders aufmerksam zu überwachen, wobei er sich nicht auf die Tauglichkeit dieser Instrumente verlassen darf. Zudem sind die Tanks, bevor man mit dem Füllen beginnt, auf ihre Beschaffenheit und ihr Fassungsvermögen zu überprüfen. Darüber hinaus muß der Betreiber sich während

---

17 LG Münster, NJW-RR 1986, S. 947.

18 LG Hechingen NJW 1987, S. 2749 (2750).

des Abfüllvorgangs hin und wieder durch einen Blick in den Tankraum vergewissern, ob dort alles in Ordnung ist[19].

Besondere Umstände können die im Einzelfall verlangte Sorgfalt verschärfen[20]. Dabei ist zu denken an eine besonders empfindliche Umgebung[21], besondere Betriebsvorgänge wie das Ab- und Einschalten der Anlage, die Anwendung eines neuen Produktionsverfahrens und die Tatsache, daß es mehrere Emittenten im gleichen Einwirkungsgebiet gibt[22], sowie begründete Zweifel an der Ungefährlichkeit der Emissionen.

II. Die Zumutbarkeit der finanziellen Aufwendungen

Die Wirkung der Je-desto-Formel zeigt sich auch hinsichtlich der in die Sicherheit zu investierenden Gelder. Es erfolgt eine Abwägung zwischen der Größe der Gefahr und den Kosten der Sicherheitsmaßnahmen[23].
Die Absicherung von Bewässerungsgräben und Ackerfurchen kann z.B. einem Landwirt nicht zugemutet werden, wenn die von ihnen ausgehende Gefahr in keinem Verhältnis zu den mit der Gefahrverhinderung verbundenen Kosten steht[24]. Wenn der Verantwortliche aus seiner Gefahrenquelle auch wirtschaftlichen Nutzen zieht und/oder die Kosten der erforderlichen Maßnahmen nur sehr geringfügig sind, ist die Zumutbarkeit der Maßnahmen eher zu bejahen[25].

Wenn aber eine Schädigung der Gesundheit droht, tritt das Argument der zumutbaren Sicherheitsinvestitionen hinter das verfassungsrechtliche Primat des Gesund-

19 BGH NJW 1978, S. 1576; NJW 1983, S. 1108; NJW 1984, S. 233 (234) m.w.N.; VersR 1985, S. 575; OLG Frankfurt VersR 1981, S. 1084; OLG Frankfurt VersR 1988, S. 355.

20 BGHZ 92, S. 143 (152).

21 BGHZ 70, S. 102 (107) Fluorabgase auf Nadelgehölze.

22 BGHZ 57, S. 257 (264).

23 Siehe BGH VersR 1965, S. 515; MDR 1979, S. 216 (217).

24 BGH VersR 1965, S. 515.

25 BGH NJW 1982, S. 762 ff.; siehe zu dieser Problematik auch v. Bar, Verkehrspflichten, S. 127 ff.

heitsschutzes zurück. So konnte sich eine Gemeinde kurz nach Ende des Krieges nicht darauf berufen, daß sie wegen fehlender finanzieller Mittel nicht in der Lage war, eine vernünftige Kläranlage zu bauen[26], sie war somit schadenspflichtig.

Zur Bestimmung der wirtschaftlichen Zumutbarkeit i.S.d § 906 II BGB gilt nach herrschender Meinung - wie bei der Bestimmung der Wesentlichkeit in § 906 I BGB - ein differenziert objektiver Maßstab[27]. Nach *Roth* kommt es darauf an, ob einem Durchschnittsbetrieb der betreffenden Branche die finanzielle Belastung, die die notwendigen Maßnahmen mit sich bringen, zugemutet werden kann[28]. Dabei bildet die (langfristige) Kontinuität des Betriebes den Ausgangspunkt der Regelung. Die Möglichkeit, einen angemessenen Gewinn zu erzielen, soll somit erhalten bleiben[29].
In der Literatur wird jedoch bereits seit längerer Zeit die Anwendung der wirtschaftlichen *Vertretbarkeit* befürwortet. Danach sollte man nicht bei dem Bestandsschutz des Unternehmers ansetzen, sondern den Bestandsschutz der Umwelt als Ausgangspunkt nehmen[30].

Ebenso wie bei der Wesentlichkeitsbestimmung im Rahmen des § 906 I BGB[31] hat das BImSchG, möglicherweise auch für die Zumutbarkeitsbestimmung der finanziellen Aufwendungen, einen haftpflichtverschärfenden Einfluß. So hat, wie erörtert, die Genehmigungsbehörde, wenn die Genehmigungsvorschriften nicht zum Schutz der Allgemeinheit und Nachbarschaft ausreichen, nachträgliche Anordnun-

---

26 OLG Celle WuB 1953, S. 277; siehe auch BGH VersR 1960, S. 32, bei der Kontrolle von Skiliften gebührt der Sicherheit des Lebens der unbedingte Vorrang vor dem wirtschaftlichen Nutzen.

27 BGHZ 92, S. 143 (147); Soergel(-Baur), § 906 BGB Rdn 51; RGRK(-Augustin), § 906 Rdn. 54; Staudinger(-Roth), § 906 Rdn. 207. Anders Diederichsen, Referat zum 56. DJT, S. 120, der die Zumutbarkeit subjektivieren möchte.

28 Staudinger(-Roth), § 906 Rdn. 207; Roth, NJW 1972, S. 921 (923) m.w.N. in Fn. 14.

29 Soergel(-Baur), § 906 Rdn. 51; RGRK(-Augustin), § 906 Rdn. 54; MüKo(-Säcker), § 906 Rdn. 109. Anders Palandt(-Degenhart), 51. Aufl., § 906 3 b bb), sogar die wirtschaftliche Existenzfähigkeit ist nicht unantastbar.

30 Lang, AcP 174 (1974), S. 393; Simitis, VersR 1972, S. 1094.

31 Siehe oben S. 45 ff.

gen zu treffen[32]. Diese nachträglichen Anordnungen dürfen jedoch nicht unverhältnismäßig sein in dem Sinne, daß der mit der Erfüllung der Anordnung verbundene Aufwand außer Verhältnis zu dem mit der Anordnung angestrebten Erfolg steht (§ 17 BImSchG).

In der Literatur wird vertreten, daß § 14 BImSchG und § 906 BGB dem § 17 BImSchG anzugleichen sind[33], da in der Praxis die Rechtsprechung bereits so verfahren würde[34] und zur Bestimmung der wirtschaftlichen Zumutbarkeit die Prinzipien der Eignung, Erforderlichkeit und Unverhältnismäßigkeit heranzieht. Als Beispiel wird unter anderem[35] ein Fall herangezogen, in dem der Betrieb einer Schweinemästerei das benachbarte Grundstück schwer beeinträchtigt. Der Eigentümer des Grundstückes klagt auf Unterlassung. Der BGH entscheidet, daß, wenn der rechtswidrige Betrieb *nur* durch eine Umgestaltung und entsprechende Betriebsmaßnahmen störungsfrei benutzt werden kann, vom Störer verlangt werden darf, daß er den Betrieb einstellt, solange er die Betriebsführung nicht dementsprechend geändert hat[36]. In der Tat scheint in diesem Urteil der Bestand des störenden Betriebes nicht besonders geschützt zu sein. Man kann daraus aber nicht schließen, daß ein strengerer Maßstab als der der wirtschaftlichen Zumutbarkeit angelegt wurde. Die aufwendigen Maßnahmen können für den beklagten Betrieb sehr wohl zumutbar gewesen sein. Das Urteil äußert sich zu dieser Frage nicht[37].

Der Gesetzgeber hat bei der Reform des § 17 BImSchG bewußt davon abgesehen, § 14 BImSchG entsprechend zu ändern. In letztgenannter Vorschrift wurde die wirt-

---

32 Siehe oben S. 34 ff.

33 Staudinger(-Roth), § 906 Rdn. 208; Hager, NJW 1986, S. 1961 (1964); wohl auch MüKo(-Säcker), § 906 Rdn. 109; Marburger, Gutachten zum 56. DJT, D. 114/115.

34 So z.B. Hager, a.a.O.; MüKo(-Säcker), a.a.O.

35 Siehe auch BGH LM Nr. 1 zu § 906; OLG Karslruhe BB 1965, S. 690; OLG Stuttgart DB 1962, S. 868.

36 BGB NJW 1977, S. 146.

37 Siehe zu der Frage der wirtschaftlich zumutbaren Maßnahmen auch RGZ 162, S. 349 (358). Der Betrieb darf nicht so geführt werden, daß auf Kosten der Nachbarschaft schnell einen hoher Gewinn gemacht wird. Es müssen somit bestimmte Betriebsbeschränkungen zur Schonung der Nachbarschaft hingenommen werden.

schaftliche Vertretbarkeit der Maßnahmen nicht durch den Verhältnismäßigkeitsmaßstab ersetzt. Man wollte Unterschiede zwischen § 14 BImSchG und § 906 BGB in diesem Punkt verhindern[38]. Die Anforderungen, welche die einander gegenüberstehenden Vorschriften an die Vertretbarkeit der Maßnahmen stellen, sind somit unterschiedlich[39]. § 906 BGB und § 14 BImSCHG setzen beim Bestand des Betriebes an, während § 17 BImSchG den Schutz der Umwelt als Ausgangspunkt nimmt.

D. Zusammenfassung

Die privatrechtlichen Emissions- und Immissionsbeobachtungspflichten sowie Immissionsvermeidungspflichten werden im Einzelfall unter Anwendung der Je-desto-Formel - je größer die Gefahr, desto strenger die verlangte Sorgfalt - und unter Beachtung der besonderen Umstände des Einzelfalls bestimmt. Von dem Anlagebetreiber wird somit verlangt, daß er die für einen durchschnittlichen Angehörigen seines Verkehrskreises nach den tatsächlichen Verhältnissen objektiv erforderlichen und nach objektiven Maßstäben zumutbaren Maßnahmen zur Gefahrvermeidung und Gefahrbeschränkung trifft. § 906 II BGB und § 14 BImSchG stellen dabei weniger strenge Anforderungen als § 17 BImSchG. Bei ersterem Fall werden die wirtschaftlich zumutbaren bzw. vertretbaren Maßnahmen verlangt, bei letzterem findet der Verhältnismäßigkeitsmaßstab Anwendung.

---

38 BT-Drucks 10/3556, S. 18.

39 Siehe auch Marburger, a.a.O.

§ 8 DIE ÖFFENTLICH-RECHTLICHEN BETRIEBSPFLICHTEN

A. Einführung

Nachdem der Inhalt der privatrechtlichen Betriebspflichten beschrieben wurde, ist jetzt zu untersuchen, welche öffentlich-rechtlichen Betriebspflichten es im BImSchG, LuftVG, und WHG gibt.

Zudem ist nachzugehen, inwieweit diesen Betriebspflichten aus öffentlich-rechtlicher Sicht eine drittschützende Wirkung zukommt. Das ist wichtig, da nur unter dieser Voraussetzung der Betriebspflicht unter Umständen eine privatrechtsgestaltende Wirkung zukommt. Wenn der Betroffene mittels des öffentlich-rechtlichen Rechtsweges auf die Einhaltung dieser öffentlich-rechtlichen Betriebspflichten klagen kann, liegt es auf der Hand, daß er auch im Umwelthaftungsprozeß sich auf ihre Einhaltung berufen können müßte.

Einleuchtend in diesem Zusammenhang ist, daß die Verwaltungsgerichte zur Bestimmung, ob eine Vorschrift drittschützende Wirkung hat, sich der Schutznormlehre bedienen. Diese Lehre stimmt inhaltlich überein mit der von den ordentlichen Gerichten entwickelten Methode zur Entscheidung, ob eine Schutzgesetzverletzung i.S.d. § 823 II BGB vorliegt. Im Rahmen beider Prüfungen ist zu untersuchen, ob die Vorschrift nicht nur dem Interesse der Allgemeinheit dient, sondern zumindest auch den Schutz des einzelnen bezweckt. Dies ist durch Auslegung der Norm anhand ihres Wortlautes, ihrer Entstehungsgeschichte, ihres systematischen Zusammenhangs und ihres Zwecks zu klären. Wichtiges Kriterium ist auch, daß die geschützten Interessen sowie die Gruppe der geschützten Dritten einigermaßen abgrenzbar sind. Maßgeblich ist, ob sich aus individualisierenden Merkmalen der Norm ein Personenkreis entnehmen läßt, der sich von der Allgemeinheit unterscheidet[1]. Liegt somit eine öffentlich-rechtliche Schutznorm vor, ist auch ein Schutzgesetz i.S.d. § 823 II BGB gegeben. Da sind die gleichen Voraussetzungen zu erfüllen[2].

---

1 Siehe zu alldem BVerfGE 27, S. 297 (307); BVerwGE 27, S. 29 (31 ff.); 28, S. 268 (270); BVerwG NVwZ 1987, S. 409 ff.; NJW 1988, S. 434 (435).

2 Siehe dazu oben S. 52.

B. Die Betriebspflichten des BImSchG

I. Einführung

Kernbestand des Immissionsschutzrechts bildet das bereits häufig angesprochene, im Jahre 1974 in Kraft gesetzte, BImSchG. Das Gesetz gehört zu den wichtigsten, in der Regierungserklärung vom 28. 10. 1969 angekündigten, gesetzgeberischen Maßnahmen auf dem Gebiet des Umweltschutzes[3]. Nach § 2 II BImSchG gelten die Vorschriften des BImSchG, wie bereits bei der Darstellung des UmweltHG ausgeführt, nicht für Flugplätze i.S.d. § 6 I LuftVG[4] und die Handlungen, die den Vorschriften des Atomgesetzes unterliegen soweit es sich dabei um den Schutz vor Gefahren der Kernenergie und der schädlichen Wirkungen ionisierender Strahlen handelt. Grund zu dieser Einschränkung ist, daß der Schutz vor Immissionen dieser Art durch die Sonderregelungen des LuftVG, FluglärmG und AtomG genügend gesichert wird[5].

Zweck des BImSchG ist es, Menschen sowie Tiere und Pflanzen[6], den Boden, das Wasser, die Atmosphäre sowie Kultur und sonstige Sachgüter vor schädlichen Umwelteinwirkungen und, soweit es sich um genehmigungsbedürftige Anlagen handelt, auch vor Gefahren, erheblichen Nachteilen und erheblichen Belästigungen, die auf andere Weise herbeigeführt werden, zu schützen und dem Entstehen schädlicher Umwelteinwirkungen vorzubeugen (§ 1 BImSchG). Ziel des Gesetzes ist es mittlerweile, den Menschen und seine gesamte Umwelt gegen schädliche Immissionen zu schützen. Bemerkenswert ist, daß der Gesetzgeber sich dabei auf den weiten, vom BVerfG im Fluglärmurteil[7] abgelehnten, Gesundheitsbegriff der WHO stützt[8].

---

3 BT-Drucks. 7/179, S. 21.

4 Siehe dazu BGH WM 1977, S. 1033 = DB 1977, S. 1694.

5 BT-Drucks 7/179, S. 29.

6 Die Vorschrift 2.2.1.2 der TA-Luft enthält einen angepaßten Emissionswert für besonders empfindliche Tiere und Pflanzen. Die herrschende Meinung sieht in Tieren und Pflanzen jedoch kein selbständiges Schutzgut des BImSchG, siehe dazu Kloepfer, Umweltrecht, S. 398.

7 BVerfGE 56, S. 54 ff.

8 BT-Drucks. 7/179, S. 28, Siehe oben zum Gesundheitsbegriff in der Verfassung und im Umwelthaftungsrecht S. 25 und S. 40.

Der in § 1 BImSchG erwähnte Begriff der "schädlichen Umwelteinwirkungen" wird in § 3 I und II BImSchG als Immissionen - Geräusche, Erschütterungen, Licht, Wärme, Strahlen und ähnliche Umwelteinwirkungen, die nach Art und Ausmaß oder Dauer geeignet sind, Gefahren, erhebliche Nachteile oder erhebliche Belästigungen für die Allgemeinheit oder die Nachbarschaft herbeizuführen - definiert.

Mittels der Maßnahmen zum Schutz gegen diese schädlichen Umwelteinwirkungen werden somit nicht nur allgemeine Interessen, sondern auch private Interessen geschützt.

Der Immissionsbegriff des § 3 II BImSchG ist einerseits umfassender, andererseits jedoch enger als der des § 906 BGB. Zum einen umfaßt er *schon* die negativen Immissionen unwägbarer Stoffe (Imponderabilien), wie den Entzug von Licht und Luft[9]. Wie dargestellt, schützt § 906 BGB nicht gegen diese Immissionen[10]. Zum anderen gehören, im Gegensatz zu § 906 BGB[11], das Anschwemmen von Stoffen, Steinwurf oder Einwirkungen durch Tiere *nicht* zu den Immissionen des BImSchG.

Für die übrigen schädlichen Folgen des genehmigten Betriebes - Gefahren, erhebliche Nachteile und erhebliche Belästigungen - gibt es keine Legaldefinition. Sie sind jedoch als weitere Ausgestaltungen des Begriffes "schädliche Umwelteinwirkungen" zu verstehen[12].

In den Gesetzgebungsmaterialien bezeichnet man "Gefahr", in Anlehnung an das Polizeirecht, als die objektive Möglichkeit eines Schadenseintritts[13].

Unter den Nachteilen werden vor allem Vermögensschäden, wie die Kosten von Immissionsvorkehrungen, verstanden[14]. Die Belästigungen stellen Einwirkungen

---

9 Siehe oben S. 60.

10 Siehe oben S. 60 ff.

11 Jarass, Kommentar BImSchG, § 3 Rdn. 48; ders., DVBl. 1983, S. 725. A. A.: Kutscheidt, in: Grundzüge des Umweltrechts (1982), S. 245.

12 BT-Drucks. 7/179, S. 29.

13 BT-Drucks. 7/179, S. 29.

14 BT-Drucks. 7/179, S. 29.

auf das körperliche und seelische Wohlbefinden dar[15]. Da Nachteile und Belästigungen in der Regel Störungen geringeren Grades darstellen, sind sie nicht ohne weiteres als schädliche Umwelteinwirkungen zu bewerten. Diese Eigenschaft erhalten sie erst, wenn es sich um *erhebliche* Nachteile und Belästigungen handelt[16].

Eine erhebliche Einwirkung liegt nach der Rechtsprechung des BVerwG dann vor, wenn sie für die betroffene Umgebung unzumutbar ist[17]. Das BVerwG führt zur Bestimmung der Erheblichkeit folgendes aus: "Der Rechtsbegriff der Zumutbarkeit führt nicht zu ein für allemal feststehenden Konfliktlösungen. Er setzt eine Abwägung und damit eine Bewertung der widerstreitenden Interessen voraus. In diesem Sinne stellt § 5 I Nr. 1 BImSchG bestimmte Duldungsgrenzen auf."[18] Der Maßstab zur Beurteilung der Unzumutbarkeit ist - wie im privaten Nachbarrecht - die differenziert objektive Methode. Aus einer auf die Situation bezogene Abwägung, wobei ein Ausgleich zwischen den sich widerstrebenden Interessen angestrebt wird, ergibt sich, ob die Beeinträchtigung für einen Durchschnittsmenschen zu dulden ist[19]. Die Erheblichkeit wird von wertenden Elementen, wie solchen der Herkömmlichkeit, der Sozialadäquanz und einer allgemeinen Akzeptanz, mitgeprägt[20]. Die Zumutbarkeit der Beeinträchtigung wird z.B. eher zu bejahen sein, wenn die Nachbargrundstücke bereits vorbelastet sind oder es einschlägige Vorbelastungen in Form eines Bebauungsplanes gibt[21]. Bei einer neu hinzukommenden Nutzung kann die durch die vorhandenen Nutzungen geprägte Situation von Bedeutung sein[22]. Zu Recht weist *Murswiek* aber darauf hin, daß die Erheblichkeit einer Immission als Bestandteil des Begriffes der schädlichen Umwelteinwirkungen nicht mit Unzumut-

---

15 BT-Drucks. 7/179, S. 29.

16 BT-Drucks. 7/179, S. 29.

17 BVerwGE 50, S. 49 ff.; BVerwGE 69, S. 37, (42 ff).; BVerwG GewArch 1977, S. 168.

18 BVerwGE 69, S. 37 (44); BVerwGE 50, S. 49 (55).

19 BVerwG JZ 1989, S. 237 ff.; JZ 1989, S. 951 ff.

20 BVerwGE 77, S. 285 (289); BVerwGE 79, S. 254 (260).

21 BVerwG DVBl. 1976, S. 784 (785); BVerwG 1978, S. 64 (65); OVG Münster GewArch 1984, S. 172 (173).

22 BVerwGE 81, S. 197 (206); BVerwG UPR 1990, S. 439.

barkeit gleichzusetzen ist[23]. Eine erhebliche Beeinträchtigung liegt schneller vor als eine unzumutbare. Auf diese Bemerkung ist in § 9 der Arbeit zurückzukommen.

Wie erörtert, enthalten § 906 BGB und § 5 UmweltHG ähnliche Duldungspflichten, die sich allerdings ausdrücklich auf *Sachschäden* beschränken[24]. Die Gesundheitsschädigung ist - wie gesehen - jedoch auch im öffentlichen Recht immer unerlaubt. Etwas anderes wäre nicht im Einklang mit der Verfassung. Eine Duldungspflicht gibt es bei derartigen Beeinträchtigungen somit nicht[25].

II. Die Betriebspflicht des § 5 I Nr. 1 BImSchG

1. Wirkungsbereich der Vorschrift

Nach § 5 I Nr. 1 BImSchG sind genehmigungsbedürftige Anlagen so zu errichten und zu betreiben, daß schädliche Umwelteinwirkungen und sonstige Gefahren, erhebliche Nachteile und erhebliche Belästigungen für die Allgemeinheit und die Nachbarschaft nicht hervorgerufen werden können. Die Genehmigung ist nur zu erteilen, wenn sichergestellt ist, daß (unter anderem) diese Pflicht erfüllt wird oder werden kann (§ 6 BImSchG). Die Pflicht kann nach § 7 BImSchG mittels einer Rechtsverordnung sowohl bezüglich der verlangten technischen Anforderungen, einzuhaltenden Grenzwerte sowie der vom Betreiber durchzuführenden Messungen der Emissionen und Immissionen als auch der Zulassung behördlicher Prüfungen konkretisiert werden[26].

Welche Anlagen nach § 4 BImSchG genehmigungsbedürftig sind, ergibt sich aus der 4. Verordnung zur Durchführung des BImSchG[27]. Die gleiche Verordnung bestimmt - wie gesehen - als ersten Anhang zum UmweltHG die Gruppe der Anlagen,

---

23 Murswiek, JZ 1989, S. 240 (241).

24 Siehe oben S. 60 und S. 55 f.

25 BVerfG DVBl. 1976, S. 214; BVerwG GewA 1977, S. 168.

26 Es gibt zwei Beispiele derartiger Verordnungen. Die Störfallverordnung (BGBl. 1988 I, S. 772) und die Großfeuerungsanlageverordnung (BGBl. 1983 I, S. 719).

27 BGBl. 1985 I, S. 1586.

deren Haftpflicht sich nach den Bestimmungen des UmweltHG richtet. Es handelt sich hier somit um die öffentlich-rechtlichen Betriebspflichten der Anlagen, deren Haftpflicht sich nach dem UmweltHG richtet.

Die Vorschrift dient nicht nur der Einschränkung und Verhinderung von Dauerlastschäden, sondern auch der Verhinderung von Störfällen ("sonstige Gefahren"). Die Störfallverordnung enthält zu diesem Zweck Vorschriften[28].

2. Die Immissionsbeobachtungspflicht

a) Inhalt der Pflicht

§ 5 BImSchG enthält unter anderem eine - im Verhältnis zu der privatrechtlichen Variante - besonders klar ausgeprägte Immissionsbeobachtungspflicht. Diese Pflicht bildet den Kernbestand des § 5 BImSchG. Beim Betrieb seiner Anlage hat der Betreiber nicht nur die Folgen der Emissionen seines Betriebes zu überwachen, sondern die gesamte Immissionslage im Einwirkungsbereich der Anlage in Betracht zu ziehen. Er hat deshalb die Auswirkungen anderer Anlagen mit zu berücksichtigen[29]. Das hat zur Folge, daß auch dann die Genehmigung nach § 6 I BImSchG nicht erteilt werden kann, wenn zwar der Antragsteller imstande ist, die Betriebsvorschriften einzuhalten, im Einwirkungsbereich der zu errichtenden Anlage aber bereits schädliche Umwelteinwirkungen vorliegen oder bei Errichtung der neuen Anlage drohen[30].

In den nächsten Abschnitten soll beschrieben werden, nach welchen Maßstäben sich die Gefahreneinschätzung der Immissionslage richtet, wie sich der Einwirkungsbereich der Anlage bestimmt, welche Interessen in diesem Bereich besonders zu beachten sind und welche wirtschaftlichen Anforderungen an die Erfüllung der Pflicht gestellt werden können.

---

28 Hoppe/Beckmann, Umweltrecht, S. 408.

29 Sellner, Immissionsschutzrecht und Industrieanlagen (2. Aufl. 1988), S. 52.

30 Sellner, Immissionsschutzrecht und Industrieanlagen, S. 52.

b) Stand der Wissenschaft

Zur Erfüllung des § 5 I Nr. 1 BImSchG kommt es darauf an, daß nach dem Stand der Wissenschaft, zum Zeitpunkt der Entscheidung die Möglichkeit eines Schadenseintritts mit ausreichend hoher Wahrscheinlichkeit ausgeschlossen werden kann[31]. Ob die Immissionen geeignet sind, die zu verhindernden Beeinträchtigungen herbeizuführen, richtet sich nach dem Stand der Wissenschaft[32]. Dabei gilt das, was an der Front des naturwissenschaftlichen und technischen Fortschritts im Zeitpunkt der Entscheidung als geeignet, notwendig, angemessen oder vermeidbar angesehen wird[33].
So urteilte das OVG Lüneburg im Rahmen einer öffentlich-rechtlichen Nachbarklage, die sich gegen die Genehmigung eines Werkes nach § 4 BImSchG richtete, daß genauere wissenschaftliche Erkenntnisse über die krebserregende Wirkung eines emittierten Stoffes auch dann zu berücksichtigen seien, wenn sie erst nach Erteilung der Genehmigung gewonnen und veröffentlicht worden seien[34]. Der Betrieb habe sich nach diesen neueren Erkenntnissen zu richten.

Deutlich ist, daß der Stand der Wissenschaft ein höheres Maß an Sorgfalt fordert, als es im Umwelthaftungsrecht verlangt wird. In die Bewertung des Standes der Wissenschaft hat zusätzlich der Stand der wissenschaftlichen Erkenntnisse einzufließen, der mit Hilfe von Sachverständigen zu ermitteln ist[35]. Die Kenntnisse des Betreibers reichen nicht ohne weiteres aus.

Die Genehmigung wird in der Regel aufgrund des in der TA-Lärm und TA-Luft enthaltenen Wissensstandes erteilt. Diese administrativen Umweltstandards, die in Form von Verwaltungsvorschriften ergehen, werden als antizipierte Sachverständigen-Gutachten[36] verstanden und haben für das öffentliche Recht immer mehr eine gewisse, allerdings umstrittene, konkretisierende Wirkung für den Inhalt der unbe-

---

31 BVerwGE 55, S. 250 (254) = NJW 1978, S. 1450 (1453).

32 BVerwGE 55, S. 250 (254) = NJW 1978, S. 1450 (1453).

33 BVerwGE 55, S. 250 (254). Vgl. Breuer, in: HdUR, Bd. II, S. 388.

34 OVG Lüneburg GewArch. 1980, S. 203.

35 BVerwGE 55, S. 250 (254).

36 BVerwGE 55, S. 250 (256).

stimmten Rechtsbegriffe wie z.B. "Stand der Technik"[37]. Einerseits wird vertreten, daß diese Verwaltungsvorschriften Innenrechtsnormen darstellen und deswegen die Bürger und Gerichte nicht binden, andererseits wird eine Einschränkung der gerichtlichen Kontrolle damit begründet, daß der Verwaltung bei der Konkretisierung der unbestimmten Rechtsbegriffe ein gewisser Ermessensspielraum zukommt[38].

c) Umfang des Einwirkungsbereiches und die geschützte Nachbarschaft

Schwierig bleibt es zu bestimmen, wo die Immissionsbeobachtungspflicht des Betreibers räumlich ihr Ende hat. Diese Frage ist wichtig. Aus der Annahme einer Pflicht zur Gefahrbeobachtung entsteht im zu beobachtenden Gebiet für die Allgemeinheit und Nachbarschaft ein Recht auf adäquate Gefahrsteuerung.

Das von diesem Beobachtungsgebiet zu unterscheidende Einwirkungsgebiet wird danach bestimmt, wo voraussichtlich merklich erhöhte Konzentrationen infolge des Anlagebetriebes zu erwarten sind[39]. Dieser Ansatz deckt sich mit dem Begriff der Nachbarschaft. Nachbarschaft kennzeichnet ein qualifiziertes Betroffensein, das sich deutlich abhebt von den Auswirkungen, die den einzelnen als Teil der Allgemeinheit treffen können[40]. Keine Nachbarn sind somit diejenigen, die sich gelegentlich am Einwirkungsort befinden[41]. Mit der Entfernung wachsen jedoch die Bedenken, einen Dritten als Nachbarn anzuerkennen[42].

---

37 BVerwGE 72, S. 301 (321); BVerwG DVBl. 1988, S. 152 (153); DVBl. 1988, S. 539 (540); BayVBl. 1988, S. 249.

38 Hoppe/Beckmann, S. 42 ff.; Sellner, Immissionsschutzrecht und Industrieanlagen, S. 46 ff.

39 BVerwG GewArch 1981, S. 341; Jost, Die neue TA-Luft, Teil 5, Kapitel 3.1.

40 BVerwG NJW 1983, S. 1507; OVG Lüneburg GewA 1978, S. 341 (342); OVG Lüneburg NVwZ 1985, S. 357.

41 BVerwG UPR 1983, S. 69.

42 VGH München BayVBl. 1979, S. 540.

Zur Bestimmung des Beobachtungsgebietes wird in der Rechtsprechung und Literatur regelmäßig der Maßstab des Nr. 2.6.2.2. TA-Luft herangezogen[43]. Nach dieser Regelung beschränkt sich das Beurteilungsgebiet auf die 30- bis 50fache Schornsteinhöhe einer Anlage. Danach hat in der Regel der größtmögliche Immissionskorridor einen Kreis von etwa 12,5 km[44].

Es gibt allerdings Urteile, in denen Nachbarn, mit deren Interessen bei der Errichtung und dem Betrieb der Anlage zu rechnen war, 25 km[45] und 45 km[46] von der Anlage entfernt wohnten. Es soll deshalb hervorgehoben werden, daß das von der TA-Luft zu beobachtende Einwirkungsgebiet nicht notwendigerweise mit dem Kreis der zu schützenden Nachbarschaft zusammenfällt.

d) Die wirtschaftliche Zumutbarkeit von Maßnahmen

Erst wenn die Beeinträchtigungen, die von der Anlage ausgehen, *nicht erheblich* i.S.d. § 3 I BImSchG sind, stellt sich die Frage nach der wirtschaftlichen Zumutbarkeit. Im Fall *erheblicher* Beeinträchtigungen sind diese nämlich aufgrund § 5 I BImSchG zu vermindern. Der wirtschaftlichen Zumutbarkeit kommt dann somit keine Bedeutung zu.

Die Wahrscheinlichkeit des Schadenseintritts ist proportional zum möglichen Schadensumfang zu reduzieren[47]. Der Betreiber soll nicht bis ins Unendliche investieren, damit die bloß unangenehmen, aber nicht schädlichen Einwirkungen verhindert werden. Hier zeigt sich die Wirkung des Verhältnismäßigkeitsmaßstabes. Auch im Rahmen des Bestandsschutzes bewirkt die Anwendung dieses Maßstabes, daß vom Betreiber, zum Zwecke der Sanierung seines Betriebes, nicht allzu viel auf einmal

---

43 OVG Lüneburg NVwZ 1985, S. 357 ff.; Steffen, NJW 1990, S. 1817 (1821); Marburger, Gutachten 50. DJT, C. 87.

44 Die Schornsteinhöhe soll nach 2.4.3 der TA-Luft, vorbehaltlich abweichender Regelungen, 250 m nicht übersteigen. Das ergibt nach 2.6.2.2. TA Luft - die 50fache Schornsteinhöhe - ein Beurteilungsgebiet in einem Umkreis von 12,5 km.

45 BVerwGE 61, S. 256.

46 BVerwG UPR 1983, S. 69 ff.

47 Sellner, Immissionsschutzrecht und Industrieanlagen, S. 22.

verlangt wird[48]. Die Abwägung zwischen den kollidierenden Interessen des Gewerbebetriebs und Umweltschutzes macht jedoch da Halt, wo die (zu erwartenden) Einwirkungen für die Nachbarschaft oder die Allgemeinheit nicht mehr zumutbar sind. Die Vermeidung von Schäden ist - wie aus § 5 I Nr. 1 BImSchG folgt - in dem Fall zwingend geboten.

3. Die Störfallverordnung

Die Störfallverordnung enthält für die Anlagen nach § 4 BImSchG, in denen bestimmte Stoffe vorhanden sind oder bei einer Störung des Normalbetriebs entstehen können, unterschiedliche Pflichten (§ 3 I - III StörfallVO) zur Vermeidung von Störfällen und die Beschränkung ihrer Folgen.

Ein Störfall ist eine Störung des bestimmungsgemäßen Betriebs, durch die ein Stoff - nach Anhang II StörfallVO - entsteht, frei wird oder in Brand gerät, und die dadurch eine Gemeingefahr hervorruft (§ 2 I StörfallVO). Unter bestimmten weiteren Voraussetzungen liegt eine Gemeingefahr vor, wenn Arbeitnehmer, Nachbarn oder die Allgemeinheit bedroht werden (§ 2 II StörfallVO).

Die zu erbringenden Sicherheitsmaßnahmen richten sich im Einzelfall nach der Jedesto-Formel. Der Betreiber hat die nach Art und Ausmaß der möglichen Gefahren erforderlichen Vorkehrungen zu treffen (§ 3 I StörfallVO). Die theoretische Möglichkeit eines Störfalles - wie die bloße Anwesenheit von Luftverkehr - bleibt dabei jedoch außer Betracht[49]. Vorkehrungen gegen umweltbedingte Gefahrenquellen, wie Erdbeben oder Hochwassergefahren sowie gegen unbefugte Eingriffe Dritter, sind aber durchzuführen (§ 3 II StörfallVO). Der Betreiber hat sich dabei an dem Stand der Sicherheitstechnik auszurichten.
Dieser Wissensstand ist der Entwicklungsstand fortschrittlicher Verfahren, Einrichtungen und Betriebsweisen, deren praktische Eignung zur Verhinderung von Störfällen oder zur Begrenzung ihrer Auswirkungen gesichert erscheint (§ 2 II Stör-

---

48 BVerwGE 50, S. 49 (55)

49 OVG Lüneburg DVBl. 1977, S. 347 (351).

fallVO). Er stellt die gleichen Anforderungen, wie der Stand der Technik des § 3 VI BImSchG[50].

Bemerkenswert ist, daß die Verordnung explizit bestimmt, daß der Betreiber *eigenständig* - nicht erst auf behördliche Initiative - seine Sicherheitsanalyse dem Stand der Sicherheitstechnik und wesentlichen neuen Erkenntnissen anzupassen hat (§ 8 StörfallVO).
Die Verletzung dieser Vorschrift stellt infolge § 13 II StörfallVO eine Ordnungswidrigkeit i.S.d. § 62 I Nr. 2 BImSchG dar.

III. Die Betriebspflicht nach § 5 I Nr. 2 BImSchG

1. Wirkungsbereich der Emissionsbegrenzungspflicht

§ 5 I Nr. 2 BImSchG besagt, daß genehmigungsbedürftige Anlagen so zu errichten und zu betreiben sind, daß Vorsorge gegen schädliche Umwelteinwirkungen getroffen worden ist. Das soll insbesondere durch die dem Stand der Technik entsprechenden Maßnahmen zur Emissionsbegrenzung geschehen. Die Vorsorgepflicht zielt auf die geringstmögliche Belastung der Luft[51]. "Die ständig wachsende Umweltbelastung und ihre spezielle Problematik macht es notwendig, das an Umweltqualität durchzusetzen, was im Hinblick auf ein vorhandenes Potential an Vermeidungstechnologien realisierbar erscheint."[52] Ist diese Pflicht nicht erfüllt, darf die Genehmigung infolge § 6 I BImSchG nicht erteilt werden. Mit der Auferlegung dieser Pflicht verläßt das BImSchG die traditionellen Gefahrenbereiche. Auch wenn keine konkreten Gefahren zu befürchten sind, sind Maßnahmen zur Emissionsvermeidung zu treffen.

Umstritten ist, aus welchen Gründen die Behörde den Betreiber aufgrund dieser Emissionsbegrenzungspflicht zur Verantwortung ziehen kann. Ermöglicht die Pflicht die staatliche Planung und Verteilung von Emissionen, damit Freiräume für künftige Lebensräume und Industriegebiete erhalten bleiben oder sogar neu geschaf-

---

50 Siehe zu dem Begriff eingehend unten S. 149.

51 BVerwGE 69, S. 37 (42 ff.); BVerwG DVBl. 1986, S. 642.

52 BVerwG NVwZ 1984, S. 371 (373).

fen werden[53]? Oder handelt es sich nur um eine der Gefahrenvermeidung vorgelagerte Risikovorsorge[54]? Auch wird vertreten, daß erst beide Gründe gemeinsam - Gefahrenvermeidung und Risikovorsorge - das ganze Spektrum der Pflicht bilden[55]. Die letztere Ansicht scheint die richtige zu sein.

Die Emissionsbegrenzungspflicht dient nicht nur dazu, die Immissionen wegen des weiträumigen Transports von Luftschadstoffen drastisch zu senken, damit Freiräume wenigstens erhalten bleiben[56]. Sie enthält für die Behörde zudem die Pflicht, Anordnungen zu treffen, damit die Immissionslage im, nach § 5 I Nr. 1 BImSchG, bestimmten Einwirkungsbereich der Anlage dem Stand der Technik entspricht. Auch wenn vom Betrieb keine schädlichen Ferntransporte ausgehen, sind die Emissionen dennoch auch für den lokalen Einwirkungsbereich zu beschränken. Die Gefahreneinschätzung der TA-Luft und TA-Lärm hat sich nämlich im Nachhinein regelmäßig als unzutreffend erwiesen[57]. Die Berücksichtigung der Vorsorgepflicht bildet dementsprechend eine notwendige Pufferzone.

Die Vorschrift übersteigt den Wirkungsbereich des Umwelthaftungsrechts demzufolge in dreierlei Sicht. Erstens zielt sie auch auf die Einschränkung schädlicher großräumiger Emissionen. Zweitens werden Emissionen auch unterhalb der Gefahrenschwelle nach Stand der Technik unterbunden. Drittens sind die Vorkehrungen -

---

53 So Feldhaus, DVBl. 1980, S. 133 (137); Sellner, NJW 1980, S. 1255; Müller, NuR 1986, S. 16 (19).

54 OVG Lüneburg GewArch 1988, S. 205; Kloepfer/Kröger, NuR 1990, S. 8 ff.; Breuer, in: v. Münch (Hrsg.), Besonderes VerwaltungsR, S. 542 (593 ff.); Papier, DVBl. 1979, S. 162 ff.

55 BT-Drucks. 7/179, S. 27; Marburger, Gutachten zum 56. DJT, C. 58 ff.; Jarass, Kommentar BImSchG, § 5 Rdn. 26.

56 BR-Drucks. 95/83, S. 35 im Zusammenhang mit der Großfeuerungsanlageverordnung, die die Emissionsbegrenzungspflicht für eine bestimmte Gruppe von Anlagen konkretisiert; BVerwG DVBl. 1984, S. 746 ff.

57 So wurden die Beurteilungsflächen gegenüber der TA-Luft von 1974 von 16 km² verkleinert auf Flächen von 1 km². Grund hierfür war, daß es auf den Teilflächen nicht nur vorübergehend zur Überschreitung von Immissionswerten kam (Jost, Die neue TA-Luft, 5.3.1). Schwefeldioxid-Immissionen führten auch unterhalb der von der alten TA-Luft festgesetzten Grenzwerte zu beachtlichen Schäden (BT-Drucks. 10/113). Siehe auch BVerwGE 69, S. 37 (42) für den Fall falsch eingeschätzter Summationsschäden.

wie im nächsten Abschnitt zu erörtern ist - in der Regel nach dem strengen Maßstab des Standes der Technik zu treffen.

2. Emissionsbegrenzung nach dem Stand der Technik

a) Emissionsbegrenzende und kompensatorische Maßnahmen

§ 3 VI BImSchG definiert den Stand der Technik als den "Entwicklungsstand fortschrittlicher Verfahren, Einrichtungen oder Betriebsweisen, der die praktische Eignung einer Maßnahme zur Begrenzung von Emissionen gesichert erscheinen läßt. Bei der Bestimmung des Standes der Technik sind insbesondere vergleichbare Verfahren, Einrichtungen oder Betriebsweisen heranzuziehen, die mit Erfolg im Betrieb erprobt worden sind"[58].

Mittels dieses Standes der Technik wird der rechtliche Maßstab für das Erlaubte oder Gebotene an die Front der technischen Entwicklung verlagert. Zur Ermittlung des Standes der Technik hat man bei der Entwicklung der TA-Luft denn auch alle verfügbaren nationalen und internationalen Informationen ausgewertet[59].

Wie aus der Legaldefinition deutlich hervorgeht, bezieht sich "Stand der Technik" auf die Maßnahmen zur *Begrenzung* der Emissionen. Die sog. kompensatorischen Maßnahmen gehören nicht dazu. Sie zielen darauf ab, die negative Wirkung der Emission - die Immission - zu mildern. Die Einordnung der einzelnen Maßnahmen in eine der beiden Gruppen ist wichtig. Erstens fordert die Vorschrift 3.1.2 TA-Luft, daß zuerst die Vorkehrungen zur *Begrenzung* der Emissionen zu treffen sind. Erst wenn diese nicht zum Ziel führen, können sonstige Maßnahmen ergriffen werden. Zweitens gilt nur hinsichtlich dieser emissionsbegrenzenden Maßnahmen die Anforderung, daß sie dem Stand der Technik entsprechen sollen.

---

58 In begründeten Fällen können aber auch noch nicht betriebserprobte Verfahren als dem Stand der Technik entsprechend angesehen werden. Die Zeitspanne der technischen Neuentwicklung und ihre Durchsetzbarkeit durch die Behörden wird so erheblich verkürzt (BT-Drucks. 7/1513, S. 2).

59 Feldhaus/Ludwig/Davids, DVBl. 1986, S. 643.

Zu den emissionsbegrenzenden Vorkehrungen gehören die Kapselung von Anlageteilen, und die Verwendung schadstoffarmer Brennstoffe und Abgasreinigungseinrichtungen. Zu den kompensatorischen Maßnahmen gehören solche wie Betriebseinschränkungen, Schutzzonen, Lärmwände, Schutzbepflanzungen und hohe Schornsteine[60]. Diese Eingliederung ist allerdings umstritten. Das VG Berlin urteilte z.B., daß Fußballärm nach dem Stand der Technik i.S.d. § 3 VI BImSchG verringert wird, wenn die Betriebszeit eingeschränkt und eine Lärmschutzwand errichtet wird[61].

b) Die wirtschaftliche Zumutbarkeit von Maßnahmen

Daß das Vorsorgegebot weit über die Anforderungen zur Gefahrenkontrolle des Umwelthaftungsrechts hinausgeht, zeigt sich in der strengen Anwendung des Verhältnismäßigkeitsmaßstabes. Die Tatsache, daß keine konkreten Gefahren drohen, mildert die verlangten Anforderungen nicht. Der Maßstab der Verhältnismäßigkeit, setzt bei der Schädlichkeit des Stoffes und nicht bei der konkreten Gefahr an. Je größer die Einschränkung der Emission und je schädlicher der Stoff, desto mehr finanzieller Aufwand kann dem Betreiber zugemutet werden[62]. So sind bei krebserregenden Stoffen, als Ersatz für fehlende Immissionswerte, besonders strenge Emissionswerte festgesetzt worden[63]. Das gleiche gilt in der anderen Richtung. Je geringer der Aufwand, desto schneller sind Maßnahmen zu treffen[64]. Dabei hat man die räumliche Situation des Einwirkungsgebietes, mit ihren vorhandenen wie mit ihren geplanten Nutzungen, in die Überlegungen miteinzubezie-

---

60 So auch Kloepfer/Kröger, NuR 1990, S. 15; Schröder, Vorsorge, S. 183. Anders Jarass, Kommentar BImSchG, § 3 Rdn. 65. Hohe Schornsteine gehören zu den emissionsbegrenzenden Maßnahmen, da sie die Umweltbelastungen besser verteilen.

61 OLG Hamm UPR 1988, S. 80. Ähnlich VG Berlin UPR 1988, S. 160, ein hoher Schornstein bildet eine Maßnahme nach dem Stand der Technik.

62 VGH Baden-Württ. GewArch. 1980, S. 198/201.

63 Feldhaus/Ludwig/Davids, DVBl 1986, S. 651.

64 Jarass, Kommentar BImSchG, § 5 Rdn. 34/35.

hen[65]. Die wirtschaftliche Zumutbarkeit der Maßnahmen richtet sich nicht in erster Linie nach den wirtschaftlichen Umständen des Betriebs oder der Betriebsart [66].

IV. Die Betriebspflichten nach § 22 I BImSchG

1. Wirkungsbereich der Vorschrift

Für das Immissionsschutzrecht enthält § 22 I BImSchG Betriebspflichten für die Betreiber nichtgenehmigungspflichtiger Anlagen. Die Vorschrift beschränkt sich, im Gegensatz zu § 5 I Nr.1 BImSchG, auf die Beeinträchtigungen, die vom normalen störungsfreien Betrieb ausgehen.

Der § 22 I BImSchG ist eine besondere Vorschrift. Bis zur Inkraftsetzung des BImSchG wurde im Nachbarrecht die Umweltverträglichkeit nichtgenehmigungspflichtiger Anlagen von privatrechtlichen Vorschriften, insbesondere § 906 BGB, beherrscht. § 22 BImSchG und § 906 BGB stehen einander hier somit gegenüber. Beide beziehen sich auf Dauerlastschäden durch Luftverschmutzung und Lärm, die in nachbarschaftlichen Verhältnissen hervorgerufen werden.

Sie unterscheiden sich allerdings dadurch, daß § 22 I BImSchG nicht nur den Grundstückseigentümer, sondern die Allgemeinheit und die Nachbarschaft schützen will, und nicht nur positive Beeinträchtigungen, sondern zunächst auch negative zu verhindern sind[67]. Weiter schützt § 22 I BImSchG - wie ausgeführt - gegen eine geringere Zahl unterschiedlicher Arten von Immissionen[68].
Zudem, aber das spricht eigentlich für sich, regelt § 22 BImSchG das Verhältnis Staat/Betreiber und Staat/Dritte und § 906 BGB das Verhältnis Bürger/Bürger.

---

65 Jarass, Kommentar BImSchG, § 5 Rdn. 34/35. Im Fall mancher örtlicher Lärmbeeinträchtigungen kann sich ausnahmsweise ergeben, daß weitere Emissionsbegrenzungen nach dem Stand der Technik unterbleiben können, da auch für die Zukunft keine zusätzliche Belastung zu befürchten ist.

66 OVG Berlin DVBl. 1979, S. 159 (160); VGH Baden-Württ. GewArch 1980, S. 198/201; Jarass, Kommentar BImSchG, § 3 Rdn. 68/69; Schröder, Vorsorge, S. 154 m.w.N.

67 Siehe oben S. 139 ff.

68 Siehe oben S. 139 ff.

Inwieweit § 22 I BImSchG wirklich eine öffentlich-rechtliche Regelung der von § 906 BGB beherrschten Immissionskonflikte darstellt, entscheidet sich danach, wie weit der Anlagebegriff des § 22 I BImSchG erfaßt wird. Wird er eng verstanden, dann wird es in den nachbarrechtlichen Verhältnissen noch Beeinträchtigungen geben, auf die keine öffentlich-rechtliche Immissionsschutzvorschrift zutrifft. Welche Ansicht man im Verhältnis der beiden Paragraphen zueinander auch vertreten mag, das Privatrecht hat für diese Fälle das Monopol der Gefahrsteuerung.

Im Rahmen des § 3 V BImSchG, hat sich in der Rechtsprechung ein sehr weiter Anlagebegriff entwickeln können[69]. Dazu gehören sowohl ortsfeste als auch ortsveränderliche technische Einrichtungen und, besonders wichtig, auch Grundstücke, von denen betriebsbezogene Emissionen ausgehen[70]. Die Rechtsprechung klammert zuerst die Beeinträchtigungen vom Anlagebegriff aus, die nicht in innerem Zusammenhang mit dem Betrieb einer Anlage stehen. Ein Urteil, das sich mit einer derartigen Beeinträchtigung zu befassen hatte, gab es - soweit ersichtlich - nur einmal. Es handelte sich dabei um Lärmbeeinträchtigungen, die von in einem Teich badenden Personen ausgingen. Diese Einwirkungen waren nicht dem Betrieb einer Anlage zuzuordnen[71]. Wie weit die Grenzen gezogen werden, folgt aus den Beispielen, in denen die innerhalb einer Telefonzelle geführten Gespräche nach § 22 I BImSchG beurteilt wurden[72]. Auch das lärmende Verhalten der Arbeiter auf dem Betriebshof einer Spedition ist nach dieser Vorschrift zu beurteilen[73].

Schlußfolgerung ist, daß § 22 I BImSchG und § 906 BGB weitgehend die gleichen Immissionskonflikte regeln.

---

69 Daß der Gesetzgeber einen derartig weiten Anlagebegriff wollte, folgt daraus, daß man sich darüber im klaren war, daß es nur selten umweltstörende Tätigkeiten gibt, die nicht anlagegebunden sind (BT-Drucks. 7/179, S. 28).

70 Siehe zum Anlagebegriff im allgemeinen oben S. 11 f.

71 VGH Mannheim, NuR 1987, S. 76

72 VGH Baden-Württ. DVBl. 1984, S. 889

73 VGH Baden-Württ. DVBl. 1984, S. 881; ähnlich VGH Hessen, UPR 1987, S. 73.

2. Inhalt der Pflicht zur Immissionsvermeidung

Gerade weil die Betriebspflichten des § 22 I BImSchG und des § 906 BGB einander gegenüberstehen, ist die Inhaltsbestimmung der in § 22 I BImSchG angesiedelten Betriebspflicht besonders wichtig. Wird hier vom Betreiber das gleiche Maß an Sorgfalt wie in § 906 BGB verlangt? § 22 I BImSchG fordert, daß schädliche Umwelteinwirkungen nach dem Stand der Technik *vermieden* werden müssen und daß die, trotz der Anwendung dieser Technik, unvermeidbaren schädlichen Umwelteinwirkungen *auf ein Mindestmaß* beschränkt werden müssen.

Daß die Vorschrift weit weniger streng ist als § 5 I Nr. 1 BImSchG, folgt daraus, daß sie nicht fordert, daß schädliche Umwelteinwirkungen schlechthin *verhindert* werden. § 22 I BImSchG bezweckt nur die nach dem Stand der Technik mögliche *Vermeidung* und verhältnismäßige *Verminderung*[74] von schädlichen Umwelteinwirkungen. Dieser Unterschied zu § 5 I Nr. 1 BImSchG ist für das Verständnis der Vorschrift entscheidend. Während der genehmigungspflichtige Betrieb aus öffentlich-rechtlicher Sicht bereits unerlaubt ist, wenn dadurch schädliche Umwelteinwirkungen hervorgerufen werden, kann die nichtgenehmigungspflichtige Anlage, auch bei Hervorrufung schädlicher Umwelteinwirkungen, so lange weiter betrieben werden, bis das Leben oder die Gesundheit von Menschen bedroht oder bedeutende Sachwerte gefährdet werden. Erst dann ist der Betrieb nach § 25 II BImSchG behördlich zu untersagen. Eine Vorsorgepflicht wie die des § 5 I Nr. 2 BImSchG enthält § 22 BImSchG denn auch nicht[75].

Wie ausgeführt, wird die Zumutbarkeit von den Verwaltungsgerichten nach dem gleichen, objektiv dynamisierten Maßstab wie die Wesentlichkeit der Beeinträchtigung des § 906 I BGB bestimmt[76]. In der parlamentarischen Begründung zu § 22 I BImSchG heißt es denn auch: "Durch die Verwendung der in Nummer 2 enthaltenen unbestimmten Rechtsbegriffe soll im Rahmen des Zumutbaren eine möglichst

---

74 BVerwG JZ 1989, S.951 (954); Kutscheidt, NVwZ 1983, S. 65 (68); Murswiek, in: Anmerkung zum BVerwG Urteil, JZ 1989, S. 240 (241).

75 Der Bundesrat hat jedoch im Rahmen des dritten Änderungsgesetzes auch für die nicht genehmigungspflichtigen Anlagen die Aufnahme eines Vorsorgegebots befürwortet. Der Vorschlag wurde jedoch abgelehnt (Schlabach, UPR 1990, S. 250 [252]).

76 Siehe oben S. 140.

weitgehende Verpflichtung zu Schutzmaßnahmen begründet werden. Zugleich wird ein ausreichend weiter Spielraum für die Berücksichtigung der Umstände des Einzelfalles eröffnet, wobei dem nachbarrechtlichen Interessenausgleich eine besondere Bedeutung zukommt."[77]

§ 22 BImSchG und § 906 BGB laufen nur hinsichtlich der Bestimmung der Wesentlichkeit bzw. Erheblichkeit parallel. Hier findet der gleiche, objektiv dynamisierte Maßstab Anwendung. Der entscheidende Unterschied zwischen beiden Vorschriften zeigt sich in den Anforderungen, die sie an die Vermeidung und Beschränkung schädlicher Umwelteinwirkungen stellen. In § 22 I BImSchG wird die Zumutbarkeit von Maßnahmen nicht, wie in § 906 II BGB danach bestimmt, ob die Beeinträchtigungen ortsüblich und die erforderlichen Maßnahmen wirtschaftlich zumutbar sind. Die nach dem Stand der Technik vermeidbaren Umwelteinwirkungen sind immer zu vermeiden, die unvermeidbaren nach den besten Möglichkeiten - Verhältnismäßigkeitsmaßstab - zu beschränken. § 22 I BImSchG erweist sich hier strenger als § 906 BGB.

Schlußfolgerung muß deshalb sein, daß das öffentliche Recht hier mehr schützt als es das Privatrecht tut.

Das macht auch einen Sinn. Ziel des BImSchG ist - im Gegensatz zu § 906 BGB -, nicht nur das Eigentum, sondern auch die Gesundheit des einzelnen sowie das kollektive Rechtsgut Umwelt zu schützen. Die Vorschriften, die darauf abzielen, müssen schon aufgrund der Je-desto-Formel strenger sein als die Vorschriften des § 906 BGB, die nur den Schutz des Grundstückeigentums bezwecken und eine privatrechtliche Nutzungsordnung begründen.

---

77 BT-Drucks. 7/179, S. 38.

V. Die drittschützende Wirkung der Betriebspflichten

Nach herrschender Meinung im Schrifttum und in der Rechtsprechung kommt dem § 5 I Nr. 1 BImSchG drittschützende Wirkung zu[78]. Wenn der Kläger geltend machen kann, in eigenen Rechten verletzt zu sein, ist ein Widerspruch bzw. eine Anfechtungsklage gegen eine Anlagegenehmigung zulässig (§ 42 II VwGO). Da § 5 I Nr. 1 BImSchG ausdrücklich auch die Nachbarschaft schützen will, ist die drittschützende Wirkung hier nicht erstaunlich. Der Drittschutz des § 5 I Nr. 1 BImSchG erstreckt sich auch auf § 3 I u. III StörfallVO[79] und alle Regelungen der TA-Luft und TA-Lärm, die zur Konkretisierung dieser Betriebspflicht dienen. Folglich hat auch § 17 I BImSchG - Bestandsschutz - drittschützende Wirkung[80].

Auch die Vorschriften des § 22 I Nr. 1 u. 2 BImSchG werden von der herrschenden Meinung - trotz der Tatsache, daß sie ihrem Wortlaut nach nicht ausdrücklich auch die Nachbarschaft schützen - als drittschützende Vorschriften anerkannt[81]. Mittelbar enthalten auch diese Betriebspflichten jedoch den Begriff "Nachbarschaft". Sie schützen nämlich gegen "schädliche Umwelteinwirkungen". Das sind gem. § 3 I BImSchG Immissionen wie ausgeführt, die auf die Allgemeinheit oder auf die Nachbarschaft einwirken.
Nach herrschender Meinung kommt der Vorsorgepflicht des § 5 I Nr. 2 BImSchG keine drittschützende Wirkung zu[82]. Die Vorsorgepflicht dient nur dem Schutz der Allgemeinheit und nicht dem Schutz der Nachbarschaft.

---

78 BVerwGE 65, S. 313 (320); BVerwGE 68, 58 (59); Jarass, Kommentar BImSchG, § 5 Rdn. 5; Sellner, Immissionsschutzrecht und Industrieanlagen, S. 54; Marburger, Gutachten zum 56. DJT, C. 58; Kloepfer, Umweltrecht, S. 262.

79 OVG Lüneburg UPR 1984, S. 309 ff.

80 Sellner, Immissionsschutzrecht und Industrieanlagen, S. 271.

81 BVerwGE 72, S. 300 (331); OVG Bremen NVwZ 1986, S. 672 (675); Marburger, Gutachten zum 56. DJT, C. 70; Seiler, Die Rechtslage der nichtgenehmigungspflichtigen Anlagen i.S.v. §§ 22 ff. BImSchG, S. 91; Kloepfer, Umweltrecht, S. 263; Hoppe/Beckmann, S. 428; Jarass, Kommentar BImSchG, § 22 Rdn. 11.

82 BVerwGE 65, S. 313 (320); Marburger, Gutachten zum 56. DJT, C. 62; Jarass, Kommentar BImSchG, § 5 Rdn. 46; Kloepfer, Umweltrecht, S. 263.

Dennoch hat die Rechtsprechung in zwei Fällen diese Vorsorgepflicht als drittschützende Norm anerkannt. Im Urteil des OVG Lüneburg vom 13. 10. 1979 handelte es sich um krebserregende Emissionen, die von einer Anlage ausgingen und bereits in kleinster Menge die Gesundheit der Nachbarschaft möglicherweise zusätzlich schädigen konnten. Obwohl eine entsprechende Kausalkette nicht nachzuweisen war, bestand ein Gefahrenverdacht. Zudem war das Einwirkungsgebiet durch die übrigen Anlagen des Inhabers bereits mit krebserregenden Stoffen vorbelastet. Unter diesen Umständen hatte er auch seinen Nachbarn gegenüber die Pflicht, alles zu unternehmen, um eine Erhöhung dieser Gesamtbelastung zu vermeiden[83].

Der Bay VGH argumentierte in einem Fall, in dem es sich um Waldschäden handelte, bezüglich der drittschützenden Wirkung wie folgt: Die Immissionsgrenzwerte seien im vorliegenden Fall untauglich. Sie waren u. a. aufgrund wissenschaftlicher Neuerkenntnisse überholt. Eine Verschärfung der Grenzwerte konnte jedoch nicht aushelfen. Grund dazu war die Tatsache, daß die Mehrheit der schädlichen Immissionen aus dem Ausland herrührten. Unter diesen Umständen nehmen die Vorschriften zur Immissionsbegrenzung für die betroffenen Waldeigentümer den Charakter von Schutzvorschriften an, auch wenn der Anteil des zu genehmigenden Müllheizkraftwerkes an der gesamten Luftverschmutzung nur sehr gering (höchstens 1,6 %) ist[84].

Aus oben stehenden Beispielen geht hervor, daß dem öffentlichen Recht unter Umständen unterhalb der Gefahrenschwelle, ab der das Umwelthaftungsrecht seine schützende Wirkung entfalten kann, bereits drittschützende Wirkung zukommt. Es erweist sich aber auch, daß, selbst wenn der Vorsorgepflicht drittschützende Wirkung zukommt, sie keine Bedeutung für das Umwelthaftungsrecht hat. Der Schadensbeitrag des vorsorgepflichtigen Anlagebetriebs ist zu gering und zu unbestimmbar. Eine erfolgreiche Klage auf Schadensersatz oder Unterlassung ist in derartigen Fallkonstellationen nicht denkbar[85].

---

83 OVG Lüneburg GewArch 1980, S. 203.

84 Bay VGH BayVBl. 1989, S. 530.

85 Siehe oben zu der Haftpflicht mehrerer Verursacher, S. 115.

VI. Auch Betriebspflicht ohne behördliche Konkretisierung der Vorschrift?

Sind die Grundpflichten des BImSchG, § 5 I Nr. 1 und 2 sowie § 22 BImSchG, selbständige - self-executing - Verhaltenspflichten, oder entstehen die Pflichten für den Betreiber erst, wenn sie durch einen Verwaltungsakt konkretisiert sind? Im ersten Fall hat der Inhaber die Anlage eigenständig, ohne daß die Behörde ihn dazu verpflichtet hat, daraufhin zu überprüfen, ob der Betrieb seiner Anlage noch den Grundpflichten des BImSchG entspricht. Es bestünde - so schreibt *Sendler* - eine unentwegt, sozusagen täglich zu realisierende Anpassungs- und Nachrüstungspflicht[86].

Würde das zutreffen, dann herrschte im BImSchG die Dynamik der Sorgfalt, die auch das Umwelthaftungsrecht charakterisiert. Der Inhaber hat sich bei dem Betrieb seiner Anlage nach den tatsächlichen Verhältnissen - und nicht nach den Verhältnissen zur Zeit der Genehmigungserteilung - zu richten. Der Bestand der Genehmigung würde sich in dem Fall selbständig verengen.

In den Gesetzgebungsmaterialien heißt es: "Die Grundpflichten zur Immissionsminderung und Immissionsvermeidung in den §§ 5, 22 BImSchG sind als selbständige Pflichten konzipiert, die sich unmittelbar an den Betreiber der Anlage wenden und von ihm zu beachten sind."[87] Der erste Grundsatz zu einem Entwurf des BImSchG besagt: "1. In der Gesetzgebung soll festgelegt werden, daß jeder, der eine Luftverunreinigung verursacht oder zu ihr beiträgt, verpflichtet ist, auch wenn Schädigungen nicht nachgewiesen werden, diese Luftverunreinigungen auf ein Mindestmaß einzuschränken und sicherzustellen, daß die verbleibenden Immissionen gut verteilt werden."[88] Die Verletzung dieser Grundpflichten ist gem. § 62 BImSchG nicht ordnungswidrig.

---

86 Sendler, UPR 1990, S. 41.

87 BT-Drucks. 7/179, S. 16; Sellner, Die Grundpflichten im Bundes-Immissionsschutzgesetz, in: BVerwG-FS (1978), S. 603 (615 ff.); Jarass, Kommentar BImSchG, § 5 Rdn. 1; ders., Die Anwendung neuen Umweltrechts auf bestehende Anlagen, S. 170 ff.; Schröder, Vorsorge, S. 184.

88 BT-Drucks. 7/179, S. 26.

Das BVerwG hat dennoch für das öffentliche Recht gelten lassen, daß die Grundpflichten des BImSchG eben keine self-executing Normen sind. Sie bekommen für das öffentliche Recht erst ihre Wirkung durch eine behördliche Konkretisierung[89]. *Sendler* weist zu Recht darauf hin, daß diese self-executing Normen zu der Konsequenz führen würden, daß eine Anlage schon dann als ungenehmigt gilt, sobald sie dem momentanen Standard der Technik nicht mehr entspricht, der Betrieb vom Zeitpunkt, daß er nicht nach diesem Standard geführt wird, ungenehmigt ist. Der Betrieb müßte dann sofort untersagt werden.

Man kommt aber um die Äußerungen des Gesetzgebers nicht herum. Es stellt sich dann auch die Frage, ob diese selbständigen Grundpflichten nicht unmittelbar im Umwelthaftungsrecht zum Tragen kommen. Darauf ist später tiefer einzugehen[90].

C. Die Betriebspflicht des Flugplatzhalters

I. Einführung

Wie erörtert, sind die Vorschriften des BImSchG nicht für Flugplätze i.S.d. § 6 I LuftVG[91] anwendbar[92]. Daraus ergibt sich eine bedauernswerte Regelungslücke im Umweltrecht.

Das LuftVG, die LuftVO und das FluglärmG enthalten zwar Vorschriften zur Einschränkung von *Lärmbeeinträchtigungen*, aber es fehlen Regelungen in bezug auf *Luftbeeinträchtigungen*. Nur aufgrund der Generalklausel des § 29 II LuftVG kann die Luftfahrtbehörde nach ihrem freien Ermessen Maßnahmen gegen Luftverunreinigungen durch Flugzeuge treffen.

---

89 Sendler, UPR a.a.O., S. 41 m.w.N.

90 Siehe unten S. 217 ff.

91 Ein Flugplatz i.S.d. LuftVG ist ein festgelegtes Gebiet auf dem Lande oder Wasser einschließlich Gebäude, Anlagen und Ausrüstung, das ganz oder teilweise für Ankunft, Abflug und Bewegungen von Luftfahrzeugen bestimmt ist. (Anhang 14 ICAO-Abkommen) Siehe Giemulla/Lau/Barton, § 6 LuftVG Rdn. 2.

92 Siehe oben S. 81.

Gerade durch das Starten und Landen der Flugzeuge kann in der Umgebung eines Flugplatzes eine gravierende Luftverunreinigung hervorgerufen werden. Diese Luftverschmutzungen können infolge § 2 II BImSchG nicht nach den gleichen Maßstäben wie die der genehmigungspflichtigen Anlagen des BImSchG beurteilt werden. Es fehlen dazu die entsprechenden Vorschriften.

Hinsichtlich der Lärmbeeinträchtigungen enthalten das BImSchG und die LuftVO verschiedene Betriebspflichten, die sich unmittelbar an den Luftfahrzeugführer, Luftfahrzeughalter und Flugplatzhalter richten[93].

Für die Problematik sind nur die Betriebspflichten des Flugplatzhalters von Bedeutung. Von seinem Betrieb gehen die stärksten und am einfachsten nachzuweisenden Umweltbeeinträchtigungen aus. Er wird im Regelfall auf die schädlichen Umwelteinwirkungen, die vom Flugplatz ausgehen, angesprochen. Der BGH urteilte, daß der Verantwortungsbereich des Flugplatzhalters sich zumindest auf den Fluglärm startender und landender Flugzeuge erstreckt, wenn diese unterhalb der Sicherheitshöhe fliegen[94]. Zumindest innerhalb dieses Gebietes hat der Flugplatzhalter somit aus privatrechtlicher Sicht Maßnahmen zur Lärmbekämpfung zu treffen. Hier stellt sich demzufolge die Frage nach der privatrechtsgestaltenden Wirkung der öffentlich-rechtlichen Betriebspflichten.

Die Ausführungen beschränken sich auf Lärmbeeinträchtigungen und die Pflicht des Flugplatzhalters diese zu vermeiden.
Zuerst ist aber zu untersuchen, welche Lärmbeeinträchtigungen der Anlieger eines genehmigten Flugplatzes in der Regel zu dulden hat. Bei der Verhinderung der unzumutbaren Einwirkungen setzt die Pflicht des Flugplatzhalters an.

II. Die zumutbaren Lärmbeeinträchtigungen

Nach § 6 II LuftVG ist bei der Genehmigung eines Flugplatzes insbesondere der Schutz gegen Fluglärm in die Überlegungen mit einzubeziehen. Wenn zu erwarten

---

93 Z.B. § 1 I - II LuftVO (Beschränkung Gefahr und Lärm); § 38 BImSchG (Beschränkung Luft- und Lärmemissionen); § 6 LuftVO; § 22 I Nr. 12 und Nr. 13 LuftVO (Sicherheitsmindesthöhe).

94 BGHZ 69, S. 118 (122 ff.).

ist, daß durch den Betrieb unzumutbare Lärmbeeinträchtigungen hervorgerufen werden, ist die Genehmigung nicht zu erteilen[95].

§ 9 II LuftVG verlangt im Interesse eines allgemeinen Lärmschutzes Schutzmaßnahmen schon dort, wo dies aus verfassungsrechtlichen Gründen noch nicht geboten ist[96].

Der Gesetzgeber hat es unterlassen, den Wortlaut des § 9 II LuftVG - Gefahren oder Nachteile - an den Wortlaut des § 3 I/II BImSchG - schädliche Umwelteinwirkungen bzw. Gefahren, erhebliche Nachteile oder erhebliche Belästigungen - anzupassen. In § 6 II LuftVG ist nur von "Fluglärm" schlechthin die Rede. Gefahren und Nachteile bleiben unerwähnt. Demzufolge ist unklar, ob die Höhe der Zumutbarkeitsschwelle für Fluglärmbeeinträchtigungen mit der für die schädlichen Umwelteinwirkungen des BImSchG übereinstimmt. Im allgemeinen wird angenommen, daß es diesbezüglich keine Unterschiede gibt[97]. Rechtsprechung zu dieser Frage gibt es kaum. Das BVerwG urteilte in seinem Beschluß vom 05. 10. 1990[98], wohl im Einklang mit der herrschenden Meinung, daß die öffentliche Gewalt bei der Genehmigung von Flugplätzen nicht nur die Wohn- und Ruhebedürfnisse der Bevölkerung zu schützen hat, sondern vielmehr auch dafür zu sorgen hat, daß vermeidbare Beeinträchtigungen durch Lärmimmissionen unterbleiben. Auch das LuftVG verpflichtet die Behörde somit dazu, die zu vermeidenden Lärmbelästigungen zu verhindern. § 29 b LuftVG verpflichtet sie allerdings nur auf den Schutz der Bevölkerung vor *unzumutbarem* Fluglärm *hinzuwirken*. Das VG Baden-Württemberg war denn auch der Meinung, daß ein Nachbar die Beeinträchtigungen eines startenden und landenden Hubschraubers (100 dB[a]), die durchschnittlich 1,56mal allwöchentlich auftraten, als zumutbar hinzunehmen hatte. Bei der Beurteilung wurde die Tatsache berücksichtigt, daß der Nachbar das Angebot des Flugplatzhalters, Lärmschutzfenster einzubauen, abgelehnt hatte und die gelegentlichen Hubschraubereinsätze allgemein nützlich waren. Sie dienten zur Rettung von Unfallopfern mit schweren Verletzungen. Im Rahmen der Bestimmung, ob schädliche Umwelteinwirkungen i.S.d. BImSchG vorliegen, können derartige allgemein nützliche

---

95 Giemulla/Lau/Barton, § 6 LuftVG Rdn. 14

96 BVerwGE 32, S. 173 (178 ff); BVerwG DVBl.1976, S. 797 ff.; Giemulla/Lau/Barton, § 9 LuftVG Rdn. 5

97 Giemulla/Lau/Barton, § 9 LuftVG Rdn. 5.

98 ZLW 1991, S. 187. Nur Leitsätze wurden abgedruckt.

Erwägungen jedoch nicht in die Überlegungen mit einbezogen werden[99]. Eine gesetzliche Harmonisierung des LuftVG und des BImSchG in diesem Punkt wäre wünschenswert. Ohne weitere Begründung ist nicht zu verstehen, weshalb Lärmbeeinträchtigungen nach dem BImSchG nicht zu dulden sind, während sie, vom Flugplatz ausgehend, als zumutbar gelten. Die unklare Regelung des LuftVG läßt dazu Raum. Möglicherweise hat die Praxis kein Bedürfnis an einer Nachbesserung dieser Vorschriften, da das Fluglärmgesetz diese Problematik regelt. Zu diesem Gesetz wurde bereits bei der Beschreibung des Umwelthaftungsrechts das Nötige gesagt. Darauf sei verwiesen[100].

III. § 29 b I LuftVG

§ 29 I LuftVG bildet die gesetzliche Grundlage für die Luftverkehrsbehörde zur Anordnung von Maßnahmen, die die Herabsetzung von Fluglärm bezwecken. Aufgrund des § 32 I Nr. 15 LuftVG können Rechtsverordnungen, die dieses Ziel anstreben, erlassen werden. Eine derartige Rechtsverordnung gibt es jedoch bis heute nicht. Zudem fehlt im LuftVG eine Grundpflicht, wie die der §§ 5 und 22 BImSchG, die zudem als Grundlage für Maßnahmen der Exekutive dienen kann. Nur der angesprochene § 29 b I LuftVG enthält für den Flugplatzhalter die Pflicht, seinen Betrieb so zu führen, damit Lärmbeeinträchtigungen in möglichst großem Umfang verhindert werden. § 29 b I LuftVG wurde durch das Gesetz zum Schutz gegen Fluglärm im Jahre 1971 in das Luftverkehrsgesetz eingefügt[101]. Er enthält eine höchst merkwürdige Vorschrift.

Die Regelung richtet sich nicht nur an den Flugplatzhalter, sondern auch an den Luftfahrzeughalter und Luftfahrzeugführer. Sie verpflichtet ihn dazu, beim Betrieb von Luftfahrzeugen in der Luft und am Boden vermeidbare Geräusche zu verhin-

---

99 Vgl. BVerwG DVBl. 1976, S. 790 ff., Verhinderung von Arbeitslosigkeit ist kein Argument. Dennoch erhalten allgemein nützliche Betriebe auch im Rahmen des BImSchG, vor allem bei der Anwendung des § 22 BImSchG, einen besonderen Rechtsschutz. Infolgedessen haben die Nachbarn auch im BImSchG unter Umständen mehr Beeinträchtigungen hinzunehmen als die Definition des Begriffes "schädliche Umwelteinwirkungen" erlaubt. Siehe unten S. 197.

100 Siehe oben S. 68.

101 BGBl. 1971 I, S. 282.

dern und die Ausbreitung unvermeidbarer Geräusche auf ein Mindestmaß zu beschränken, wenn dies erforderlich ist, um die Bevölkerung vor Gefahren, erheblichen Nachteilen und erheblichen Belästigungen durch Lärm zu schützen. Auf die Nachtruhe der Bevölkerung ist in besonderem Maße Rücksicht zu nehmen. Die Vorschrift beschränkt sich dabei nur auf die Fluglärmbeeinträchtigungen[102]. Andere Lärmbeeinträchtigungen werden somit nicht von der Regelung erfaßt.

Dem Flugplatzhalter fehlt jedoch die Befugnis zur adäquaten Erfüllung seiner Pflicht. Er kann Luftfahrzeughalter, die seinen Flughafen benutzen, nicht zur Verwendung von Schalldämpfern verpflichten oder sie dazu bringen, andere Ab- und Anflugwege zu nehmen. Auch kann er kein Nachtflugverbot erlassen. Es ist ihm zudem nicht gestattet, die Benutzung seines Flughafens zur Vermeidung oder Beschränkung von Fluglärm zu verhindern. Ob und welche Schalldämpfer eingebaut werden müssen, entscheidet nämlich die Zulassungsbehörde, das An- und Abflugverfahren legt die Bundesanstalt für Flugsicherung fest[103]. Dem Flugplatzhalter obliegt die Pflicht, allen zum Verkehr zugelassenen Luftfahrzeugen die Benutzung des Flugplatzes zu erlauben[104]. Er ist infolgedessen zur Erfüllung seiner Pflicht darauf angewiesen, sich von sog. kompensatorischen Maßnahmen wie die Errichtung von Lärmschutzwänden oder die Zuweisung von Abbremsplätzen zu bedienen[105]. Derartige Maßnahmen sind aber nicht besonders geeignet, die Lärmbeeinträchtigungen der unter Mindesthöhe an- und abfliegenden Flugzeuge zu verhindern und zu beschränken.

Die Vorschrift hat nach der Auffassung *Hofmanns* keine drittschützende Wirkung. Sie bezweckt nur den Schutz der Allgemeinheit[106]. Da dem Flugplatzhalter sowieso nur sehr beschränkte Möglichkeiten zur Verfügung stehen, den Lärmpegel herabzusetzen, hat dies kaum praktische Folgen.

---

102 Giemulla/Lau/Barton, § 29 b LuftVG Rdn. 2; Hofmann, LuftVG, § 29 b Rdn. 1.

103 BGHZ 69, S. 118 (122 ff); Martin, NJW 1972, S. 558 (562).

104 §§ 45, 42 Abs. 1 Nr. 7 LuftVZO, § 6 LuftVG.

105 Siehe oben S. 149 ff.

106 Hofmann, LuftVG, § 29 b Rdn. 2.

Die Verletzung der Vorschrift ist aufgrund des § 58 LuftVG nicht ordnungswidrig. Nach § 117 OWiG[107] handelt jedoch ordnungswidrig, wer ohne berechtigten Anlaß oder in einem unzulässigen oder nach den Umständen vermeidbaren Ausmaß Lärm erregt, der geeignet ist, die Allgemeinheit oder die Nachbarschaft erheblich zu belästigen oder die Gesundheit des anderen zu schädigen.

IV. Zusammenfassung

Zusammenfassend ist für die Umwelteinwirkungen, die von Flugplätzen ausgehen, festzuhalten, daß das LuftVG keine Vorschriften kennt, die den Flugplatzhalter dazu verpflichten, Luftverschmutzungen die vom Flugplatz ausgehen, zu verhindern oder zu mindern. Wo § 29 b I LuftVG seine Wirkung entfaltet, ergibt sich, daß der Flugplatzhalter nur sehr beschränkte und unzureichende Möglichkeiten hat, die Lärmbeeinträchtigungen zu beeinflussen. Als Grundlage für behördliche Maßnahmen kann die Vorschrift nicht dienen. Zudem wird ihre drittschützende Wirkung abgelehnt. Trotz der Tatsache, daß die Verletzung der Vorschrift gem. § 117 OWiG ordnungswidrig ist, ist die Vorschrift für die Praxis nicht mehr als ein Programmsatz.

D. Die Betriebspflichten im WHG

I. Einführung

Das WHG ist, wie erörtert wurde, ein besonderes Regelwerk. Als einziges der dargestellten Gesetze setzt es nicht unmittelbar beim Schutz des menschlichen Lebens und der Sachgüter, sondern beim Schutz des Wassers an. Da sauberes Wasser zur Zeit offenbar ein selteneres und wichtigeres "Gut" ist als saubere Luft, kennt das Wasserrecht eine umfassende öffentlich-rechtliche Nutzungsordnung, in der - wie erörtert - für geschützte Rechtspositionen Privater nur wenig Platz ist[108]. Die zu erörternden öffentlich-rechtlichen Betriebspflichten dienen somit dem Schutz des

---

107 BGBl. 1987 I S. 602.

108 Siehe oben S. 31.

Wassers. Sie haben keine drittschützende Wirkung[109]. Für das Verhältnis vom öffentlichen zum Privatrecht sind die Pflichten dennoch wichtig. Der Inhalt der verschiedenen Pflichten ist nur kurz zu beschreiben. Wichtiger ist ihre unterschiedliche Formulierung.

II. Die allgemeine Sorgfaltspflicht des § 1 a II WHG

1. Inhalt der Sorgfaltspflicht

Infolge § 1 a II WHG ist jedermann verpflichtet, bei Maßnahmen, mit denen Einwirkungen auf ein Gewässer verbunden sein können, die nach den Umständen erforderliche Sorgfalt anzuwenden, um eine Verunreinigung des Wassers oder eine sonstige nachteilige Veränderung seiner Eigenschaften zu verhüten und um eine mit Rücksicht auf den Wasserhaushalt gebotene sparsame Verwendung des Wassers zu erzielen.

Die allgemeine Sorgfaltspflicht läßt sich in zwei unterschiedliche Pflichten aufteilen. Die erste ist für das Thema am wichtigsten. Bei für die Wasserqualität potentiell gefährlichen Maßnahmen soll die nach den Umständen erforderliche Sorgfalt Anwendung finden, damit das Wasser nicht verunreinigt wird oder eine sonstige nachteilige Veränderung hervorgerufen wird[110].

Die Bestimmung der verlangten Sorgfalt richtet sich nach dem objektiven Maßstab des § 276 BGB[111]. Der objektive Maßstab fordert die Sorgfalt die von jedem An-

---

109 Vgl. G.W.C., § 1 a WHG Rdn.24; Sieder/Zeitler/Dahme, § 1 a WHG Rdn. 22 jeweils m.w.N.

110 Maßnahmen sind als Handlungen jeder Art zu verstehen (Roth, Wasserhaushaltsgesetz, S. 75.). Es gibt keine Legaldefinition für den Begriff einer schädlichen Wasserverschmutzung (G.W.C., § 26 WHG Rdn. 24.) Anzuknüpfen ist bei § 22 I WHG, der eine Haftung für die Änderung der physikalischen, chemischen oder biologischen Beschaffenheit des Wassers enthält. Die sonstigen Nachteile werden hervorgerufen, wenn der Verbrauchswert des Wassers für Menschen, Tiere und Pflanzen durch eine Einwirkung herabgesetzt wird (Wüsthoff/Kumpf, Handbuch des deutschen Wasserrechts, C 10 E, Rdn. 10.).

111 OLG Karlsruhe VersR 1978, S. 47; Roth, Wasserhaushaltsgesetz, S. 76; Engelhardt, NuR 1979, S. 89 ff.

gehörigen des Berufskreises auf dem jeweiligen technischen Fachgebiet erwartet werden kann[112]. Der Maßstab entspricht den allgemein anerkannten Regeln der Technik[113]. Der Gesetzgeber stellt allerdings besonders strenge Anforderungen an diese objektive Sorgfaltspflicht. Zur Erreichung einer größtmöglichen Schonung der Wasserqualität sind nämlich alle Möglichkeiten im administrativen, ökonomischen und technischen Bereich auszuschöpfen[114]. Es hat somit zumindest den Anschein, daß mehr verlangt wird als nur durchschnittliche Sorgfalt.

Die zweite Pflicht beinhaltet das Gebot zur sparsamen Wasserverwendung. Sie verkörpert das Vorsorgeprinzip. Vor allem mit hochwertigen Grundwasservorkommen soll sparsam umgegangen werden. Hierzu gehört unter anderem, daß das gewerblich genutzte Wasser nach Möglichkeit mehrfach verwendet und im Kreislauf geführt wird[115].

2. Auch eine privatrechtliche Betriebspflicht?

Man fragt sich, ob es hier (nur) eine öffentlich-rechtliche Betriebspflicht betrifft, die ausschließlich das Verhältnis Staat - Bürger regelt. Wie aus dem Wortlaut hervorgeht, richtet die Vorschrift sich nicht ausschließlich an die Behörde, sondern an "jedermann". Zudem ist nach ganz herrschender Meinung § 1 a II WHG unmittelbar geltendes Recht[116]. Die Vorschrift bedarf zur Entfaltung ihrer Wirkung keiner besonderen verwaltungsmäßigen Ausführung. Ihre ganze oder teilweise Nichtbeachtung stellt die Verletzung einer gesetzlichen Verpflichtung dar[117]. Sie wird denn auch als ein spezieller Ausdruck der in § 823 I BGB angesiedelten Verkehrspflichten verstanden[118]. Die Verletzung der Vorschrift ist nach § 41 WHG nicht ordnungswidrig. Die Vorschrift kann aber schon als eine Grundlage verwaltungsbe-

---

112 Marburger, VersR 1983, S. 598 (601).

113 BVerfGE 49, S. 89 (135); G.W.C. § 1a WHG Rdn. 19.

114 BT-Drucks. 10/3973, S. 9.

115 BT-Drucks. 10/3973, S. 9.

116 Hoppe/Beckmann, S. 343; Sieder/Zeitler/Dahme, § 1 a WHG Rdn. 21.

117 Sieder/Zeitler/Dahme, a.a.O.

118 G.W.C., § 1 WHG Rdn. 24.

hördlicher, insbesondere gewässeraufsichtlicher Anordnungen herangezogen werden[119].

III. Die übrigen Betriebspflichten im WHG

1. Die Sorgfaltsanforderungen

Das WHG enthält weitere Betriebspflichten, die als Konkretisierung der allgemeinen Sorgfaltspflicht (§ 1 a II WHG) zu verstehen sind[120]. So stellt § 7 a WHG besondere Anforderungen an das Einleiten von Abwasser, regeln die §§ 19 a - f WHG den Betrieb von Rohrleitungsanlagen zur Beförderung wassergefährdender Stoffe und die §§ 19 g - l WHG den Betrieb von Anlagen zum Umgang mit wassergefährdenden Stoffen. Die §§ 26 und 32 b WHG schließlich enthalten Garantiepflichten bezüglich des Einbringens, Lagerns und Beförderns von Stoffen.

Bezüglich der Sorgfaltsbestimmung enthalten die unterschiedlichen Betriebspflichten keine Besonderheiten. So bestimmt § 7 a I 1 WHG, daß die Schadstofffracht mittels Maßnahmen nach den allgemein anerkannten Regeln der Technik so gering wie möglich gehalten werden muß. Handelt es sich um besonders gefährliche Stoffe, dann sind die Maßnahmen nach dem Stand der Technik[121] zu treffen. Der Einleiter ist grundsätzlich auch dann zur Beachtung des § 7 a I WHG verpflichtet, wenn dies im konkreten Fall wasserwirtschaftlich nicht geboten ist[122]. So bleibt eine möglichst breite Pufferzone für unvorhersehbare Verschmutzungen - Störfälle - gesichert. Hier zeigt sich das Vorsorgeprinzip. Aufmerksamkeit verdient zum Schluß die Vorschrift § 19 k WHG. Sie stipuliert besondere Sorgfaltspflichten bezüglich des Befüllens und Entleerens von Anlagen zum Lagern wassergefährdender Stoffe. In zwei Sätzen wird hier die Rechtsprechung des BGH bezüglich der privatrechtlichen Betriebspflichten als eine "geronnene Verkehrspflicht" zusammengefaßt[123].

---

119 So Sieder/Zeitler/Dahme, a.a.O.

120 Hoppe/Beckmann, S. 343; Sieder/Zeitler/Dahme, § 1 a WHG Rdn. 1.

121 Der Inhalt dieses Begriffes stimmt mit der Legaldefinition des § 3 VI BImSchG überein (BT-Drucks. 10/3973).

122 G.W.C., § 7 a WHG Rdn. 1.

123 Siehe oben S. 127.

Der Vorgang des Befüllens oder Entleerens ist zu überwachen; vor Beginn der Arbeiten ist der ordnungsgemäße Zustand der technischen Sicherheitseinrichtungen zu überprüfen.

2. Die unterschiedliche Redigierung der Vorschriften

Hervorzuheben ist die unterschiedliche Redigierung der vom WHG erfaßten Betriebspflichten. Diese ist vor allem deshalb bemerkenswert, da alle Vorschriften eine öffentlich-rechtliche Konkretisierung derselben allgemeinen Sorgfaltspflicht darstellen.

§ 7 a WHG richtet sich mit den Worten "Eine Erlaubnis für das Einleiten von Abwasser darf nur erteilt werden, ..." unmittelbar an die Behörde. Daraus folgt, daß die von dieser Vorschrift erfaßten Betriebspflichten öffentlich-rechtliche sind. Das ergibt sich auch aus der Tatsache, daß die Betriebspflichten eine behördliche Konkretisierung benötigen, bevor sie ihre Wirkung entfalten können[124]. So ist für das gesamte öffentliche Recht herrschende Meinung, daß im Fall einer fehlenden behördlichen Nachbesserung auch dann nach überholten Sicherheitsvorschriften weiter betrieben werden darf, wenn Maßnahmen technisch möglich, geeignet und zumutbar sind[125]. Erst wenn man gegen die behördlichen Konkretisierungen der Vorschrift verstößt, handelt man aufgrund § 41 WHG ordnungswidrig. Diesem Bestandsschutz steht nicht im Wege, daß die Vorschrift die Durchsetzung des Vorsorgeprinzips bezwecken soll und gerade durch die fehlende behördliche Nachbesserung der Vorschrift diese Durchsetzung in Gefahr gerät.

Ganz anders stehen die Dinge bei der Vorschrift des § 19 g III WHG. Die in dieser Vorschrift enthaltene Pflicht entsteht für das öffentliche Recht nicht erst durch eine behördliche Konkretisierung. Anlagen zum Umgang mit wassergefährdenden Stoffen sind nach den allgemein anerkannten Regeln der Technik[126] zu betreiben. Die

---

124 Sendler, UPR 1990, S. 41.

125 So für das Wasserrecht G.W.C., § 1 a WHG Rdn. 19, § 7 a WHG Rdn. 7; Kloepfer/Brander, ZfW 1989/90, S. 1 (7); Sendler, UPR 1990, S. 41; Sellner, FS.-BVerwG 1978, S. 603 (615 ff.).

126 Obwohl es sich hier um eine besonders gefährliche Tätigkeit handelt, verlangt man statt der Einhaltung des Standes der Technik nur die Beachtung der allgemein anerkannten Regeln der Technik. Grund hierfür ist, daß auch

Vorschrift richtet sich nicht explizit an Behörden oder Betreiber, sondern an beide. Das folgt aus § 41 I Nr. 6 a WHG, der bestimmt, daß die Verletzung dieser Vorschrift ordnungswidrig ist. Die Behörde hat deshalb zu kontrollieren, ob die geltenden, allgemein anerkannten Regeln der Technik beim Betrieb eingehalten werden. Der Betreiber hat jedoch, ganz im Gegensatz zu der Vorschrift des § 7 a WHG, *eigenständig* zu überprüfen, ob die von ihm angewendeten Maßnahmen dem Stand der Technik entsprechen. So zeigt sich eine dynamische, sich eigenständig entwikkelnde Betriebspflicht. Nach dem gleichen Muster sind die §§ 26, 32 b und 34 II WHG, die das Einbringen, Lagern, Ablagern oder Befördern von Stoffen regeln, und die §§ 19 i, 19 k WHG ausgerichtet. Letzere beinhalten die Anforderungen für die Kontrolle von Anlagen beim Umgang mit wassergefährdenden Stoffen und richten sich nur unmittelbar an den Betreiber und nicht an die Behörde.

Der Grund für die Schaffung von Vorschriften zur Eigenüberwachung ist die Tatsache, daß, wegen der Vielzahl der Anlagen, die staatliche Kontrolle nur durch Stichproben wahrgenommen werden kann[127]. Diese Pflicht zur Eigenüberwachung stellt keinen Verstoß gegen das Übermaßverbot dar, da der Betreiber einen Gefahrenbestand setzt, für dessen Kontrolle er verantwortlich ist[128].

E. Zusammenfassung

Das WHG, BImSchG und LuftVG enthalten verschiedene Betriebspflichten: zur Gefahrbeobachtung (§§ 1 a II, 19 e I, 19 i II, 19 k, 26 II, 32 b, 34 WHG, §§ 5 I Nr. 1, 22 I Nr. 1 BImSchG, § 29 I LuftVG), zur Gefahrvermeidung (§§ 1 a II, 7 a, 19 g III, 19 k S. 2 WHG, §§ 5 I Nr. 2, 22 I Nr. 2 BImSch) und für genehmigungspflichtige (§ 5 BImSchG, 29 b I LuftVG, § 7a WHG) und nichtgenehmigungspflichtige Anlagen oder Tätigkeiten (§ 22 BImSchG, §§ 1 a, 19 g, 19 e II, 19 k, 26, 32 b und 34 WHG). Diese Betriebspflichten verlangen nicht weniger Sorgfalt als die privatrechtlichen Betriebspflichten. Mindestmaß ist der Stand der allgemein anerkannten Regeln der Technik (§§ 1 a II, 7 a I 1, 19 g III, 19 k WHG). In ein-

---

bei Einhaltung höchster Sorgfalt Unfälle nicht zu verhindern sind; der Betrieb gleichzeitig aber unverhältnismäßig eingeschränkt werden würde (G.W.C., § 19 WHG Rdn. 7 u. 9).

127 Sieder/Zeitler/Dahme, § 19 i WHG Rdn. 1.

128 Sieder/Zeitler/Dahme, § 19 i WHG Rdn. 4.

zelnen Fällen wird die Einhaltung des Standes der Technik verlangt (§ 5 I Nr. 2 BImSchG, §§ 7 a I 2, 22 I WHG). Die übrigen Vorschriften begründen Garantiepflichten bzw. Verbotsvorschriften (§ 5 I Nr. 1 BImSchG, §§ 26 II, 32 b, 34 WHG) oder Gebotsvorschriften, in denen keine unmittelbare Verweisung auf das verlangte Sorgfaltsmaß zu finden ist (§ 29 b I LuftVG).

Den Vorschriften fehlt es nach der Auffassung der Literatur und Rechtsprechung an drittschützender Wirkung. Das ist vor allem im Wasserrecht der Fall. Schutzziel dieses Rechtsgebiets ist das Allgemeingut "Wasser". Drittschützende Wirkungen haben wohl die Betriebspflichten des BImSchG (§§ 5 I Nr. 1, 22 BImSchG). Unter Umständen hat sogar das Vorsorgegebot des § 5 I Nr. 2 BImSchG drittschützende Wirkung. § 29 b LuftVG hat nach *Hoffmann* keine drittschützende Wirkung.

Die öffentlich-rechtlichen Betriebspflichten, die nach ihrem Wortlaut unmittelbar an den Betreiber oder Inhaber der Anlage gerichtet sind und für deren Wirkung keine behördliche Konkretisierung gebraucht wird, ähneln am stärksten den privatrechtlichen Betriebspflichten. Derartige Pflichten enthalten die §§ 19 g III, 19 i II, 19 k, 26, 32 b, 34 II WHG. Ihre Verletzung ist ordnungswidrig.

Weniger Ähnlichkeiten weisen diesbezüglich die öffentlich-rechtlichen Betriebspflichten auf, die sich zwar aufgrund ihres Wortlautes (§ 1 a II WHG, § 29 b II LuftVG) oder ihrer gesetzlichen Begründung (§§ 5 und 22 BImSchG) unmitelbar an den Inhaber oder Betreiber der Anlage richten, die für das öffentliche Recht jedoch erst Bedeutung haben, wenn die abstrakte Norm im Einzelfall behördlich konkretisiert ist. Die Verletzung der abstrakten Pflicht ist deshalb auch ordnungswidrig.

Wo derartige abstrakte Pflichten überhaupt nicht behördlich konkretisiert werden können, hat man es mit einem Programmsatz zu tun (§ 29 b I LuftVG).

Die öffentlich-rechtlichen Betriebspflichten, die sich unmittelbar an die Behörde richten, haben am wenigsten Ähnlichkeiten mit den privatrechtlichen Betriebspflichten. Auch diese Pflichten haben erst Wirkung, wenn sie behördlich konkretisiert sind. Das einzige Beispiel dieser Gruppe für das hier erörterte Umweltrecht enthält § 7 a I WHG.

§ 9 DIE PRIVATRECHTSGESTALTENDE WIRKUNG UND DER UNTERLASSUNGSANSPRUCH

A. Einführung

In den §§ 4 - 8 wurde beschrieben, welche Rechtspositionen von den privatrechtlichen und öffentlich-rechtlichen Betriebspflichten auf welche Weise geschützt werden. Zudem wurde untersucht, wann der Sorgfaltsfrage eine haftpflichtbestimmende Bedeutung zukommt. Damit sind die Grundlagen zur Beantwortung der privatrechtsgestaltenden Wirkung des öffentlichen Rechts im Umwelthaftungsrecht geschaffen.

Zuerst ist die Frage für den Unterlassungsanspruch darzustellen. Danach ist im 10. Paragraphen die privatrechtsgestaltende Wirkung für die Schadensersatzfrage zu erörtern.

Die mögliche privatrechtsgestaltende Wirkung des öffentlichen Rechts im Bereich des Unterlassungsanspruches bereitet Probleme, wenn das einzelne Rechtssubjekt, infolge der Einwirkung des öffentlichen Rechts, Beeinträchtigungen zu dulden hat, die es nach den normalen Regeln des Haftpflichtrechts als rechtswidrig abwehren kann[1]. Wie sind diese Wertungswidersprüche beider Teilrechtsordnungen im Licht einer einheitlichen Rechtsordnung zu erklären und zu lösen? Es kann nicht dasselbe konkrete Verhalten zugleich verboten und geboten oder verboten und erlaubt sein[2]. *Engisch* schreibt im Jahre 1935: "Wo ich aber eine Handlung oder Unterlassung ... nur so vornehmen kann, daß notwendig mit der Erfüllung der einen Pflicht die andere verletzt wird, da muß notwendig die eine Pflicht weichen."[3] Für den Bereich der genehmigungspflichtigen Anlage sei in diesem Zusammenhang auf ein Urteil des RG aus dem Jahre 1904 verwiesen, in dem die Duldungspflicht des Nachbarn u. a. damit begründet wurde, daß der Anlagebetreiber - eben da sein Betrieb genehmigt war - gegenüber dem Staat eine Pflicht hat, seinen, für den Nachbarn schädi-

---

1 Wagner, Öffentlich-rechtliche Genehmigung und zivilrechtliche Rechtswidrigkeit, S. 96.

2 Selmer, Privates Umwelthaftungsrecht und öffentliches Gefahrenabwehrrecht, S. 10; Engisch, Die Einheit der Rechtsordnung, S. 46 (53).

3 Engisch, a.a.O., S. 53.

genden, Betrieb weiterzuführen[4]. Zu Recht weist *Selmer* darauf hin, daß es sich im modernen Umweltrecht nicht um eine derartige Konstellation handele. Das genehmigte, schadenstiftende Verhalten begründet keine Pflicht, den schädigenden Betrieb weiterzuführen[5]. Für den genehmigten Betrieb bleibt aber der Widerspruch, daß die Handlung, die nach öffentlich-rechtlichen Maßstäben erlaubt ist, nach privatrechtlichen verboten ist. Der gleiche Widerspruch kann auftreten, wenn die öffentlich-rechtlichen Bestimmungen, die sich mit dem Betrieb nichtgenehmigungspflichtiger Anlagen befassen, weniger Sorgfalt als die des Privatrechts fordern. Es fehlt auch da, wie bei den genehmigungspflichtigen Anlagen, an einer Wertungsparallelität beider Teilrechtsordnungen.

Aufgrund der bis jetzt gefundenen Ergebnisse ist es aber sehr fraglich, ob es überhaupt derartige Wertungsdiskrepanzen gibt. Wie erörtert, schützt das öffentliche Recht das privatrechtliche Eigentum und die Gesundheit nicht weniger, als es das Umwelthaftungsrecht tut[6]. Zum Schutz dieser Interessen verlangen die öffentlich-rechtlichen Betriebspflichten zumindest die Einhaltung gleich strenger Sorgfaltspflichten wie das Umwelthaftungsrecht. Herrschende Rechtsprechung ist, daß das öffentliche Recht das Eigentum aus öffentlich-rechtlicher Sicht auch gar nicht weniger schützen will, als es das Privatrecht gegenüber Angriffen aus dem privaten Bereich tut[7]. Die Gerichte bemühen sich Wertungsdivergenzen zwischen beiden Teilrechtsordnungen zu verhindern. Ob es dennoch zu Normenwidersprüchen kommt, ist jetzt zu untersuchen.

B. Die genehmigungspflichtigen Anlagen des Immissionsschutzrechts

I. Die Präklusionsnormen als Rechtfertigungsgrund

Wie bereits bei der Beschreibung der Bestandsschutzproblematik und bei der Darstellung des Umwelthaftungsrechts angesprochen wurde, gibt es verschiedene Prä-

---

4 RGZ 58, S. 130 (134).

5 Selmer, a.a.O., S. 10; Wagner, a.a.O., S. 99.

6 Siehe oben S. 48.

7 BVerwG NJW 1974, S. 817; NJW 1985, S. 1481; VGH Mannheim DVBl. 1984, S. 881 (882); OVG Münster DÖV 1983, S. 1020 (1022).

klusionsnormen[8]. Diese Normen enthalten für den genehmigten Betrieb eine gesetzliche Regelung der Wertungsdivergenzen, die entstehen, wenn eine Handlung öffentlich-rechtlich erlaubt und gleichzeitig privatrechtlich unerlaubt ist. Hier erfolgt eine Beschränkung auf die Präklusionsnormen des Immissionsschutzrechts (§ 14 BImSchG, § 11 LuftVG) und des Wasserrechts (§ 11 WHG).

Nach ganz herrschender Meinung entfaltet § 14 BImSchG erst oberhalb der Duldungsgrenzen des § 906 BGB seine Wirkung[9]. Demzufolge wird die nachbarrechtliche Duldungspflicht auf die Fälle erweitert, in denen dem betroffenen Grundstückseigentümer ein Unterlassungsrecht bezüglich ihn schädigender Beeinträchtigungen zustünde; dieses Recht kann aber wegen der staatlichen Genehmigung nicht ausgeübt werden[10]. Die gleiche Regelung trifft infolge § 11 LuftVG auch für die Luftverschmutzungen und Lärmbeeinträchtigungen, die von einem Flugplatz ausgehen, zu.

Die immissionsschutzrechtlichen Präklusionsnormen haben ihre Wurzel in § 26 der GewO aus dem Jahre 1869[11]. Die Vorschrift hatte einen ähnlichen Inhalt wie § 14 BImSchG[12]. *Ogorek* äußert sich zu § 26 GewO wie folgt: "Mit dieser Bestimmung war auf dem wichtigen Gebiet der konzessionierten Anlagen - vgl. die §§ 16 ff. GewO - das Schicksal des im wörtlichen Sinne negatorischen Anspruchs zugunsten eines Herstellungsanspruches bzw. einer schuldunabhängigen Schadensersatzklage

8 § 14 BImSchG; § 7 VI AtomG; § 11 LuftVG; § 11 WHG; § 75 I VwVfG; § 17 VI S. 1 FStrG.

9 Siehe oben S. 66.

10 So BGHZ 69, S. 105 (110); BGH ZLW 1978, S. 42 (44); OLG Stuttgart VersR 1965, S. 746 (747); OLG Frankfurt VersR 1983, S. 41; Staudinger (-Roth), § 906 Rdn. 72; Giemulla/Lau/Barton, § 11 LuftVG Rdn. 10.

11 Preussische Gewerbeordnung vom 17. 01. 1845. § 26 GewO wurde erst am 21. Juni 1869 erlassen.

12 § 26 GewO: "Soweit die bestehenden Rechte zur Abwehr benachteiligender Einwirkungen, welche von einem Grundstück aus auf ein benachbartes Grundstück geübt werden, dem Eigentümer oder Besitzer des letzteren eine Privatklage gewähren, kann diese Klage einer mit obrigkeitlicher Genehmigung errichteten Anlage gegenüber niemals auf Einstellung des Gewerbebetriebs, sondern nur auf Herstellung von Einrichtungen, welche die benachteiligenden Einwirkungen ausschließen, oder, wo solche Einrichtungen untunlich oder mit einem gehörigen Betrieb unvereinbar sind, auf Schadloshaltung gerichtet werden."

endgültig besiegelt."[13] Das Grundstückseigentum darf nicht der freien wirtschaftlichen Entwicklung im Wege stehen. Nicht umsonst ist § 26 GewO als Fundament des deutschen "Fabrikrechts" gefeiert worden[14]. Die Urfassung des § 906 BGB enthielt das privatrechtliche Äquivalent dieser Regelung[15]. Wie sehr die Regelung der Gewerbeordnung auf Bestandsschutz ausgerichtet war, geht auch aus der Tatsache hervor, daß es bis zum Erlaß des BImSchG schwierig und nur in langwierigen Verfahren möglich war, mittels nachträglicher Anordnungen verschärfte Anforderungen an den genehmigten Betrieb zu stellen[16].

Im Gegensatz zur GewO, wo ein Höchstmaß an Bestandsschutz gewährleistet wurde, gewährt das BImSchG nur ein Mindestmaß an verfassungsrechtlichem Bestandsschutz[17]. Wie erörtert, enthalten die §§ 17 und 21 BImSchG eine strenge Regelung der nachträglichen Anordnungen und den Widerruf der Genehmigung[18]. Wenn eine nachträgliche Anordnung zum Schutz der Allgemeinheit oder der Nachbarn wegen ihrer Unverhältnismäßigkeit nicht auferlegt werden kann und zudem schwere Nachteile für das Gemeinwohl vom genehmigten Betrieb hervorgerufen werden, ist die Genehmigung zu widerrufen (§ 21 I Nr. 5 BImSchG). Als ein schwerer Nachteil für das Gemeinwohl ist auch die Gesundheitsbeeinträchtigung des einzelnen Bürgers zu verstehen[19].

Der Wirkungsbereich des § 14 BImSchG beschränkt sich somit auf die Fälle der wesentlichen, nicht ortsüblichen Beeinträchtigungen des § 906 II BGB, welche schädliche Umwelteinwirkungen i.S.d. § 3 I BImSchG darstellen, aber keine schweren Nachteile für das Gemeinwohl mit sich bringen. Im letzteren Fall wäre die Genehmigung nämlich mittels einer nachträglichen Anordnung zu verschärfen oder müßte die Behörde sie widerrufen. Der Betrieb wäre auch aus öffentlich-

---

13 Ogorek, Actio Negatoria, S. 60.

14 So der Abgeordnete Dr. Weigel bei den Beratungen über die GewO im Reichstag (Sten.Ber. Session 1869 II, S. 1060).

15 Siehe oben S. 89.

16 Baur, JZ 1987, S. 317 (318).

17 2. Novelle zum BImSchG 4. 10. 1985, BGBl. 1985 I, S. 1950.

18 Siehe oben S. 33 ff.

19 Siehe oben S. 36 ff.

rechtlicher Sicht unerlaubt. Da im Rahmen des bestandsgeschützten Betriebes die wesentlichen, ortsüblichen Beeinträchtigungen (§ 906 I BGB) im Rahmen des BImSchG nach dem Verhältnismäßigkeitsmaßstab verhindert werden müssen (§ 17 BImSchG), gewährt das öffentliche Recht hier weniger an Bestandsschutz als das Privatrecht. § 906 II BGB verlangt schließlich nur, daß die wesentlichen, ortsüblichen Beeinträchtigungen mittels der wirtschaftlich zumutbaren Maßnahmen beschränkt werden. Dieser Maßstab ist weniger streng als der des Verhältnismäßigkeitsmaßstabes. In diesem Fall sind somit keine Beeinträchtigungen zu dulden, die aufgrund § 906 BGB verboten werden können.

Nur für die geschilderten Fälle der wesentlichen, nicht ortsüblichen Beeinträchtigungen trifft somit zu, daß das, was privatrechtlich verboten ist, öffentlich-rechtlich erlaubt sein kann. Die Praxis weist nach, daß derartige Beeinträchtigungen bei Erfüllung der Genehmigungsvoraussetzungen nur sehr selten vorliegen. Soweit ersichtlich, ist nur ein einziger Fall bekannt[20].

Der Wirkungsbereich des § 11 LuftVG ist auf den ersten Blick größer als der des § 14 BImSchG. Im LuftVG fehlt es an einer dermaßen ausgeprägten und strengen Regelung der nachträglichen Anordnungen und des Widerrufs der Genehmigung[21]. Hier gibt es offenbar mehr Bestandsschutz als im BImSchG. Ob die Genehmigung im Einzelfall widerrufen oder mit schärferen Anforderungen versehen wird, liegt im Ermessen der Behörde. Unter Umständen hat die Nachbarschaft im Rahmen des bestandsgeschützten Betriebes schwere Belästigungen hinzunehmen. Das geht beispielhaft aus einem Urteil des Bay VGH hervor. Trotz der Tatsache, daß die teilweise nachträglich angeordneten aktiven und passiven Lärmschutzmaßnahmen den Belangen der betroffenen Anlieger bei weitem nicht gerecht wurden, konnten die Anlieger nicht unter Berufung auf ihre Grundrechte kompromißlose Radikallösungen, wie die Einstellung des Betriebes, verlangen[22]. Die vom Flugplatz ausgehenden Lärmbeeinträchtigungen werden durch einen bis an die Grenze verfassungsrechtlicher Rechtspositionen reichenden Bestandsschutz abgedeckt.

---

20 OLG Frankfurt VersR 1983, S. 140 ff. Siehe dazu oben S. 67. Peine ist aber der Meinung, daß der Norm eine große praktische Bedeutung zukommt, NJW 1990, S. 2442 (2444).

21 Siehe oben S. 37.

22 Bay VGH ZLW 1984, S. 65 (76).

Dennoch gibt es, soweit ersichtlich, nur einen Fall, in dem § 11 LuftVG Anwendung hätte finden müssen[23]. Infolge eines Redaktionsfehlers des Gesetzgebers ist es jedoch nicht soweit gekommen[24].

Der Grund, daß dem § 11 LuftVG kaum praktische Bedeutung zukommt, liegt wohl darin, daß die Flugplätze i.S.d. § 6 LuftVG regelmäßig die privatrechtliche Ortsüblichkeit i.S.d. § 906 BGB prägen[25]. Wenn beim Betrieb des Flugplatzes somit die wirtschaftlich zumutbaren Maßnahmen zur Verhinderung der Beeinträchtigung ergriffen werden - der Grundstückseigentümer kann gemäß § 14 BImSchG derartige Vorkehrungen verlangen -, duldet auch § 906 BGB diese Beeinträchtigungen. Einen "Rechtswidrigkeitskonflikt" zwischen öffentlichem und Privatrecht gibt es somit nicht.

Diese aus privatrechtlicher Sicht erweiterte Duldungspflicht stellt einen "erweiterten" Rechtfertigungsgrund dar[26]. Erweitert, da auch die von § 906 II BGB erfaßte geringere Duldungspflicht bereits auf einem Rechtfertigungsgrund basiert[27]. Nicht die Einhaltung von Genehmigungsvorschriften liegt jedoch diesem Rechtfertigungsgrund zugrunde, sondern die Genehmigung an sich.

Ob mit der Genehmigung die Einhaltung bestimmter öffentlich-rechtlicher Betriebspflichten verbunden ist und welches Maß an Sorgfalt diese Betriebspflichten vom Betreiber verlangen, ist für die privatrechtsgestaltende Wirkung der Genehmigung im Grunde genommen unerheblich. Nicht die Einhaltung öffentlich-rechtlicher Be-

---

23 BGHZ 69, S. 118 (125).

24 Die alte Fassung des § 11 LuftVG, auf dem das Urteil basierte, beschränkte sich versehentlich auf Flughäfen und umfaßte nicht auch Flugplätze (BT-Drucks. 8/3431, S. 11). Da es sich im vorliegenden Fall um Beeinträchtigungen, die von einem Flugplatz ausgingen, handelte, lehnte der BGH die Anwendung des § 11 LuftVG ab.

25 Siehe oben S. 63.

26 BVerwG NJW 1988, S. 434 (435); Wagner, Öffentlich-rechtliche Genehmigung und zivilrechtliche Rechtswidrigkeit, S. 81 ff.; RGRK(-Steffen), § 823 Rdn. 390; Palandt(-Thomas), § 823 Rdn. 6 B a; Soergel (-Zeuner), § 823 Rdn. 225; Sellner, Referat zum 56. DJT, L 8 (L 24); Baur, Lehrbuch des Sachenrechts, S. 233 ff.; Henseler, UTR Bd. 5, S. 205 (237); Gieseke, ZfW 1962, S. 4 (12).

27 Siehe oben S. 95.

triebspflichten gestaltet hier das Privatrecht, sondern nur die Tatsache, daß der Betrieb genehmigt ist. Dieser Rechtfertigungsgrund basiert auf dem Gesetz[28]. Der Konflikt zwischen öffentlichem und privatem Recht wird somit in Form eines gesetzlichen Rechtfertigungsgrundes gelöst.

Diese Lösung ist für § 14 BImSchG nicht verfassungswidrig. Die sechs von *Peine* genannten Voraussetzungen zur Verfassungsmäßigkeit der Vorschrift sind erfüllt[29]. Die Einschränkung des Grundstückseigentums erfolgt aufgrund eines Gesetzes, nämlich § 14 BImSchG. Diese Einschränkung dient der Förderung eines verfassungsmäßigen Zweckes (Bestandsschutz) und beschränkt sich auf die unvermeidbaren Beeinträchtigungen, die keine schweren Nachteile für das Gemeinwohl hervorrufen (§ 14 BImSchG i.V.m. §§ 17, 21 BImSchG). Weiter greift die Präklusion nur, wenn der potentiell betroffene Grundstückseigentümer die Gelegenheit hatte, seine Bedenken gegen die Genehmigung des Vorhabens im Genehmigungsverfahren zu äußern (§ 10 III S. 2 BImSchG). Folglich ist § 14 BImSchG nicht anzuwenden, sobald die Genehmigung aufgrund eines vereinfachten Verfahrens erteilt wurde (§ 19 BImSchG)[30]. Zudem darf der Zweck des Eingriffs nicht außer Verhältnis zur Intensität des Grundrechtseingriffes stehen. Das BImSchG genügt diesen Anforderungen, indem es darauf abstellt, schädliche Umwelteinwirkungen zu verhindern und zu diesem Zweck, bei der Bestimmung der Erheblichkeit einer Beeinträchtigung, zu erwartende oder tatsächlich vorliegende Beeinträchtigungen sowie die widerstreitenden Interessen von Antragsteller und Betroffenem zu bewerten und gerecht abzuwägen. Schließlich wird der Eingriff im Grundstückseigentum mittels eines verschuldensunabhängigen Schadensersatzes kompensiert (§ 14 S. 2 BImSchG)[31].

Ob die Regelung des LuftVG auch diesen verfassungsrechtlichen Anforderungen entspricht, ist fraglich. Zwar ist es möglich die Genehmigung zu widerrufen, aber

28 Gerlach, Privatrecht und Umweltschutz im System des Umweltrechts, S. 76; Wagner, Öffentlich-rechtliche Genehmigung und zivilrechtliche Rechtswidrigkeit, S. 99, 116 ff.; Peine, NJW 1990, S. 2442.

29 Peine, NJW 1990, S. 2442 (2444).

30 Siehe auch BT-Drucks. 7/179, S. 36.

31 Siehe zur Verfassungsmäßigkeit der Präklusionsnormen Wagner, Öffentlich-rechtliche Genehmigung und zivilrechtliche Rechtswidrigkeit, S. 170 ff.; Peine, NJW 1990, S. 2442 (2446).

es fehlt an einer klaren Regelung der nachträglichen Anordnungen[32]. Eine Regelung, ob und in welchem Umfang Dritte am Genehmigungsverfahren zu beteiligen sind, ist im LuftVG nicht vorhanden. Diese Lücke wird insoweit ausgefüllt, als im - in der Regel dem Genehmigungsverfahren folgenden - Planungsfeststellungsverfahren (§ 8 LuftVG) der Dritte am Verfahren teilnehmen kann (§ 10 III u. V LuftVG)[33]. Eine Regelung wie die des § 19 BImSchG fehlt. Da somit nicht eindeutig feststeht, ob die Regelung verfassungsrechtliche Mindestpositionen gewährt, wäre eine gesetzliche Nachbesserung geboten.

II. Die Ausweitung der Präklusion auf bewegliche Sachen und immaterielle Rechtsgüter

Vereinzelt wird die Ausweitung der Präklusion nicht nur auf die Beeinträchtigungen von Eigentum und Besitz an beweglichen Sachen, sondern auch auf die immateriellen Rechtsgüter befürwortet[34]. Der Ausweitung der Präklusionsnorm auf Eigentum und Besitz an beweglichen Sachen ist zuzustimmen. Im Kupolofen-Fall hat der BGH diese Erweiterung jedoch für die Schadensersatzfrage zu Recht abgelehnt. Den Klägern als Eigentümer der Fahrzeuge, die von der Immission des Kupolofens geschädigt wurden, kam als gelegentlichen Benutzern des kontaminierten Betriebsparkplatzes kein Anspruch auf § 14 BImSchG zu. Sie hatten keinen Besitz an dem Grundstück. Auf § 14 BImSchG konnten sie sich nicht berufen. Schadensersatz konnte nur aufgrund des § 823 I BGB erstattet werden. Infolge der Einführung des UmweltHG ist dieser Unterschied jedoch überholt. Die Schäden, die vom genehmigten Betrieb ausgehen, sind infolge dieses Gesetzes verschuldensunabhängig zu ersetzen[35].

Die fehlende Wirkung des § 14 BImSchG gegenüber diesen Fahrzeughaltern hat zur Folge, daß, obwohl sie als gelegentliche Benutzer des Parkplatzes in einem geringe-

32 Siehe oben S. 38.

33 Siehe dazu Achtnich, ZLW 1984, S. 384 (385).

34 So Wagner, a.a.O., S. 269 ff.; Peine, a.a.O., S. 2442 (2446); ablehnend: Selmer, Privates Umwelthaftungsrecht und öffentliches Gefahrenabwehrrecht, S. 15; Marburger/Hermann, JuS 1986, S. 354; Bullinger, VersR 1972, S. 602.

35 Siehe oben S. 79.

ren Maß von den Immissionen betroffen sind als der Eigentümer, sie im Gegensatz zu ihm schon auf Unterlassung weiterer Beeinträchtigungen klagen können. Ihnen gegenüber funktioniert die auf Grundstückseigentümer beschränkte Präklusion des § 14 BImSchG nicht. Für diesen Unterschied gibt es keinen Grund. Den Befürwortern der Ausweitung ist insofern Recht zu geben.

Die Ausweitung der Vorschrift auf immaterielle Rechtsgüter ist jedoch abzulehnen. Für die Entwicklung eines verschuldensunabhängigen Aufopferungsanspruches, anstelle des § 823 I BGB, ist eine derartige Ausweitung seit der Einführung des UmweltHG nicht mehr notwendig. Hinsichtlich der Präklusion der Unterlassungsklage ist sie verfehlte Theorie. § 21 I Nr. 5 BImSchG gebietet in derartigen Fällen den Widerruf der Genehmigung. Für das Luftgesetz sollte das gleiche gelten. Art. 2 II 1 GG und die Wesensgehaltsgarantie des Art. 19 II GG verbieten die Zulassung von Eingriffen, die ernsthafte körperliche Beeinträchtigungen oder den Verlust des Lebens verursachen können.

Obwohl das LuftVG in § 6 II LuftVG der Behörde einen Ermessensspielraum läßt - sie *kann* die Genehmigung widerrufen - ist davon auszugehen, daß dieser Ermessensspielraum im Fall einer Gesundheitsbeeinträchtigung auf Null reduziert wird. Probleme entstehen, wenn Schädigungen der immateriellen Güter von Luftverschmutzungen hervorgerufen werden. Diese Umwelteinwirkungen sind in § 6 II LuftVG, im Gegensatz zum Fluglärm, nicht ausdrücklich als ein bei der Genehmigungserteilung zu berücksichtigender Umstand erwähnt. Der Widerruf der Genehmigung müßte somit auf einen der in der Vorschrift aufgenommenen Gründe, wie z.B. des Naturschutzes, der Gefährdung der öffentlichen Sicherheit bzw. Ordnung oder der, in unangemessener Weise, Beeinträchtigung der öffentlichen Interessen (§ 6 III LuftVG), erfolgen.

III. Auch Untersagung der öffentlich-rechtlichen Unterlassungsklage?

Laubinger ist der Ansicht, daß die Anwendung der Präklusionsnormen dazu führen müßte, daß nicht nur der Unterlassungsanspruch aufgrund § 1004 BGB untersagt wird, sondern auch der öffentlich-rechtliche Unterlassungsanspruch. Das widerstrebe zwar dem Wortlaut der Vorschrift, aber es wäre nach seiner Meinung nicht ersichtlich, weshalb auf dem öffentlich-rechtlichen Rechtsweg geklagt werden kann, während der privatrechtliche Rechtsweg gesperrt ist. Die Interessenlagen sind im wesentlichen gleich[36].

Der Bayerische VGH hat diese Ansicht in einem Urteil aus dem Jahre 1983[37] ausdrücklich abgelehnt. Im Einklang mit dem Gedanken der Gewerbeordnung fordert der beklagte Flughafen München-Riem aufgrund § 11 LuftVG die Ausklammerung aller öffentlich-rechtlichen und privatrechtlichen Abwehransprüche. Das Gericht führt dazu aus:

"Einzuräumen ist allerdings, daß diese Vorschriften früher, vielleicht auch noch nach dem Krieg, möglicherweise in der Tat dahin verstanden wurden, daß nicht nur privatrechtliche, sondern sämtliche Abwehransprüche gegen den Flughafen eingeschränkt werden sollten, und zwar weil man andere als privatrechtliche Abwehrrechte damals nicht kannte. Von dieser Rechtslage kann heute jedoch nicht mehr ausgegangen werden, da sie im derzeitigen Rechtssystem einen Fremdkörper darstellen würde. Alles Verwaltungshandeln hat nach heutigem Verständnis eine auch dem Schutz der Grundrechte dienende öffentlich-rechtliche Qualität und unterliegt der öffentlich-rechtlichen Kontrolle der Verwaltungsgerichtsbarkeit."[38]

Die Präklusionsnormen dienen somit nicht mehr dazu, die Abwehrrechte der Nachbarn schlechthin auszuschließen, sondern stellen eine Kompetenzverteilung hinsichtlich der unterschiedlichen Möglichkeiten, auf Einstellung des Betriebes zu klagen, dar. Die Unterlassungsklage wird für die Beeinträchtigungen, welche die von § 906 II BGB festgestellten Grenzen übersteigen, in das öffentliche Recht verlagert. Die Hauptregel des doppelgleisigen Rechtsschutzes - der Dritte kann entweder mittels der Unterlassungsklage direkt gegen den Schädiger vorgehen, oder er kann sich des verwaltungsrechtlichen Rechtsweges bedienen (§ 40 I S. 1 VwGO)[39] - erfährt mittels der Präklusionsnormen eine Ausnahme.

---

36 VerwArch 1989, S. 261 (295); zustimmend Köckerbauer/Büllesbach, JuS 1991, S. 373 (378).

37 ZLW 1984, S. 65 ff.

38 a.a.O., S. 74.

39 Nach der heutigen Meinung sind beide Rechtswege grundsätzlich gleichwertig. Weder können die angerufenen Verwaltungsbehörden oder -gerichte auf die Möglichkeiten des zivilrechtlichen Rechtsschutzes verweisen, noch dürfen die Zivilgerichte für die Klage auf § 1004 BGB unter Verweis auf die Möglichkeiten des verwaltungsgerichtlichen Rechts-

Aus den oben stehenden Überlegungen ergibt sich, daß der von *Laubinger* vertretenen Ansicht nicht gefolgt werden kann. Wenn man dem geschädigten Grundstückseigentümer auch den öffentlich-rechtlichen Rechtsweg versperrt, ist die Präklusion nicht länger verfassungsgemäß. Bei Beeinträchtigungen oberhalb der von § 906 BGB bestimmten Duldungsgrenze wäre dem Grundstückseigentümer die Möglichkeit verwehrt, auf den Erlaß einer nachträglichen Anordnung oder den Widerruf der Genehmigung zu klagen. Unter Umständen hätte er somit schwere und unzumutbare Beeinträchtigungen seines Grundrechts hinzunehmen.

Für den Bereich der *genehmigungspflichtigen* Anlagen ergibt sich ohne klare Begründung, daß die Hauptregel des doppelgleisigen Rechtsschutzes nur in den Fällen gilt, in denen Gesundheitsbeeinträchtigungen vorliegen oder wo es sich um die Schädigung beweglicher Sachen handelt.

Es wurde schon erörtert, daß kein vertretbarer Grund ersichtlich ist, die Vorschrift nicht auch auf bewegliche Sachen zu beziehen. Wenn ein doppelgleisiger Rechtsschutz für den Grundstückseigentümer keinen Sinn hat, ist nicht einzusehen, welchem Zweck er bei den beweglichen Sachen dienen sollte. Wenn das öffentliche Recht die immatriellen Rechtsgüter genauso sicher wie das Privatrecht schützen kann, ist nicht ersichtlich, wozu ein doppelgleisiger Rechtsschutz geboten ist. Wie erörtert, ist dies nach der hier vertretenen Auffassung für das BImSchG der Fall. Bei der Regelung des LuftVG wurde jedoch in Frage gestellt, ob die verfassungsrechtlichen Mindestpositionen immer genügend geschützt sind.

C. Die Rechtslage im Wasserrecht

I. Die Präklusion nach § 11 WHG

1. Inhalts- und Schrankenbestimmung

Die weitgehendste Präklusionsnorm enthält § 11 WHG. § 11 WHG verbietet nicht nur die Unterlassungs- und Beseitigungsklage, sondern auch die Klage auf die Her-

---

schutzes das Rechtsschutzbedürfnis verneinen. Siehe BVerwGE 11, S. 331; Jarass, DVBl. 1985, S. 193 (195); Staudinger(-Roth), § 906 Rdn. 10; ders., UTR Bd. 12, S. 329 (341); Hoppe/Beckmann, S. 177; Kloepfer, Umweltrecht, § 4 Rdn. 292 ff. A. A.: MüKo(-Säcker), § 906 Rdn. 4.

stellung von Schutzeinrichtungen und die Schadensersatzklage. Zudem werden nicht nur privatrechtliche, sondern auch öffentlich-rechtliche Ansprüche präkludiert. Im Gegensatz zu § 14 BImSchG spricht § 11 WHG nicht nur von der Ausklammerung "privatrechtlicher Ansprüche", sondern von "Ansprüchen" schlechthin.

Der Tatsache, daß die Präklusion sich nicht auf das sachenrechtliche Verhältnis der Wasserbenutzer beschränkt, aber offenbar auch die deliktsrechtlichen Ansprüche zum Schutz der Gesundheit ausklammert, kommt jedoch keine Bedeutung zu. Wenn eine Gesundheitsbeeinträchtigung, die auf den bewilligten Betrieb zurückzuführen ist, vorliegt, ist die Bewilligung gem. § 12 WHG zu widerrufen. Eine erhebliche Beeinträchtigung des Wohls der Allgemeinheit ist dann anzunehmen.

Wenn der durch den bewilligten Betrieb Betroffene i.S.d. § 8 III - IV WHG die vorliegende Schädigung vorhersehen konnte (§§ 9 und 10 II WHG)[40], wird ihm grundsätzlich jedes Abwehrmittel genommen. Es handelt sich hierbei nicht, wie bei den übrigen Präklusionsnormen, um einen Rechtfertigungsgrund, sondern um eine Inhalts- und Schrankenbestimmung des Eigentums nach Art. 14 I GG[41]. Die wasserrechtliche Nutzungsordnung wird durch die Erteilung der Bewilligung neu geordnet. Die Inhalts- und Schrankenbestimmung folgt sehr deutlich aus dem BGH-Urteil vom 16. 02. 1970[42]. An einem Wohnhaus entstanden durch den genehmigten Bergbaubetrieb Schäden. Die besonders wichtigen Überlegungen des BGH folgen im nachfolgenden Zitat:

"Soweit es um Schädigungen durch unerlaubte Handlungen oder um solche im Rahmen der verschiedenartig ausgestalteten Gefährdungshaftung (Tierhalterhaftung, Halterhaftung nach dem Straßenverkehrsgesetz, nach dem LuftVG usw.) geht, sind es Schädigungen, die die Rechtsordnung grundsätzlich vermieden wissen will, an deren Rechtswidrigkeit sie festhält, und die den Einzelnen gewissermaßen 'schicksalhaft' treffen ... Auch dort, wo die Rechtsordnung von einem Betroffenen verlangt, Einwirkungen in seine Rechte zu dulden (z.B. Überbau, (§ 912 BGB), Notweg, (§ 917 BGB), und Notstand, (§ 904 BGB) usw.), geht es um Schädi-

---

40 BGHZ 92, S. 114 (120) Für die Voraussehbarkeit ist auf die persönlichen Fähigkeiten und Verhältnisse des Betroffenen abzustellen. Fachkundiger Rat braucht im allgemeinen nicht eingeholt zu werden.

41 So auch BGHZ 92, S. 114 (117); G.W.C., § 11 WHG Rdn 1.

42 BGHZ 53, S. 226 ff.

gungstatbestände, deren Verwirklichung das Gesetz nicht will. Zudem sieht das Gesetz beim Überbau und beim Notweg eine Sicherstellung der Entschädigungsansprüche der Betroffenen in besonderer Weise vor (§ 914, 917 II BGB). Insoweit liegen die Dinge im Verhältnis Bergbau - Grundeigentum entscheidend anders. Der Bergbauinteressent, dem durch besondere Verleihung die Abbauberechtigung (Bergwerkseigentum) zugesprochen wird, wird mit dieser Verleihung von der Rechtsordnung befugt, alle zum Aufsuchen und zur Gewinnung der in Betracht kommenden Mineralien erforderlichen Maßnahmen zu treffen. Diese Befugnis erfährt keine Einschränkung unter dem Gesichtspunkt der Bergschädenverursachung. Vielmehr bleiben diese Maßnahmen selbst dann zulässig, wenn mit Sicherheit mit dem Auftreten von Bergschäden der bergbaulichen Maßnahmen zu rechnen ist ... Bei dem zum Vergleich sich in besonderem Maße anbietenden Fall der in § 26 GewO getroffenen Entschädigungsregelung gegenüber Einwirkungen, die von mit besonderer Genehmigung errichteten Anlagen ausgehen, ist dem Betroffenen - *anders als dem Grundstückseigentümer gegenüber dem Bergbautreibenden*[43] - ein Anspruch 'auf Herstellung von Einrichtungen, welche die benachteiligende Wirkung ausschließen', gewährt, und nur da, 'wo solche Einrichtungen untunlich oder mit einem gehörigen Betrieb des Gewerbes unvereinbar sind', ist der benachbarte Grundstückseigentümer auf einen Anspruch auf Schadloshaltung beschränkt."[44]

Hier ergibt sich auch für die wasserrechtliche Präklusionsnorm der wichtige Unterschied zu den Präklusionsnormen des Immissionsschutzrechts. Der auf dem Eigentumsrecht basierende Abwehranspruch wird nicht, wie in § 14 BImSchG, teilweise ausgeschlossen, sondern das Eigentumsrecht an sich wird - wie im Bergbaurecht - in seine Schranken zurückgedrängt. Daß die Präklusionsnorm des Wasserrechts eine ähnliche Funktion hat wie die bergrechtliche Genehmigung, folgt aus der Tatsache, daß § 8 II Nr. 1 WHG ein *Recht* zur Wasserentnahme begründet.

Die dadurch entstandene Neuordnung wirkt allerdings nur gegenüber denjenigen, die infolge des § 8 III WHG berechtigt sind, am Genehmigungsverfahren nach § 9 WHG teilzunehmen. Diese Teilnahme ist besonders wichtig, da der Dritte später infolge § 11 WHG keine Möglichkeiten mehr hat, auf die Erteilung von Auflagen zu

43 Hervorhebung des Verf.

44 BGHZ 53, S. 226 (238, 239).

klagen. Wie gesagt, ist es gerade Sinn und Zweck der Bewilligung, den Inhaber mit einem besonders starken Recht zu versehen.

Unter die von § 8 III WHG berücksichtigten Rechte fallen insbesondere alle Rechtsstellungen, welche die in § 11 WHG ausgeschlossenen Ansprüche gewähren würden[45]. Zur Teilnahme am entscheidenden Bewilligungsverfahren sind somit z.B. die übrigen bewilligten Wassernutzungen, das Gewässereigentum nach § 24 I WHG sowie die nichtgenehmigungspflichtigen Grundwassernutzungen nach § 33 WHG und auch die von § 823 I BGB geschützten Rechtsgüter berechtigt[46]. Eine mittels einer Erlaubnis genehmigte Wassernutzung (§ 7 WHG) ist im Prinzip nicht zu diesem Verfahren zugelassen. Eine Erlaubnis begründet kein Abwehrrecht[47]. Das ist aber anders, wenn das Recht, dessen Ausübung durch die Erlaubnis erst möglich gemacht wird, durch die Erteilung der Bewilligung unmittelbar schwer und unerträglich getroffen wird. Dies begründet schon ein Recht auf Verfahrensteilnahme, da ein Grundrecht - Recht am eingerichteten und ausgeübten Gewerbebetrieb - verletzt wird[48].

Für die zur Zeit des Genehmigungsverfahrens vorhersehbare Beeinträchtigung ist festzuhalten, daß § 11 WHG hinsichtlich der Unterlassungsklage keine Spannungen in der Einheit der Rechtsordnung hervorruft. Es handelt sich um eine Inhalts- und Schrankenbestimmung des Eigentums. Alle Ansprüche, auch die öffentlich-rechtlichen, werden ausgeklammert. Es gibt hier somit keine Ungleichheit zwischen öffentlich-rechtlichen und privatrechtlichen Duldungspflichten. Diese Präklusionsnorm verlagert nicht die privatrechtliche Unterlassungsklage als öffentlich-rechtliche Untersagungsklage in das öffentliche Recht und hebt auch nicht die Doppelgleisigkeit des Rechtsschutzes auf. Wer sein Recht nicht im Verfahren gelten macht, hat die im Moment des Verfahrens zu erkennenden Gefahren, wenn sie sich verwirklichen, zu dulden.

---

45 Sieder/Zeitler/Dahme, § 8 WHG Rdn.27.

46 Breuer, a.a.O., Rdn. 452.

47 Breuer, a.a.O., Rdn. 452; Sieder/Zeitler/Dahme, § 8 WHG Rdn. 28.

48 Breuer, a.a.O., Rdn. 455. Siehe in diesem Zusammenhang auch BVerwGE 36, S. 248 (250).

Für die zur Zeit des Genehmigungsverfahrens nicht vorhersehbaren Beeinträchtigungen gilt die Vorschrift des § 10 II S. 2 WHG. Wenn diese Einwirkungen nicht verhütet oder ausgeglichen werden können, sind sie gegen eine Entschädigung hinzunehmen. Privatrechtsgestaltend ist die Vorschrift jedoch nicht. Denn infolge § 11 WHG sind bereits *alle* privatrechtlichen Ansprüche ausgeschlossen. § 10 II 2 WHG hat somit nur Bedeutung für das öffentliche Recht. Er verpflichtet den Nachbarn dazu, unter den erwähnten Umständen die vorhersehbaren Beeinträchtigungen zu dulden. Es handelt sich um einen öffentlich-rechtlichen Rechtfertigungsgrund, der stark der Vorschrift des § 14 BImSchG ähnelt.

2. Die präkludierende Wirkung der Erlaubniserteilung

Verwirrend ist das Urteil des BVerwG vom 15.07.1987[49]. Dabei ging es um eine Klägerin, die beabsichtigte, eine größere Fläche auszukiesen, wobei anschließend ein Baggersee verbleiben sollte. Ihr wurde dazu eine Erlaubnis (§ 7 WHG) erteilt. Die beigeladenen Stadtwerke Duisburg AG und die Stadt Duisburg erhoben gegen dieses Vorhaben Widerspruch. Das Vorhaben gefährde die Wassergewinnung für das Stadtgebiet Duisburg, indem es die Wassergewinnung aus den Brunnen, für die die Stadtwerke eine Bewilligung besitzen, bedrohe. Anstelle des Erlaubnisverfahrens hätte ein Planfeststellungsverfahren durchgeführt werden müssen. Dieser Widerspruch hatte Erfolg. Die Frage war jedoch, ob die Stadtwerke überhaupt einen Widerspruch geltend machen konnten, da die Verfahrensregeln des WHG - insbesondere § 4 I WHG - nur dem öffentlichen Interesse zu dienen bestimmt sind und keine drittschützende Wirkung haben.

Das BVerwG hebt hervor, daß eine Erlaubnis, wie eine Baugenehmigung, unbeschadet der Rechte Dritter erteilt wird[50]. § 11 WHG findet somit keine Anwendung. Dennoch verleiht das BVerwG der Erlaubnis unter Umständen eine präkludierende, das Privatrecht gestaltende Wirkung, die weitgehende Folgen für das Verhältnis beider Teilrechtsordnungen haben könnte.

---

49 BVerwG NJW 1988, S. 434 ff.

50 Siehe auch BGHZ 88, S. 34 (40); Breuer, a.a.O., Rdn. 495; G.W.C. § 7 Rdn. 9.

Zunächst stellt das BVerwG fest, daß § 4 I 2 WHG eine drittschützende Funktion hat. Aus dem Wortlaut der Vorschrift: "Auflagen sind auch zulässig, um nachteilige Wirkungen für andere zu verhüten oder auszugleichen," läßt sich ausreichend der Kreis der in einer qualifizierten und individualisierten Weise Betroffenen entnehmen. Dieser Drittschutz wird in der allgemeinen Sorgfaltspflicht des § 1 a I WHG verankert[51].

Infolge der drittschützenden Wirkung der Vorschrift hat die Genehmigungsbehörde bei der Entscheidung, ob die Erlaubnis zu erteilen ist, auch die Interessen dieser Dritten nach den Regeln des Rücknahmegebotes[52] zu beachten. Somit steht der öffentlich-rechtliche Rechtsweg für den Nachbarn offen. Er kann gegen den Erlaubnisbescheid mittels einer Anfechtungsklage oder einer Verpflichtungsklage vorgehen.

Das BVerwG gleicht jedoch die Erweiterung des Drittschutzes im Rahmen des Genehmigungsverfahrens dadurch aus, daß man im nachhinein nicht mehr mittels *des Privatrechts* auf Unterlassung der Beeinträchtigung klagen kann.

Der Nachbar, der eine Beeinträchtigung seiner Belange durch eine Erlaubnis befürchtet, ist zur Wahrung seiner Interessen darauf angewiesen, diese im Rahmen des Erlaubnisverfahrens durchzusetzen: "Ein Nachbar, der eine Beeinträchtigung seiner Belange durch eine Erlaubnis befürchtet, ist daher nicht nur befugt, sie vor den Verwaltungsgerichten anzufechten, sondern auch - will er seine Interessen wahren - darauf angewiesen, seine Rechte im Erlaubnisverfahren geltend zu machen. Denn auch ihm gegenüber kann die Erlaubnis - unbeschadet ihrer Widerruflichkeit - in Bestandskraft erwachsen."[53]

---

51 Kritisch dazu Salzwedel: Ein Vorsorgegebot kann kein subjektives öffentliches Recht begründen, ZfW 1988, S. 341 (342). Siehe zu den drittschützenden Wirkungen von Vorsorgepflichten oben S. 155 f.

52 BVerwGE 52, S. 122 (126):"Welche Anforderungen das Gebot der Rücksichtnahme (objektiv-rechtlich) begründet, hängt wesentlich von den jeweiligen Umständen ab. Je empfindlicher und schutzwürdiger die Stellung derer ist, denen die Rücksichtnahme im gegebenen Zusammenhang zugute kommt, um so mehr kann an Rücksichtnahme verlangt werden. Je verständlicher und unabweisbar die mit dem Vorhaben verfolgten Interessen sind, um so weniger braucht derjenige, der das Vorhaben verwirklichen will, Rücksicht zu nehmen."

53 BVerwG, a.a.O., S. 435.

Salzwedel[54] und *Henseler*[55] weisen darauf hin, daß § 11 WHG, kein Naturgesetz für das Verhältnis beider Rechtsordnungen zueinander ist. "Wer sich gegen die Erlaubnis nicht wehrt, verpaßt die Möglichkeit, Beschränkungen im Bescheid durchzusetzen, sonst nichts."[56] Es hat allerdings den Anschein, daß die Rechtsprechung § 11 WHG zu einem derartigen Naturgesetz entwickelt hat.

Die Kritik ist aber insoweit unberechtigt, als das öffentliche Recht die Interessen der dritten Wasserbenutzer nicht schlechter als das Privatrecht schützt und somit die verfassungsrechtlichen Mindestpositionen gewährt. Da die Erlaubnis unter dem Vorbehalt steht, daß nachträgliche Anordnungen - ohne daß diese wirtschaftlich gerechtfertigt und mit der Benutzung vereinbart zu sein brauchen - auferlegt werden können (§ 5 WHG) und die Erlaubnis kraft Gesetzes grundsätzlich widerruflich ist (§ 7 I WHG), gibt es im öffentlichen Recht ausreichende Möglichkeiten, bei dem Betrieb, für den die Erlaubnis erteilt wurde, die Interessen Dritter zu berücksichtigen und den Betrieb an sich ändernde Umstände anzupassen. Aus der, nicht gerade durch ihre Klarheit bestechende, Begründung des BVerwG geht nicht hervor, daß man diese Rechtsschutzmöglichkeiten dem Geschädigten nehmen wollte.

D. Die Präklusionsfrage im Immissionsschutzrecht der nichtgenehmigungspflichtigen Anlagen

I. Die Präklusionstheorien

Das Recht der nichtgenehmigungspflichtigen Anlagen kennt, wie erörtert, keine gesetzlich geregelte Präklusion. Die Frage, ob dem öffentlichen Recht hier eine, das Privatrecht gestaltende, Wirkung zukommt, hat zu zahlreichen Auseinandersetzungen geführt. Durch eine bislang fehlende gesetzliche Bestimmung entstehen erst hier wirkliche Spannungen in der Einheit der Rechtsordnung. Die Rechtsprechung des BVerwG hat für zwischen dem § 22 BImSchG und dem § 906 BGB, welche Vorschriften einander in diesem Spannungsfeld gegenüberstehen, in den letzten Jah-

---

54 Anmerkung zum BVerwG Urt. v. 15.07.1987, ZfW 1988, S. 341/344.

55 A.a.O., S. 238.

56 Salzwedel, a.a.O., S. 344.

ren jedoch klare Verhältnisse geschaffen[57]. Die Grenze, ab der Immissionen eine wesentliche Beeinträchtigung darstellen, wird nach § 22 BImSchG und § 906 BGB gleich bestimmt. Auf die Rechtsprechung, die zu diesem Ergebnis gekommen ist, ist später eingehen einzugehen[58]. Zudem wird in Zukunft auch die 18. Verordnung zur Durchführung des Bundesimmissionsschutzgesetzes (die Sportanlagenlärmschutzverordnung) aus dem Jahre 1991[59] zunehmend Bedeutung erhalten. Diese Verordnung schafft, im Vergleich zu den unterschiedlichen Theorien, klare Richtlinien dafür, wie die widerstreitenden Interessen in den von ihr geregelten Sportlärmkonflikten abzuwägen sind. Die prinzipielle Bedeutung der Verordnung geht jedoch über den geregelten Konfliktbereich der Sportanlagen hinaus.

Im Laufe der Zeit sind viele Theorien entwickelt worden, die eine präkludierende Wirkung des öffentlichen Nachbarrechts annehmen[60]. Es hat keinen Sinn, diese eingehend darzustellen. Sie sind durch die zu erörternde Rechtsprechung und den Inhalt der erwähnten Verordnung überholt. Eine Darstellung der wichtigsten Ansichten soll jedoch das Spannungsverhältnis zwischen beiden Teilrechtsordnungen verdeutlichen.

Die weitgehendste Präklusion wird von *Schnapp* in seiner Habilitationsschrift aus dem Jahre 1978 vertreten.
Er leugnet die Überschneidung von öffentlichem und privatem Nachbarrecht. Beide regeln nach seiner Auffassung unterschiedliche Probleme[61]. Der Raumordnungskonflikt über die zukünftige Entwicklung eines Gebietes wird durch die Vorschriften des Baugesetzbuches und des BImSchG abschließend geregelt. Dabei werden Interessen der Nachbarn berücksichtigt[62]. Eine Anwendung des privaten Nachbar-

---

57 So auch Wagner, NJW 1991, S. 3247.

58 Siehe unten S. 194 ff.

59 BGBl. 1991 I, S. 1588; BGBl. III 2129-8-1-18.

60 Siehe für einen Überblick: Kleinlein, S. 58 ff.; Peine, JuS 1987, S. 169 ff.; Marburger, Gutachten zum 56. DJT, C. 38 ff.; Wagner, Öffentlich-rechtliche Genehmigung und zivilrechtliche Rechtswidrigkeit, S. 212.

61 Schnapp, Das Verhältnis von privatem und öffentlichem Nachbarrecht, S. 30, S. 164 ff., S. 244.

62 Nach § 1 I BauGB hat der Planungsträger im Rahmen der Bauleitplanung auch die privaten Belange und damit das im Privatrecht wurzelnde Verhält-

rechts, das die Immissionskonflikte anhand der tatsächlichen Verhältnisse löst, würde der planerisch gewollten Weiterentwicklung entgegenstehen und beschränkte die Planungsfreiheit. Wenn ein Wohngebiet in ein Industriegebiet verwandelt werden soll, soll - nach dieser Ansicht - den dort verbliebenen Bewohnern eben deshalb nicht das Recht gewährt werden, auf Unterlassung der von der bereits angesiedelten Industrie ausgehenden Beeinträchtigungen zu klagen[63].

Bartelsperger kommt zu dem gleichen Ergebnis, indem er annimmt, daß die Normen des öffentlichen Rechts zu denen des privaten Nachbarrechts vorrangige Sonderregelungen darstellen[64].

Weitere Autoren begründen eine Präklusion mit der Tatsache, daß die privatrechtlichen Interessen infolge § 1 BauGB bereits im planungsrechtlichen Verfahren berücksichtigt worden sind. Somit entsteht eine Duldungspflicht nach § 1004 II BGB[65]. Breite Unterstützung fand auch die Meinung, daß die Ortsüblichkeit nach § 906 II BGB durch die rechtskräftige Bauleitplanung entscheidend geprägt wird[66].

Eine besondere Ansicht wird von *Kleinlein* vertreten. Da die Gesetzgebung keinen Grund dazu gibt, einem der beiden Rechtssysteme eine dominierende Rolle zukommen zu lassen, verwirft er den planungsrechtlichen Absolutismus. Eine gleichrangige Einstufung des öffentlichen und privaten Nachbarrechts geht ganz klar aus dem Naßauskiesungsbeschluß des BVerfG hervor. Danach wird der Inhalt der Abwehrrechte durch die Vorschriften des öffentlichen und privaten Nachbarrechts gemeinsam bestimmt[67]. *Kleinlein* kommt praktisch jedoch zum gleichen Ergebnis wie die anderen Präklusionstheorien. Der Bebauungsplan bestimmt nach

---

nis der Gebietsangehörigen zueinander zu berücksichtigen und gegenüber den öffentlichen Interessen abzuwägen.

63 Der BGH hat ein derartiges Recht jedoch öfter anerkannt. Siehe z.B. BGH NJW 1958, S. 1776; MDR 1971, S. 286.

64 Bartelsperger, VerwArch 60 (1969), S. 35 (62 ff.).

65 Lang, UPR 1985, S. 185 (191); Papier, NVwZ 1986, S. 624 (626); Peine, JuS 1987, S. 169 (175).

66 Breuer, DVBl. 1983, S. 431 (438) m.w.N.; Gaentzsch, UPR 1985, S. 201 (210); Johlen, BauR 1984, S. 134 ff.

67 BVerfGE 58, S. 300 (358); Kleinlein, Das System des Nachbarrechts, S. 68 (73).

§ 903 BGB Inhalt und Schranken des Grundstückseigentums. Die privaten Belange müssen bei der Aufstellung eines Bebauungsplans gemäß § 1 VI BauGB nicht nur gegenüber den öffentlichen Belangen, sondern auch "untereinander" gerecht abgewogen werden. Auch wenn es jetzt im Rahmen der planungsgemäßen Nutzung des Grundstückes zu erheblichen Beeinträchtigungen komme, habe der Nachbar, so *Kleinlein*, diese, infolge der Inhalt- und Schrankenbestimmung seines Eigentums, zu dulden[68].

II. Das Tennisplatz-Urteil

Trotz der beschriebenen Theorien hat der BGH im Rahmen des § 906 II BGB die Zumutbarkeit der Immissionen immer mittels privatrechtlicher Wertungsmaßstäbe, anhand der tatsächlichen Verhältnisse, geprüft[69]. Auch diese Ansicht - die Eigenständigkeit des privaten Nachbarrechts - findet im Schrifttum breite Unterstützung[70].

Entscheidende Argumente für diese Rechtsprechung sind, daß die gesetzlichen Präklusionsnormen eine Ausnahme zur Hauptregel des doppelgleisigen Rechtsschutzes darstellen. *Gerlach* bemerkt zu Recht, daß alles andere nicht geltendes Recht ist,

---

68 Kleinlein a.a.O., S. 118, 122, 132.

69 BGHZ 46, S. 35 (Zusammentreffen Verkehrs - und Fluglärm); BGHZ 69, S. 105 (Fluglärm); BGHZ 70, S. 102 (Fluorabgase); BGHZ 92, S. 143 (Kupolofen-Fall); LG Münster NJW RR 1986, S. 947 ff. (Thallium Emissionen); RGZ 159, S. 68 (76) (für Bienenvölker schädliche Arsenzuführung). Die Regel, daß trotz des Fehlens öffentlich-rechtlicher Handlungspflichten, deliktsrechtliche Rücksichtpflichten bestehen können, zeigt sich nicht nur im Umwelthaftungsrecht. Z.B. Streupflichten: BGH NJW 1969, S. 1958 (1959); BGH NJW 1987, S. 2671 ff.; VersR 1983, S. 892 sowie genehmigte Bauvorhaben: BGH VersR 1962, S. 332; BGH NJW 1983, S. 872 ff. und die Überwachung einer Seilbahn: BGH NJW 1965, S. 200 ff. als auch für die Produkthaftpflicht: BGH NJW 1987, S. 372 ff. Ausnahmen OLG Hamm 1972, S. 1074; RGZ 161, S. 203. Keine rechtswidrige Handlung bei Einhaltung der Grenzwerte der GewO.

70 Gerlach, Privatrecht und Umweltschutz im System des Umweltrechts, S. 74 ff.; Hagen, UPR 1985, S. 192 (196 ff.); Hohloch, HduR Bd. II, S. 704; Marburger, Gutachten zum 56. DJT, C 106; Diederichsen, Referat zum 56. DJT, L 58 und L 102; Baur, G.S. für Wolfgang Martens (1987), S. 545 (548).

sondern "zurecht gemachte Theorie"[71]. Zudem werden die Baugenehmigungen unbeschadet der Rechte Dritter erteilt[72]. Eine rechtspolitische Begründung zur Unterbauung dieser Theorie ist, daß das private Immissionsschutzrecht in der Lage ist, die strukturellen Schwächen im System des öffentlich-rechtlichen Individualschutzes auszugleichen[73]. *Wagner* kommt zu der Schlußfolgerung, daß gerade wegen dieser Schwächen im System des öffentlichen Rechts eine Präklusion des privatrechtlichen Nachbarrechts verfassungswidrig sein würde. Dies ist nach seiner Meinung im öffentlich-rechtlichen Nachbarrecht der Fall. So fehlt eine Ermächtigung der Behörde zur nachträglichen Anordnung von Schutzmaßnahmen im Falle unvorhergesehener Beeinträchtigungen; die Beteiligung der potentiell Betroffenen ist im Baugenehmigungsverfahren nur mangelhaft ausgestaltet und auch die Kompensationsregelung ist in zu begrenzt, denn nicht alle vom Bebauungsplan hervorgerufenen wesentlichen Beeinträchtigungen können ersetzt werden[74]. Dieser Ansicht ist zuzustimmen.

Das erwähnte Tennisplatz-Urteil löste bezpglich der präkludierenden Wirkung des Baurechts eine heftige Kontroverse aus[75]. Es handelte sich dabei um folgenden Fall: In einem Mischgebiet gingen von einem nur 5 m vom Schlafzimmer der Klägerin gelegenen Tennisplatz erhebliche Lärmbelästigungen aus. Die Klägerin forderte Unterlassung des Tennisspiels, hilfsweise Beschränkung des Spielbetriebs auf bestimmte Tageszeiten.
Trotz der Tatsache, daß Tennisplätze in Mischgebieten infolge § 6 II Nr. 5 BauNVO grundsätzlich zulässig sind und eine Überschreitung der festgesetzten Lärmgrenzwerte nicht beweisbar vorlag, wurde der Unterlassungsklage mit folgender Begründung stattgegeben[76]. Eine wesentliche Grundstücksbeeinträchtigung

---

71 Gerlach, Privatrecht und Umweltschutz im System des Umweltrechts, S. 76.

72 BGH NJW 1959, S. 2013 (2014); BGH DVBl. 1971, S. 744 ff.

73 Marburger, Gutachten zum 56. DJT, C. 106.

74 Wagner, Öffentlich-rechtliche Genehmigung und zivilrechtliche Rechtswidrigkeit, S. 230 ff.

75 BGH NJW 1983, S. 751 ff.; siehe zu der Diskussion oben Fn. 70.

76 Während noch die BauNVO 1977 Sportanlagen aus reinen Wohngebieten - mit Ausnahme von Schulsportanlagen - nahezu vollends verbannte und in Gewerbegebieten nur ausnahmsweise zuließ, sind nach der Novelle der BauNVO des Jahres 1990 Sportanlagen in keinem Gebiet mehr grundsätzlich unzulässig.

i.S.d. § 906 I BGB kann auch innerhalb der von den Grenzwerten gebilligten Beeinträchtigungen hervorgerufen werden. Die Einwirkungen sind rechtswidrig, da der Tennisplatz, obwohl baurechtlich zugelassen, nicht ortsüblich war und der Beklagte zudem nicht vorgetragen hatte, daß die Immissionen nicht mit wirtschaftlich zumutbaren Maßnahmen zu verhindern seien.

Obwohl diese Rechtsprechung im Ergebnis richtig ist, erscheint eine kritische Bemerkung angebracht. In seinem Urteil vom 11.11.1976, in dem der BGH sich u. a. mit der Begründung eines Bebauungsplanes auseinanderzusetzen hatte, führt er aus, daß die verbindliche Bauleitplanung eine materiellgesetzliche Inhalts- und Schrankenbestimmung des Eigentums sei[77]. Dieses Urteil steht im Widerspruch zu dem Tennisplatz-Urteil. Wenn die Beeinträchtigungen innerhalb der vom Bebauungsplan festgesetzten Grenzen bleiben und dieser Plan eine Inhalts- und Schrankenbestimmung des Eigentums ist, kann nicht gleichzeitig - wie aus dem Tennisplatz-Urteil hervorgeht - eine Verletzung des Grundstückseigentums vorliegen. Es ist entweder das eine - keine Inhalts- und Schrankenbestimmung - oder das andere - gültige Inhalts- und Schrankenbestimmung - gegeben. Beides gleichzeitig kann nicht vorliegen.

III. Der baurechtliche Dispens

Wenn die Baugenehmigung in Form eines baurechtlichen Dispenses erteilt wird, nimmt der BGH - im Gegensatz zu der normalen Baugenehmigung - jedoch eine bindende Bestimmung der privatrechtlichen Rechtswidrigkeit durch das öffentliche Recht an. Der Dispens befreit den Bauherrn im Einzelfall von der Einhaltung einer drittschützenden Norm. Die materiellen Vorschriften des Baurechts ändern sich. Es fehlt ausnahmsweise die Rechtswidrigkeit des Vorhabens. Der baurechtliche Dispens hat einen anderen Charakter als die Genehmigung nach den §§ 7 und 8 WHG, die als Verbote mit Erlaubnisvorbehalt anzusehen sind. Sie gleichen sich darin, daß sie eine verbotene Handlung erlauben. Sie unterscheiden sich darin, daß bei den Verboten mit Erlaubnisvorbehalt keine (drittschützenden) Normen ausgeklammert werden[78]. Ganz im Gegenteil, da es sich um besonders gefährliche Tätigkeiten

---

77 BGHZ 67, S. 320 (326).

78 Bull, Allgemeines Verwaltungsrecht, S. 16 Rdn. 36.

handelt, die möglich tief in Rechtspositionen anderer eingreifen, sind als Genehmigungsvoraussetzung die strengsten Sorgfaltsnormen einzuhalten[79]. Die materiellen Vorschriften ändern sich nicht.

Es gibt allerdings nur einen Fall, in dem der BGH sich mit dieser Problematik auseinandergesetzt hat[80]. Die Beklagten haben an der dem Hause des Klägers zugewandten Giebelseite eine Kraftfahrrampe angelegt.
Der Kläger machte u. a. geltend, daß die Rampe nicht gemäß den Grenzabstandsbestimmungen der Bauordnung errichtet worden sei. Sie entziehe seinem Grundstück Sonne und Licht und mindere den Wohnwert seines Hauses. Er verlangte die Abtragung der Rampe. Der BGH führte aus, der Berufungsrichter sei zutreffend davon ausgegangen, daß der Kläger nur Ansprüche gegen die Errichtung der Rampe geltend machen könne, wenn diese materiell rechtswidrig erfolgte. Das sei aber nicht der Fall, wenn dem Beklagten eine Dispens erteilt worden ist. Dann entfallen die Ansprüche des Klägers.

Die dogmatische Begründung dieser Rechtsprechung ist unklar. Stellt der Dispens eine Inhalts- und Schrankenbestimmung nach Art. 14 GG dar oder handelt es sich dabei um einen Rechtfertigungsgrund[81]?
Nach der hier vertretenen Auffassung handelt es sich um einen Rechtfertigungsgrund. Der Dispens beschränkt nicht das privatrechtliche Eigentum an sich, sondern lähmt nur die Anwendung der darauf beruhenden Abwehransprüche. Der Nachbar muß ausnahmsweise die an sich rechtswidrigen Beeinträchtigungen seines Rechtsgutes dulden. Diese Duldungspflicht ist allerdings verfassungswidrig, wenn vom Eigentumsrecht nichts übrig bleibt und demzufolge praktisch eine Enteignung vorliegt. Das ist der Fall, wenn das Eigentum schwer und unzumutbar beeinträchtigt wird[82].

---

79 Siehe z.B. § 7 Abs. 2 S. 3 AtomG.

80 BGH WM 1974, S. 572 (574).

81 So Kleinlein, Das System des Nachbarrechts, S. 133 ff.

82 BVerwGE 36, S. 248 ff.; BVerwGE 59, S. 253 ff.

Daß ein baurechtlicher Dispens im privaten Nachbarrecht weitere Duldungspflichten begründet, ist auch im Schrifttum herrschende Meinung[83]. *Gerlach* lehnt diese Ansicht jedoch ab. Wenn eine Baugenehmigung unbeschadet der Rechte Dritter erteilt wird, sollte das auch bei einem Dispens der Fall sein[84]. Das ist verfehlt. Bei dem Dispens wird der genehmigte Betreiber gerade von der Verpflichtung, bestimmte drittschützende Normen einzuhalten, befreit.

IV. Der Brückenschlag des Bundesverwaltungsgerichts und des Bundesgerichtshofes

1. Inhalt der Rechtsprechung

Das Bundesverwaltungsgericht hätte im Tennisplatz-Urteil wahrscheinlich nicht anders als der BGH entschieden. Schon in einem Urteil aus dem Jahre 1976 heißt es, daß das öffentliche Recht das Eigentum in öffentlich-rechtlicher Richtung nicht minder schützen will, als es das private Recht gegenüber Angriffen aus dem privaten Bereich tut[85]. Diese Auffassung findet sich beispielhaft in zwei Urteilen des BVerwG aus den Jahren 1988 und 1989 wieder. Es handelte sich um die Lärmbeeinträchtigungen einer Feuerwehrsirene[86] und um die Lärmbelästigungen eines von der Stadt Hamburg betriebenen Sportplatzes[87]. Die Beeinträchtigungen wurden von öffentlich-rechtlichen Betrieben hervorgerufen. In beiden Fällen macht der Kläger dann auch einen öffentlich-rechtlichen Abwehranspruch geltend, für den der Verwaltungsgerichtsweg (§ 40 I 1 VwGO) eröffnet ist und als zulässige Klageart der allgemeine öffentlich-rechtliche Unterlassungsanspruch gegeben ist.

---

83 Schwerdtfeger, NVwZ 1983, S. 199 (201); Marburger, Gutachten zum 56. DJT, C 43; Papier, NJW 1974, S. 1797 (1801).

84 Gerlach, Privatrecht und Umweltschutz im System des Umweltrechts, S. 77.

85 BVerwGE 50, S. 282 (286); siehe auch BVerwGE 51, S. 15 (29); 52, S. 122 (126); 79, S. 254 (260).

86 BVerwG JZ 1989, S. 237 ff.

87 BVerwG JZ 1989, S. 951 ff.

Aufmerksamkeit verdient erstens die Tatsache, daß es nach der Ansicht des VG dahinstehen kann, welches die Grundlage für den gegen einen Hoheitsträger als Störer gerichteten Anspruch auf Unterlassung von Immissionen ist. Daß ein Abwehrrecht entweder aufgrund des Privatrechts oder des Verfassungsrechts besteht, ist unbestritten. Nicht als Grundlage für diesen Abwehranspruch können jedoch die §§ 4 ff. und 22 ff. BImSchG dienen:"Die §§ 22 ff., wie auch die §§ 4 ff. BImSchG, begründen Rechte und Pflichten im Verhältnis einerseits zwischen der für die Genehmigung und Überwachung der emittierender Anlagen zuständigen Behörde und dem Errichter und Betreiber der Anlage andererseits soweit die Vorschriften drittschützend sind - zwischen der Behörde und dem Drittbetroffenen. Sie begründen keine Duldungspflichten und Abwehransprüche im unmittelbaren Nachbarverhältnis zwischen Störer und Gestörtem, auch dann nicht, wenn der Störer ein öffentlicher Hoheitsträger ist."[88] Das BVerwG prüft aber dennoch auf Grundlage des § 22 BImSchG, ob schädliche Umwelteinwirkungen vorliegen. "Denn die allgemeinen Gesetze, die die Zumutbarkeit von Immissionen bestimmen, gelten grundsätzlich auch für die Errichtung und den Betrieb öffentlich-rechtlicher Einrichtungen."[89] Das BVerwG bestimmt infolgedessen, daß die Grenze, ab der Immissionen eine wesentliche Beeinträchtigung darstellen, nach § 906 BGB und dem BImSchG gleich ist[90]. Das ist eine Bestätigung der Rechtsprechung des BGH[91]. Wie dargestellt wurde, hat der BGH im Rahmen des § 906 I BGB seit dem Inkrafttreten des BImSchG eher eine Beeinträchtigung als wesentlich bezeichnet. Diese Grenze wird nicht erst erreicht, wenn verfassungsrechtliche Mindestpositionen verletzt werden. Ob wesentliche bzw. erhebliche Beeinträchtigungen vorliegen, wird nicht entscheidend davon bestimmt, ob die vorgeschriebenen Immissionsgrenzwerte verletzt worden sind und ob der Standort der Anlage, von der die Beeinträchtigungen hervorgerufen werden, in Übereinstimmung mit dem Bauplanungsrecht genehmigt worden ist. Entscheidend ist die situationsbezogene Abwägung der tatsächlichen Verhältnisse[92]. Der Maßstab zur Beurteilung, ob die Beeinträchtigungen wesentlich sind, bestimmt sich - wie im privaten Nachbarrecht - anhand der differenziert objektiven

88 BVerwG JZ 1989, S. 237.

89 BVerwG, a.a.O., S. 238.

90 BVerwG JZ 1989, S. 237.

91 BGHZ 64, S. 220; BGHZ JZ 1991, S. 91 ff.

92 BVerwG JZ 1989, S. 951 (952).

Methode[93]. Unter Anwendung dieses Maßstabes entscheidet das BVerwG im Sportplatz-Urteil, daß der Beklagte die schädlichen Umwelteinwirkungen durch wirksame Maßnahmen zu verhindern hat. Erst bei Erfüllung dieser Auflagen wird er von den auferlegten Beschränkungen zur Nutzung des Sportplatzes befreit. Diese Maßnahmen dürfen nicht unverhältnismäßig sein[94].

Schlußfolgerung ist, daß die Einheit der Rechtsordnung sowohl hinsichtlich der geschützten Rechtsgüter als auch hinsichtlich der Wertungsmaßstäbe, die bestimmen, ob eine wesentliche Beeinträchtigung vorliegt, gewährt ist. Das wurde, nachdem die oben erwähnten Urteile ergangen waren, nochmals in einem BGH-Urteil, in dem es sich um die Lärmbeeinträchtigungen durch ein Volksfest handelte, bestätigt[95]. Im Interesse einheitlicher zivilrechtlicher und öffentlich-rechtlicher Beurteilungsmaßstäbe sollte der Kläger in einem Rechtsgebiet keine günstigere rechtliche Position als im anderen Rechtsgebiet bekommen[96]. *Gerlach* hebt in seiner Anmerkung zu diesem Urteil hervor, daß beide Seiten um einen Brückenschlag bemüht sind[97].

Die harmonisierende Rechtsprechung des BVerwG muß man im wesentlichen als gelungen bezeichnen. Die Spannungsfelder zwischen öffentlichem und privatem Nachbarrecht sind aufgehoben. Die dargestellte Rechtsprechung des BVerwG verdient dennoch in zwei Punkten Kritik. Erstens hinsichtlich der unter Umständen zu duldenden Beeinträchtigungen, zweitens bezüglich der Bestimmung der adäquaten Maßnahmen zur Beschränkung der grundsätzlich zu duldenden Einwirkungen.

2. Kritik an der Rechtsprechung

Infolge der Abwägung, die das BVerwG seinem Feueralarmsirene-Urteil zugrunde legt, wird der Gesetzesbegriff "schädliche Umwelteinwirkungen" (§ 3 I BImSchG)

---

93 Siehe zu diesem Maßstab oben S. 140. Das BVerwG spricht auch von einer "Güterabwägung" (BVerwG JZ 1989, S. 237 [238]; BVerwGE 51, S. 15 [29]).

94 BVerwG JZ 1989, S. 951 (954, 955).

95 BGH JZ 1991, S. 91 ff.

96 BGH, a.a.O.

97 BGH JZ 1991, S. 94 ff.

inhaltlich so bestimmt, daß unter Umständen Beeinträchtigungen zu dulden sind, die m. E. nicht mehr von diesem Begriff gedeckt werden. Im Grunde genommen gestaltet hier die Rechtsprechung der ordentlichen Gerichte anläßlich der Beeinträchtigungen, die von gemeinwichtigen Betrieben ausgehen, den Inhalt der gesetzlichen Begriffe "erhebliche Nachteile" und "erhebliche Belästigungen".
Die ordentlichen Gerichte erlauben einen über die Duldungsgrenzen des § 906 BGB hinausgehenden Bestandsschutz, soweit es sich um Beeinträchtigungen, die auf gemeinwichtige Betriebe Privater zurückzuführen sind, handelt. Dabei ist an die Lärm- oder Geruchsbelästigungen zu denken, die von einem Bus- oder Straßenbahnunternehmen ausgehen sowie Baulärm durch ein privates Bauunternehmen[98]. In solchen Fällen steht für den Betroffenen nur ein beschränkter Abwehranspruch auf Unterlassung einzelner Betriebsmaßnahmen oder auf die Errichtung von Schutzmaßnahmen zur Verfügung. Die Maßnahmen können nur insoweit verlangt werden, als sie ohne unzumutbare Aufwendungen und ohne wesentliche Änderungen und funktionelle Beschränkungen des Betriebes durchgeführt werden können[99]. Hier werden Eingriffe in private Rechte, zugunsten des öffentlichen Wohls, ohne gesetzliche Ermächtigung zugelassen. Die Rechtsprechung wird folglich auch zunehmend kritisiert[100].

Das BVerwG berücksichtigt bei der Abwägung der widerstrebenden Interessen auch die mit den Immissionen des öffentlichen Betriebes verbundenen allgemeinen Interessen. Bei der Beurteilung der Erheblichkeit darf der Alarmzweck der Sirene nicht unberücksichtigt bleiben[101].
Aus der Sicht der Harmonisierung des öffentlichen und Privatrechts ist dies verständlich und berechtigt. Auch die gemeinwichtigen Betriebe und die Betriebe der öffentlichen Hand sollten in einem Rechtsgebiet keine günstigere rechtliche Position als im anderen erhalten. Es ist aber schon die Frage, ob der gesetzliche Begriff der "schädlichen Umwelteinwirkungen" eine derartige Berücksichtigung der allgemeinen Interessen ermöglicht. Der Wortlaut des Gesetzes bietet dafür keine Basis.

98 BGH NJW 1984, S. 1242; BGH LM Nr. 28 zu § 906 BGB; BGH LM Nr. 27 zu § 906 BGB.

99 BGH NJW 1984, S. 1242; Palandt(-Bassenge), § 906 Rdn. 42.

100 Kritisch: Staudinger(-Roth), § 906 Rdn. 30; MüKo(-Säcker), § 906 Rdn. 112; Papier, NJW 1974, S. 1797 (1798); Soergel(-Bauer); § 906 Rdn. 66; RGRK(-Augustin), § 906 Rdn. 69.

101 BGH JZ 1991, S. 237 (238).

Nachteile, wie dargestellt vor allem Vermögensschäden, wie Kosten von Immissionsvorkehrungen[102] und Belästigungen, die sich auf Einwirkungen des körperlichen und seelischen Wohlbefindens beziehen[103], werden für den Betroffenen nicht weniger erheblich, wenn die verursachenden Betriebe dem allgemeinen Interesse dienen. In einem sehr viel älteren Urteil hat das BVerwG im Rahmen des § 5 BImSchG selber darauf hingewiesen, daß bei der Erheblichkeitsbestimmung allgemeine Interessen, wie drohende Arbeitslosigkeit, nicht berücksichtigt werden könnten[104].

Auch *Wagner*[105] übt im Punkt "Wesentlichkeit gleich Erheblichkeit" Kritik an der Rechtsprechung. Die Gleichsetzung führt nach seinem Dafürhalten dazu, daß immer, wenn eine störende Anlage verwaltungsrechtkonform betrieben wird, keine Möglichkeit mehr bestehe, dem Nachbarn mit zivilrechtlichen Mitteln zu Hilfe zu kommen. Liegt keine wesentliche Beeinträchtigung vor, so kann auch § 906 II BGB keine Anwendung finden. Auf die Errichtung von Schutzvorkehrungen und auf Schadensersatz kann dann nicht mehr geklagt werden. Weiterhin werden bei der Erheblichkeit auch planungsrechtliche Interessen, die dem Privatrecht grundsätzlich fremd sind, berücksichtigt. Die Erheblichkeit verpflichtet somit zur Duldung schwererer Beeinträchtigungen als die Wesentlichkeit. Die Harmonisierung beider Teilrechtsordnungen führt demzufolge dazu, daß das Privatrecht mit einem planungsrechtlichen Fremdkörper belastet wird, und am Ende steht der Nachbar sogar "zivilrechtlich praktisch rechtlos" dar[106].

Wagner ist insoweit recht zu geben, als eine zu weite Auslegung der Erheblichkeit zu einer Verkürzung des Eigentumsrechts führt, und diese Eigentumsbeschränkung nicht mittels einer verschuldensunabhängigen Schadensersatzpflicht ausgeglichen werden kann. § 906 II BGB ist nicht anwendbar. Damit weist *Wagner* auf eine zusätzliche Gefahr der oben kritisierten Einbeziehung der allgemeinen Interessen hin. Auch das BVerwG erkennt die Gefahr, indem es dem Betroffenen einen Anspruch

---

102 Siehe oben S. 140.

103 Siehe oben S. 140.

104 BVerwG DVBl. 1976, S. 790 ff.

105 Wagner, NJW 1991, S. 3247 ff.

106 Wagner, NJW 1991, S. 3247 (3248).

auf einen für Maßnahmen des passiven Lärmschutzes zweckgebundenen Geldausgleich gewährt[107]. Aus welchem rechtlichen Grund dieser Ausgleich gewährt wird, ist nicht ersichtlich.

Nicht zuzustimmen ist aber der Ansicht *Wagners*, daß der Ausweitung des Erheblichkeitsbegriffes *unberechtigte* planungsrechtliche Interessen zugrunde liegen. Die ständige Rechtsprechung des BVerwG, daß der Grundstückseigentümer am Rande des Außenbereiches nicht damit rechnen kann, daß in seiner Nachbarschaft keine umweltbelastenden Nutzungen angesiedelt werden können[108], ist namentlich auch aus privatrechtlicher Sicht nicht zu beanstanden. Sein Vertrauen jedoch, daß dort keine Nutzungen entstehen, die mit dem Wohnen *nicht mehr verträglich* sind, wird schließlich auch vom BVerwG geschützt[109]. Auch § 906 BGB sollte nicht als eine eiserne Regel mittels des Begriffes der Ortsüblichkeit einer Weiterentwicklung eines Gebietes im Wege stehen. Was nicht ortsüblich ist, soll es mal werden können. Freiräume kann in einem dichtbesiedelten Land keiner für sich in Anspruch nehmen. Eine solche freiraumbürgende Funktion des § 906 BGB kann man aber nur verhindern, wenn man die Einwirkungen als unwesentlich i.S.d. § 906 I BGB qualifiziert. Wesentliche, nicht ortsübliche Beeinträchtigungen sind schließlich zu unterlassen. Die Gleichschaltung des öffentlichen und Privatrechts ist auch hier gewünscht. Daß dabei eine vorherrschende Stellung der planungsrechtlichen Entscheidungen nicht zu befürchten ist, geht auch aus der Verordnung zum Schutz gegen Sportlärm hervor. Nicht die planungsrechtliche Eingliederung eines Gebietes ist letztendlich für die Zumutbarkeit einer Beeinträchtigung entscheidend, sondern die tatsächlichen Verhältnisse in diesem Gebiet[110].

Ein zweiter Kritikpunkt besteht darin, daß das BVerwG die Unterschiede zwischen § 906 II BGB einerseits und § 22 BImSchG andererseits, hinsichtlich der Maßnahmen zur Verhinderung und Verminderung der schädlichen Immissionen, im Feueralarmsirenen-Urteil vernachlässigt.

---

107 BVerwG, JZ 1989, S. 237 (239).

108 BVerwGE 71, S. 150 (157); BVerwG JZ 1989, S. 951 (953).

109 BVerwGE 71, S. 150 (157); BVerwG JZ 1989, S. 951 (953).

110 Siehe § 2 VI SportlSchVO unten S. 203.

§ 906 II BGB verlangt zur Verminderung wesentlicher, ortsüblicher Immissionen die Durchführung wirtschaftlich zumutbarer Maßnahmen. § 22 BImSchG fordert dementgegen, daß schädliche Umwelteinwirkungen verhindert werden, die nach dem Stand der Technik vermeidbar sind, und daß die nach dem Stand der Technik unvermeidbaren Beeinträchtigungen auf ein Mindestmaß beschränkt werden.

In der Rechtsprechung des BVerwG wird dieser Unterschied "weg harmonisiert". So führt das BVerwG aus: "Die öffentliche Aufgabe des vorbeugenden Brandschutzes, in deren Wahrnehmung herkömmlicherweise Alarmsirenen aufgestellt und betätigt werden, kann wirksam nur erfüllt werden, wenn gewährleistet ist, daß die Alarmanlage jederzeit zuverlässig und gleichmäßig funktioniert. Abwehransprüche können deshalb grundsätzlich nicht damit begründet werden, der Alarm könne *bei den heutigen technischen Möglichkeiten*[111] auch ohne Lärm, nämlich z.B. über Funk ausgelöst werden. Welche Art der Alarmierung die Gemeinde wählt, steht in ihrem Ermessen."[112] Obwohl auf diese Weise schädliche Umwelteinwirkungen nach dem Stand der Technik verhindert werden können, lehnt das BVerwG eine derartige Pflicht für die Gemeinde ab. Damit widerspricht diese Rechtsprechung den Anforderungen, die § 22 BImSchG an die Verhinderung und Vermeidung schädlicher Umwelteinwirkungen stellt.

3. Die Harmonisierung des Nachbarrechts mittels § 22 I und § 5 I Nr. 1 BImSchG

a) § 22 I BImSchG

Infolge der extensiven Interpretation des Anlagebegriffs in § 22 I BImSchG gibt es kaum Immissionskonflikte, die wohl von § 906 BGB geregelt werden, nicht aber von § 22 BImSchG[113]. Man könnte § 906 BGB weitgehend durch § 22 BImSchG ersetzen. Demzufolge würde man die kritisierte Immobiliarbezogenheit des § 906 BGB umgehen und zudem die Frage, ob und welche Maßnahmen vom Betreiber zu treffen sind, nicht mehr anhand der Begriffe der Wesentlichkeit, der Ortsüblichkeit

---

111 Hervorhebung vom Verfasser.

112 BVerwG JZ 1989, S. 237 (238).

113 Siehe oben S. 151 ff.

und der wirtschaftlichen Zumutbarkeit der Immission, entscheiden. Statt dessen würde man die Zumutbarkeit der Immissionen mittels des Erheblichkeitsbegriffes und der Vermeidbarkeit der Immissionen anhand des Maßstabes, was nach dem Stand der Technik möglich ist, bestimmen. § 22 I BImSchG hätte zudem als Schutzgesetz den Vorteil, daß der kritisierte Unterschied zwischen negativen und positiven Eigentumsbeeinträchtigungen keine Rechtsfolgen für den Rechtsschutz des einzelnen Grundstückseigentümers oder Besitzers mit sich bringen würde[114]. Wie ausgeführt, schützt das BImSchG auch vor negativen Beeinträchtigungen, wie dem Entzug von Licht und Luft[115]; der Eigentümer kann sich zu seinem Schutz auf diese Vorschriften berufen, wenn sie, wie im Fall des § 22 I BImSchG, drittschützend sind[116].

Der geschädigte Nachbar sollte sich zum Schutz seiner Interessen nicht auf § 906 BGB berufen, sondern sich auf § 22 I BImSchG als Schutzgesetz i.S.d. § 823 II BGB stützen. Wertungsdivergenzen zwischen dem öffentlichen und dem privaten Recht würden auf diese Weise aufgehoben. Die öffentlich-rechtliche Regelung wird ins Privatrecht transportiert.

Dieser Vorschlag würde auch im Bereich des Schadensersatzes nicht zu Problemen führen. Mittels des verkürzten Verschuldensbezuges und der im Kupolofen-Urteil entwickelten Beweislastumkehr[117] würde der Geschädigte nicht schlechter als im Rahmen des § 906 II BGB dastehen. Zudem kann er seinen Schadensersatzanspruch zusätzlich noch auf § 906 BGB stützen.

Gerade die Anerkennung des § 22 I BIMSchG als Schutzgesetz i.S.d. § 823 II BGB wird jedoch - wie erörtert - mittelbar vom BVerwG abgelehnt, da die Grundpflichten des BImSchG keine Bedeutung für das Verhältnis Bürger/Bürger hätten.

---

114 Siehe oben S. 61.

115 Siehe oben S. 151.

116 Palandt(-Bassenge), § 903 Rdn. 9, 15 ff.

117 Siehe oben S. 75.

Das ist merkwürdig. Dem § 22 BImSchG kommt nach der Schutznormtheorie drittschützende Wirkung zu. Er begründet, wie es auch das BVerwG vertritt[118], für den Nachbarn ein subjektiv-öffentliches Recht. Ob eine Vorschrift als eine Schutznorm zu betrachten ist und somit subjektive öffentliche Rechte begründet, entscheidet sich anhand der gleichen Voraussetzungen, nach denen festgestellt wird, ob von einem Schutzgesetz nach § 823 II BGB die Rede sein kann. Der Rechtssatz soll u. a. nicht nur dem Schutz öffentlich-rechtlicher Interessen dienen, sondern zumindest auch den Schutz der Interessen einzelner Bürger bezwecken[119]. Wenn das BVerwG die Schutznormen des BImSchG nicht als Schutzgesetze anerkennt, wird damit gleiches ungleich behandelt.

Wenn das BVerwG einerseits der Meinung ist, daß sowohl dem § 5 I Nr. 1 als auch dem § 22 I BImSchG drittschützende Wirkung zukommt[120], kann andererseits nicht deren Schutzgesetzcharakter nach § 823 II BGB abgelehnt werden.

Verschiedene ordentliche Gerichte haben demgegenüber die Vorschriften der §§ 5 I Nr. 1 und 22 I BImSchG bereits als Schutzgesetze anerkannt[121].

Das mögliche Gegenargument, daß § 906 BGB im Verhältnis zu § 22 I BImSchG eine privatrechtliche lex specialis darstelle, läuft schon deshalb leer, da § 22 BImSchG die jüngere Regel ist. Zudem fließen gerade die Wertungsmaßstäbe des BImSchG in § 906 BGB ein, und nicht umgekehrt. Mit dieser letzten Ansicht stimmt auch das BVerwG ein[122].

b) § 5 I Nr. 1 BImSchG

Im Zusammenhang mit der Harmonisierung des Immissionsschutzrechts der nicht-genehmigungspflichtigen Anlagen fragt man sich, ob man die drittschützende Vor-

118 BVerwG JZ 1989, S. 237 (238).

119 Siehe oben S. 51.

120 BVerwGE 65, S. 313 ff, BVerwGE 68, S. 58; BVerwGE 74, S. 315 (327).

121 OVG Münster BB 1976, S. 2199 (§ 5 I Nr. 1 BImSchG); LG Münster NJW-RR 1986, S. 947 (§ 5 I Nr. 1 u. 2 BImSchG); OVG Lüneburg BRS 32 Nr. 157, S. 283 (§ 22 I Nr. 1 BImSchG).

122 BVerwG JZ 1989, S. 231 (238).

schrift des § 5 I Nr. 1 BImSchG nicht zur Vereinheitlichung des Nachbarrechts der genehmigungspflichtigen Anlagen genutzt werden kann und genutzt werden sollte.

Oberhalb der Duldungsgrenzen des § 906 BGB hat der Gesetzgeber beide Teilrechtsordnungen bereits mittels der Präklusionsnorm des § 14 BImSchG vereinheitlicht. Unterhalb dieser Zumutbarkeitsschwelle verlangt das BImSchG die Beschränkung der nicht erheblichen Beeinträchtigungen nach dem Verhältnismäßigkeitsmaßstab, während § 906 II BGB wesentliche Immissionen im Gegensatz zum BImSchG zuläßt, wenn sie ortsüblich und nicht mittels wirtschaftlich zumutbarer Maßnahmen zu verhindern sind. Der betroffene Nachbar wäre, abgesehen von den Fällen des § 14 BImSchG, besser geschützt, wenn er seinen Anspruch auf § 5 I Nr. 1 BImSchG als Schutzgesetz i.S.d. § 823 II BGB stützen würde. Die gleichen Vorteile, wie bei § 22 BImSchG beschrieben, würden sich auch hier ergeben.

V. Die Sportanlagenlärmschutzverordnung

Abgesehen vom Namen der 18. Verordnung zum BImSchG - weshalb nicht einfach "Verordnung zum Schutz gegen Sportlärm"? - liegt aus der Perspektive des Zusammenspiels von öffentlich-rechtlichem und privatem Nachbarrecht eine gelungene Regelung vor.

Die von der Verordnung erfaßten Richtlinien haben nicht nur für die Sportlärmkonflikte eine Bedeutung. Vielmehr lassen die Vorschriften sich als eine allgemeine Regelung zur Bewältigung der Nachbarkonflikte verstehen. Es ist kurz zu erörtern, wie der Gesetzgeber den Konflikt des Sportlärms zu lösen hofft. Auf die geäußerte Kritik an der Rechtsprechung des BVerwG ist in diesem Zusammenhang zurückzukommen.
Die Verordnung bezieht sich auf bestimmte ortsfeste Sportanlagen, die gem. § 4 BImSchG nicht genehmigungspflichtig sind. Die Vorschriften der §§ 22 ff. BImSchG sind somit anwendbar. Die Verordnung basiert auf § 23 I BImSchG.

Bei der Errichtung und dem Betrieb des Sportplatzes dürfen die in § 2 SportlschVO festgelegten Immissionswerte nicht überschritten werden. Als Immissionen, die von einem Sportplatz ausgehen, gelten auch die des An- und Abfahrverkehrs, sowie des Zu- und Abgangs (§ 1 III SportlSchVO). Die weitere Ausarbeitung der Immissionsrichtwerte ist nuanciert. Sowohl den Interessen des Sportplatzhalters als auch denen der Nachbarn wird Rechnung getragen. So sind bei der Bestimmung der konkret vorliegenden Immissionswerte auch die Geräuschimmissionen anderer Sportanlagen einzubeziehen. Die Gesamtbelastung eines Gebietes durch Sportlärm wird somit berücksichtigt. Die Immissionswerte sind gestaffelt nach Gebiet, Tag- oder Nachtzeit und Uhrzeiten (§ 2 I, II SportlSchVO).

Wichtig ist, daß die Art der Gebiete sich in erster Linie aus den Festsetzungen des Bebauungsplans ergibt. Fehlt ein Bebauungsplan, dann ist die Art des Gebietes entsprechend seiner Schutzbedürftigkeit - Gewerbegebiet, reines Wohngebiet - zu bestimmen (§ 2 VI SportlSchVO). Eine eiserne Regel ist das jedoch nicht. Ausschlaggebend sind letztendlich die tatsächlichen Verhältnisse. Weicht die tatsächliche bauliche Nutzung im Einwirkungsbereich der Anlage erheblich von der planungsrechtlichen Benutzung ab, ist von der tatsächlichen Nutzung auszugehen. Die vorgesehene bauliche Entwicklung des Gebietes ist in dem Fall jedoch zu berücksichtigen (§ 2 VI SportlSchVO). Es gibt somit keine ausdrückliche Präklusion des öffentlichen Nachbarrechts. Im Mittelpunkt steht die Tatsache, daß die Nachbarn *jetzt* zusammenleben müssen. Dieser Konflikt ist zu lösen. Der Gesetzgeber allerdings hält die Tür zur baurechtlichen Weiterentwicklung offen. Der letzte Bewohner eines Wohngebietes kann, wenn dieses Gebiet in Zukunft industriellen Zwecken dienen soll, somit keinen Schutz verlangen, der die geplante Weiterentwicklung unmöglich macht. Der Betrieb einer Sportanlage in einem geplanten Industriegebiet - ehemaliges Wohngebiet - soll zum Schutz der letzten Bewohner dieses Gebietes nicht auf gleiche Weise wie in einem reinen Wohngebiet eingeschränkt werden können. Diese Marschrichtung scheint mir richtig zu sein.

Eine weitere, bei den tatsächlichen Verhältnissen ansetzende, Ausnahme der Regelung der Immissionswerte enthält § 2 III SportlSchVO. Werden trotz Einhaltung dieser Werte, innerhalb eines Gebäudes nachts bestimmte Geräusche hervorgerufen, dann sind, unabhängig von der Lage der Wohnung, Maßnahmen zu treffen. Das wichtigste Interesse des Nachbarn - seine Nachtruhe - wird somit immer geschützt.

§ 3 SportlSchVO enthält die verschiedenen vom Platzhalter durchzuführenden Maßnahmen zur Erfüllung seiner Pflichten nach § 2 I SportlSchVO. Die Auflistung ist nicht enumerativ. Erwähnt werden aktive und passive Lärmschutzmaßnahmen[123]. Hervorgehoben werden soll, daß die Verordnung den öffentlich-rechtlichen Sportplätzen kein besonderes Recht gewährt, weniger kostspielige oder aufwendige Maßnahmen zu treffen. Die Rechtsprechung des BVerwG im Feueralarm-Fall hat in der Verordnung keinen Halt gefunden[124].

Soweit es um die behördliche Festsetzung der Betriebszeiten geht, werden die Interessen der gemeinwichtigen Anlage jedoch schon besonders berücksichtigt. Die zuständige Behörde soll u. a. von einer Festsetzung der Betriebszeiten absehen, wenn es eine Sportanlage betrifft, die dem Schulsport oder der Durchführung von Sportstudiengängen an Hochschulen dient (§ 5 SportlSchVO9).

Kritik an der Regelung läßt sich jedoch in einem Punkt anbringen. So wurde nicht ausdrücklich bestimmt, daß die Einhaltung der Immissionswerte nicht immer zur Verhinderung wesentlicher/erheblicher Beeinträchtigungen ausreichen wird und daß die tatsächlichen Verhältnisse im Einzelfall letztendlich ausschlaggebend sind. Zwar spricht § 2 SportlSchVO von "Immissions*richt*werten" und weist § 4 SportlSchVO darauf hin, daß weitergehende Vorschriften zum Schutz gegen Lärm unberücksichtigt bleiben, eine Festlegung oder Hervorhebung dieses Grundsatzes wäre dennoch wünschenswert gewesen.

E. Zusammenfassung

Die Präklusionsnormen der §§ 14 BImSchG und 11 LuftVG sind privatrechtliche Rechtfertigungsgründe bezüglich der Einwirkungen die vom genehmigten Betrieb ausgehen. Sie gestalten das Privatrecht, indem sie für den Grundstückseigentümer erweiterte Duldungspflichten oberhalb der von § 906 BGB festgesetzten Grenzen begründen. Diese Grenzen können nur überschritten werden, wenn es sich um wesentliche, nicht ortsübliche Beeinträchtigungen handelt. Die wesentlichen, ortsüblichen Immissionen sind kraft § 14 BImSchG und § 11 LuftVG - ebenso wie in § 906 BGB - mittels wirtschaftlich zumutbarer Maßnahmen zu verhindern. Spannungen zwischen beiden Teilrechtsordnungen ergeben sich somit nicht. Die Fälle in denen

---

123 Aktive Maßnahmen beziehen sich auf die direkte Einwirkung, auf die Lärmquelle, passive sind Vorkehrungen im Immissionsbereich.

124 Siehe oben S. 200.

die Präklusionsnormen ihre Wirkung entfalten, sind äußerst selten. Zumal Flugplätze die Ortsüblichkeit i.S.d. § 906 BGB regelmäßig bestimmen.

Eine Erweiterung dieser Präklusionsnormen auf die beweglichen Sachen wurde befürwortet. Unbegründete Unterschiede zwischen der Rechtsstellung des Eigentümers unbeweglicher Sachen einerseits und des Eigentümers beweglicher Sachen andererseits wurden aufgehoben.

Hinsichtlich § 11 LuftVG wurden Zweifel an dessen Verfassungsgemäßheit geäußert. Die Interessen des Flugplatzanliegers werden im Genehmigungsverfahren nicht eindeutig den Erfordernissen der Verfassung entsprechend berücksichtigt.

Im Wasserrecht ist die Rechtslage komplizierter. Vertreten wurde die Ansicht, daß § 11 WHG, der grundsätzlich alle privatrechtlichen Abwehransprüche untersagt, eine Inhalts- und Schrankenbestimmung des Eigentums darstellt. Auch diese Präklusionsnorm hat wohl eher eine rein theoretische Bedeutung.

Das BVerwG erweiterte die privatrechtsgestaltende Wirkung des öffentlichen Rechts im Wasserrecht, indem es auch dem § 7 WHG - die wasserrechtliche Erlaubnis - eine präkludierende Bedeutung beigemessen hat. Da ersichtlich ist, daß die Rechtsposition des Dritten im öffentlichen Recht genauso gut geschützt ist wie dies im Privatrecht der Fall sein würde, wurde diese Rechtsprechung nicht abgelehnt.

Bezüglich der nichtgenehmigungspflichtigen Anlagen des BImSchG wurde festgestellt, daß es trotz aller Theorien, die die entgegengestellte Auffassung vertreten, grundsätzlich keine privatrechtsgestaltende Wirkung des öffentlichen Rechts gibt. Ausschlaggebend sind sowohl in der ständigen Rechtsprechung des BVerwG als auch in der des BGH immer die tatsächlichen Verhältnisse und nicht die planungsrechtlichen Entscheidungen. Dieses Bild ergab sich auch aus der nach der Rechtsprechung erlassenen Verordnung zum Schutz gegen Sportlärm. Kritik an der Rechtsprechung des BVerwG wurde in zwei Punkten geübt. Erstens hinsichtlich der Bestimmung der Erheblichkeit bzw. Wesentlichkeit einer Beeinträchtigung. Zweitens bezüglich der verlangten Maßnahmen zur Immissionsvermeidung. Entgegen der Auffassung des BVerwG wurde vorgeschlagen, den Grundpflichten des BImschG - indem man sie als Schutzgesetze i.S.d. § 823 II BGB betrachtet - auch eine privatrechtliche Bedeutung beizumessen, und so die Wertungsdivergenzen zwischen § 906 BGB einerseits und §§ 5 und 22 BImSchG andererseits zu umgehen.

§ 10 DIE PRIVATRECHTSGESTALTENDE WIRKUNG UND DER SCHADENSERSATZANSPRUCH

A. Einführung

Hinsichtlich der Schadensersatzfrage entsteht ein Spannungsverhältnis zwischen öffentlichem Recht und Privatrecht, wenn die Sorgfalt nach unterschiedlichen Maßstäben bestimmt wird, oder der Gesetzgeber mittels einer Präklusionsnorm dem einzelnen das Recht auf Schadensersatz zu klagen grundsätzlich untersagt. Zuerst ist die gesetzliche Präklusion zu erörtern, danach ist auf die nicht gesetzlich geregelten Spannungsverhältnisse einzugehen.

B. Die Präklusionswirkung des § 11 WHG

§ 11 WHG bestimmt, daß der Betroffene wegen nachteiliger Einwirkungen, die vom bewilligten Betrieb ausgehen, keinen Schadensersatz verlangen kann. Der Betroffene wird jedoch in dem Fall aufgrund § 22 III WHG entschädigt. Gerade weil diese Entschädigung gewährt wird, ist § 11 WHG im Einklang mit der Verfassung. Die Aufopferung der Rechtsposition wird mittels dieser Entschädigung kompensiert[1]. Zwar wird hier grundsätzlich das Recht auf Schadensersatz genommen, aber es wird durch ein inhaltlich kaum geringeres Recht ersetzt. Schadensersatzansprüche und Entschädigungsansprüche unterscheiden sich in ihrer Höhe nur geringfügig.

Bei genauerer Betrachtung der Vorschrift fragt man sich aber, welchen praktischen Sinn diese hat. Soweit ersichtlich, gibt es bislang in der Praxis keine Fälle, in denen die Vorschrift Anwendung gefunden hat. Grund dafür mag sein, daß das WHG im Rahmen dieser Problematik Vorschriften enthält, die sich gegenseitig ausschließen.

Einerseits bestimmt § 8 II 2 i.V.m § 3 II Nr. 2 WHG, daß die Bewilligung nur erteilt werden darf, wenn der zu bewilligende Betrieb nicht dazu geeignet ist, dauernd oder in einem nicht nur unerheblichen Ausmaß schädliche Veränderungen des Wassers herbeizuführen. Selbstverständlich werden derartige Beeinträchtigungen dennoch durch Umstände, die zur Zeit des Genehmigungsverfahrens nicht vorhersehbar

1 Vgl. oben S. 177.

waren, hervorgerufen. Diese Beeinträchtigungen stellen aber rechtswidrige Rechtsgutverletzungen dar. Der Betroffene kann denn auch gemäß § 10 II WHG Vorkehrungsmaßnahmen bzw. eine Entschädigung verlangen. In diesen Fällen findet § 22 WHG somit keine Anwendung, da er auf erlaubte Einwirkungen zielt.

Andererseits setzt § 22 III WHG voraus, daß eine nachteilige Änderung der Wasserbeschaffenheit vorliegt. Aber eine derartig nachteilige Wasserbeeinträchtigung darf - wie oben ausgeführt - eben nicht als eine rechtlich gebilligte Folge vom bewilligten Betrieb hervorgerufen werden.
Da zeigt sich der Widerspruch. Beide Voraussetzungen zur Anwendung des § 22 III WHG - nachteilige Wasserschädigung und bewilligter Betrieb - können nicht gleichzeitig erfüllt werden. Die Vorschrift des § 22 III WHG läuft somit leer.

C. Spannungen infolge unterschiedlicher Sorgfaltsmaßstäbe

I. Einführung

Wie schon im 6. Paragraphen festgestellt, ist die Schadensersatzpflicht verschuldensabhängig, und zwar bei der Haftpflicht nichtgenehmigungspflichtiger Anlagen des BImSchG und bei den schädlichen Umwelteinwirkungen, die vom Flugplatz i.S.d § 6 I LuftVG ausgehen. Allerdings nur dann, wenn dabei Schaden an beweglichen Sachen oder der Gesundheit entsteht. § 5 UmweltHG enthält eine verschuldensabhängige Haftpflicht für Sachschäden im allgemeinen. Zudem wurde dargestellt, daß die Haftpflicht verschuldensabhängig ist bei den Altlasten, der Erstattung von Schmerzensgeld und reinen Vermögensschäden. Eine haftpflichtbestimmende Bedeutung hat der Sorgfaltsnachweis auch bei höherer Gewalt und der Verteilung der Kausalitätsbeweislast.

Jetzt ist für die Fälle, in denen das öffentliche Recht mildere Maßstäbe an die Sorgfalt stellt als das Umwelthaftungsrecht, zu untersuchen, ob diese geringere öffentlich-rechtliche Sorgfalt die privatrechtliche gestaltet.
Derartige Spannungen können erstens auftreten, wenn die Anlage nach überholten Vorschriften weiter betrieben werden darf (Bestandsschutz). Zweitens, wenn die öffentlich-rechtliche Gefahreneinschätzung sich in der Praxis als verfehlt erweist. Drittens, wenn die Behörde den Betrieb trotz geänderter Umstände oder Einsichten

nicht zur Einhaltung strengerer Vorschriften verpflichtet, obwohl Schäden entstehen (Vollzugsdefizite).

In allen drei Fällen gibt es Wertungsunterschiede, wenn der verantwortliche Betreiber oder Inhaber zur Zeit der schädigenden Handlung nach privatrechtlichen Wertungsmaßstäben wußte oder hätte wissen müssen, daß sein öffentlich-rechtlich erlaubter Betrieb zu gefährlich war und Interessen Dritter schädigen konnte.

Es sei bereits jetzt darauf hingewiesen, daß die Spannungsverhältnisse unterschiedlicher Natur sind. Im Fall des Bestandsschutzes, hat sich die Behörde ausdrücklich zu der Frage geäußert, inwieweit die von der Anlage ausgehenden schädlichen Umwelteinwirkungen erlaubt sind. Im Fall der verfehlten Gefahreneinschätzung hätte die Behörde, wäre sie mit den neuesten Kenntnissen zur Zeit des Genehmigungsverfahrens vertraut gewesen, die Genehmigung der Anlage auch aus öffentlich-rechtlichen Gründen verweigert. Wie erörtert, sind die öffentlich-rechtlichen Betriebspflichten in der Regel strenger als die des Umwelthaftungsrechts[2]. Das gleiche trifft zu, wenn die Behörde das ihr zur Verfügung stehende gesetzliche Instrumentarium angewendet hätte.

Mit der Untersuchung der Spannungen im Fall verfehlter öffentlich-rechtlicher Gefahreneinschätzung und im Fall der Vollzugsdefizite ist zu beginnen. Danach ist die Bestandsschutzproblematik zu behandeln.

---

2 Siehe oben S. 168.

II. Das dynamische Privatrecht

1. Die verfehlte öffentlich-rechtliche Gefahreneinschätzung und die Vollzugsdefizite

Wenn man, wie die herrschende Meinung im öffentlichen Recht[3], der Ansicht ist, daß der Betreiber nicht eigenständig die von ihm einzuhaltenden Betriebspflichten nachzubessern hat, stoßen das statische öffentliche Recht und das dynamische Privatrecht aufeinander. Nach der herrschenden bürgerlichrechtlichen Rechtsprechung hat der Betreiber eine eigenständige, von öffentlich-rechtlichen Vorschriften unabhängige, Gefahrsteuerungspflicht. Ist es für den Betreiber nach objektiven Maßstäben vorhersehbar und vermeidbar, daß auch bei Einhaltung der genehmigungsrechtlichen Vorschriften rechtswidrige Schäden hervorgerufen werden, kann er sich nicht mittels des Nachweises, daß er seinen öffentlich-rechtlichen Betriebspflichten genügt hat, entschuldigen[4].

Es gibt somit eine außergesetzliche Pflicht zur Eigenüberwachung[5]. Der BGH führt in seinem Urteil von 23.09.1959, in dem er sich mit den Schäden, die von einer teilweise genehmigten Wassergewinnungsanlage hervorgerufen wurden, zu befassen hatte, ganz im allgemeinen aus: "Die polizeiliche Genehmigung hat ebensowenig wie andere Polizeierlaubnisse irgend einen Einfluß auf die privaten Rechte der Beteiligten."[6] So läßt sich der BGH bei seinem Urteil auch nicht entscheidend vom Inhalt der öffentlich-rechtlichen Vorschriften beeinflussen. Die öffentlich-rechtlichen Wertentscheidungen dienen nur als allgemeine Basis der Entscheidung. Aus-

---

3 Für das Wasserrecht G.W.C., § 1 a WHG Rdn. 19, § 7 a WHG Rdn. 7; Kloepfer/Brander, ZfW 1989/90, S. 1 (7). Für das Immissionsschutzrecht, Sendler, UPR 1990, S. 41; Sellner, FS. BVerwG 1978, S. 603 (615); Köckerbauer/Büllesbach, JuS 1991, S. 374. A. A. für hoheitlich betriebene Anlagen: Seiler, Die Rechtslage der nicht genehmigungsbedürftigen Anlagen i.S.d. §§ 22 ff. Bundesimmissionsschutzrecht, S. 94 ff.

4 Siehe oben S. 190, Fn. 69.

5 Siehe dazu auch Gerlach, Privatrecht und Umweltschutz im System des Umweltrechts, S. 103.

6 BGHZ 30, S. 382 (390).

schlaggebend sind - wie bereits bei dem Unterlassungsanspruch festgestellt wurde - letztendlich die tatsächlichen Verhältnisse[7].
Der BGH faßt diese Pflicht in klare Sätze. "Die Werte der TA-Luft sind allerdings nur ein allgemeiner Richtwert dafür, daß bei Einhaltung ihrer Emissionswerte schädliche Immissionen für die umliegenden Grundstückseigentümer verhindert werden. Die konkreten Verhältnisse können anders liegen; an ihnen hat sich der Emittent auszurichten. Zwar entlastet ihn die Einhaltung der Emissionswerte der TA-Luft regelmäßig von dem Verschuldensvorwurf, anderes kann sich indes ergeben, wenn den Emittenten besondere Umstände veranlassen mußten, daran zu zweifeln, daß die Beachtung der Werte der TA-Luft nicht ausreicht, um unzulässige Immissionen zu vermeiden."[8] Im Anschluß an diese Rechtsprechung führt das LG Münster in seinem Urteil v. 06.02.1986 aus: "Selbst wenn es zutrifft, daß für den 'Fachkenner' bekannt war, daß in Eisenoxidträgern Thallium enthalten sein konnte und daß die Gewerbeaufsicht M. als fachkundige Behörde von sich aus Überprüfungen hätte anstellen müssen, kann ein derartiges möglicherweise rechtswidriges Unterlassen - der zuständigen Genehmigungsbehörden die Bekl. als Verursacher selbst nicht von ihren Überwachungspflichten entlasten."[9]

Diese außergesetzliche Pflicht zur Eigenüberwachung gleicht die strukturellen Schwächen des öffentlichen Rechts - verfehlte Gefahreneinschätzung und Vollzugsdefizite - wenigstens für das Umwelthaftungsrecht aus. Diese Pflicht könnte in der Praxis möglich ein wichtiger Anreiz des Umwelthaftungsrechts zur Durchsetzung des Vorsorge- und Verursachersprinzips sein.

Festzuhalten ist, daß hier im Grunde genommen keine Wertungsdivergenzen zwischen beiden Teilrechtsordnungen auftreten. Die Unterschiede entstehen dadurch, daß die beiden Beurteilungen der Gefahrenlage zu unterschiedlichen Zeitpunkten erfolgen. Das öffentliche Recht bezieht sich in erster Linie auf die Erlaubnis der Gefahrsetzung, das Umwelthaftungsrecht auf die Erlaubtheit der Gefahrverwirkli-

---

7 BGHZ 46, S. 35 (40); BGHZ 69, S. 105 (117); BGHZ 70, S. 102 (111); OLG München BlGBW 1977, Bd. 127, S. 152.

8 BGHZ 92, S. 143 (152); vgl. auch BGHZ 70, S. 102 (111); LG Münster NJW-RR 1986, S. 947 ff; BGHZ 114, S. 273 ff; Steffen, NJW 1990, S. 1817 (1818).

9 LG Münster NJW-RR 1986, S. 947 (953). Vgl. auch LG Hechingen NJW 1987 S. 2749 (2750 l.Sp.).

chung. Würde man die Gefahrenlage zur gleichen Zeit, sowohl nach öffentlich-rechtlichen Maßstäben als auch nach privatrechtlichen Maßstäben beurteilen, würde man in der Regel zu dem Ergebnis kommen, daß das öffentliche Recht eher strengere Anforderungen an den Betrieb stellt und nicht weniger strenge als das Umwelthaftungsrecht[10].

Das öffentliche Recht gestaltet in den beschriebenen Fällen das Umwelthaftungsrecht nicht. Das Umwelthaftungsrecht gleicht die strukturellen Schwächen des öffentlichen Rechts aus.

2. Die Bestandsschutzproblematik

Bei der Bestandsschutzproblematik scheint es aber doch einen Widerspruch zwischen beiden Teilrechtsordnungen zu geben. Einerseits erlaubt das öffentliche Recht -die tatsächlichen Verhältnissen berücksichtigend - den Betrieb nach überholten Vorschriften, während andererseits die Einhaltung dieser Vorschriften nur zur Verhinderung der schwersten Rechtsgutverletzungen ausreicht. Infolge der erfolgsbezogenen Rechtswidrigkeit sind die verbleibenden, wesentlichen Rechtsgutverletzungen aus haftpflichtrechtlicher Sicht rechtswidrig[11].

Diese Wertungsdivergenzen sind nicht anhand des Gedankens, daß das öffentliche Recht zwar die Gefahrsetzung erlaubt, aber in der Regel damit nichts über die Erlaubnis der Gefahrverwirklichung sagt, zu lösen. Das öffentliche Recht gestattet hier nämlich gerade die Verwirklichung bestimmter, nicht immer unerheblicher Beeinträchtigungen. Nicht umsonst ist die Genehmigung nach dem BImSchG zur Verhütung oder Beseitigung schwerer Nachteile für das Gemeinwohl erst zu widerrufen und ist der Betrieb der nichtgenehmigungspflichtigen Anlagen erst zu untersagen, wenn das Leben oder die Gesundheit von Menschen oder bedeutende Sachwerte gefährdet werden[12].

---

10 Siehe oben S. 160 ff.

11 Zu der Problematik der erfolgs- oder handlungsbezogenen Rechtswidrigkeit siehe oben S. 85 ff.

12 Siehe oben S. 34 ff.

Der Einhaltung oder Verletzung dieser "bestandskräftigen" Vorschriften sollte bei dem Kausalitätsbeweis keine Rolle zukommen. Bei ihrer Einhaltung ist eben nicht anzunehmen, daß wahrscheinlich keine Rechtsgutverletzungen hervorgerufen werden können. Das gleiche trifft für den Beweis, ob höhere Gewalt vorliegt zu. Wenn die Vorschriften berücksichtigt worden sind, folgt daraus nicht zwingend, daß somit der Schaden auf höhere Gewalt zurückzuführen ist. Das öffentliche Recht sollte das Umwelthaftungsrecht hier nicht gestalten.

Der gestaltende Druck des öffentlichen Rechts wächst jedoch, wenn die Haftpflicht verschuldensabhängig ist. Aus umwelthaftungsrechtlicher Perspektive ist der Erfolg rechtswidrig, es fehlt aber möglicherweise - trotz Vorhersehbarkeit der Rechtsgutverletzung - an einem Verschulden; der Betrieb durfte eben nach überholten Vorschriften durchgeführt werden. Die vorliegende Rechtsgutverletzung wurde dabei bewußt in Kauf genommen.

Das Problem ist bis heute theoretisch. In der Praxis könnte es auftauchen, sobald im Rahmen des § 22 BImSchG bzw. § 5 UmweltHG und beim normalen störungsfreien Flugplatzbetrieb, infolge Luftverunreinigungen, Schäden an beweglichen Sachen entstehen.

Sofern in den oben erwähnten Fällen die Schadensersatzpflicht bezüglich Gesundheitsverletzungen verschuldensabhängig ist, führt der Bestand des Betriebes nicht zu Problemen. Der Bestandsschutz kann - wie erörtert - aufgrund der Verfassung nicht soweit gehen, daß gesundheitsschädigende Beeinträchtigungen geduldet werden müssen[13]. Schmerzensgeld kann aufgrund § 847 BGB nur gewährt werden, wenn eine Körper- oder Gesundheitsverletzung vorliegt. Wenn es keine erlaubte Gesundheitsverletzung geben kann, kommt das Problem auch bei der Erstattung dieser Schäden deshalb nicht zum Tragen.

Auch bei Altlasten kommt der Problematik keine Bedeutung zu. Altlasten sind in der Regel immobilienbezogen. Der Schadensersatz bei den von Immissionen herbeigeführten Altlasten richtet sich nach dem verschuldensunabhängigen Anspruch des § 906 BGB.

---

13 Siehe oben S. 35 ff.

Man kann die Wertungsdivergenzen auf zwei unterschiedliche Weisen lösen. Zum einen könnte man die Konstruktion eines Rechtfertigungsgrundes benutzen. Das öffentliche Recht gestaltet das Umwelthaftungsrecht, indem die Einhaltung der bestandsgeschützten Vorschriften einen Rechtfertigungsgrund darstellt. Dieser Rechtfertigungsgrund sollte durch eine verschuldensabhängige Schadensersatzpflicht abgedeckt werden. Die Aufopferung des Rechts wird in dieser Form entschädigt. Dazu sollte der Gesetzgeber - wie bereits befürwortet wurde[14] - für die Einwirkungen des bestandsgeschützten Flugbetriebes nur den Wirkungsbereich der Präklusionsnormen auf bewegliche Sachen erweitern. Für die übrigen Fälle wäre der richterrechtliche Aufopferungsanspruch anzuwenden.

Zum andern könnte die Rechtsprechung ein Verschulden des Betreibers annehmen, sobald die Rechtsgutverletzung vorhersehbar war. Eine wirkliche Lösung erfolgt dadurch jedoch nicht. Es bleibt eine gespaltene Rechtswidrigkeit. Das, was öffentlich-rechtlich ausdrücklich gebilligt wird, wird im Umwelthaftungsrecht als unerlaubt und unsorgfältig bezeichnet.

Nur der erste Vorschlag bietet eine Lösung. § 11 LuftVG wäre dazu auf bewegliche Sachen zu erweitern. Für die Schädigungen beweglicher Sachen, die von Anlagen i.S.d. § 22 BImSchG ausgehen, ist der Aufopferungsanspruch anzuwenden. Das gleiche gilt, soweit derartige Rechtsgutverletzungen auf den genehmigten Anlagebetrieb i.S.d. § 5 UmweltHG zurückzuführen sind. Nur so werden auch unbegründete Unterschiede im Haftungsrecht beseitigt. Infolge § 5 UmweltHG kann der Eigentümer einer beweglichen Sache seinen Schaden bei bestimmungsgemäßem Betrieb grundsätzlich nicht ersetzt bekommen, da es an einem Verschulden fehlt. Der Grundstückseigentümer kann sich im Fall wesentlicher, ortsüblicher Immissionen, infolge § 18 UmweltHG, noch auf § 906 BGB berufen. Er bekommt seinen Schaden verschuldensunabhängig ersetzt.

---

14 Siehe oben S. 182 ff.

III. Die gesetzliche Pflicht zur Eigenüberwachung

1. Das BImSchG und WHG

Auf den ersten Blick hat der Gesetzgeber die Entwicklung der außergesetzlichen Pflicht zur Eigenüberwachung mit der Einführung des UmweltHG abgelehnt. Wie erörtert wurde, beschränken die "besonderen Betriebspflichten" (§ 6 III UmweltHG) sich nach der herrschenden Meinung auf die öffentlich-rechtlichen Betriebspflichten[15]. Es sei aber daran erinnert, daß nach der hier vertretenen Auffassung dem Wortlaut der Vorschrift eben nicht zu entnehmen ist, daß die privatrechtlichen Betriebspflichten ausdrücklich ausgeschlossen sind[16]. Dennnoch setzen die folgenden Überlegungen bei der herrschenden Auffassung an.

Im Gegensatz zu der oben vertretenen Meinung, daß die Kausalitätsvermutung nicht bei den verfehlten Gefahreneinschätzungen der öffentlich rechtlichen Betriebspflichten oder den öffentlich-rechtlichen Vorschriften des bestandsgeschützten Betriebes ansetzen darf, da diese für die Ursachenvermutung nicht taugen, bestimmt das UmweltHG mit den "besonderen Betriebspflichten" das Gegenteil. Eine Pflicht zur Eigenüberwachung gibt es hier - wie gesagt - nicht mehr. Zwar schafft die Gefährdungshaftung stärkere Anreize zur Nachbesserung der Sicherheitsstandards des Betriebes als die verschuldensabhängige Haftpflicht, und wird der Inhaber der Anlage somit gefördert, auf eigene Initiative in Sicherheit zu investieren, im wichtigen Bereich der Kausalitätsvermutung aber findet die vom BGH entwickelte außergesetzliche Pflicht zur Eigenüberwachung ihre Grenze. Maßstab der Kausalitätsvermutung ist der Inhalt der öffentlich-rechtlichen Betriebspflichten. Dies gilt allerdings nur für die Anlagen, deren Haftpflicht sich nach dem UmweltHG richtet. Für die übrigen Betriebe wirkt das öffentliche Recht nicht Privatrecht gestaltend. Das könnte gerade in den Fällen, wo Rechtsgutverletzungen vermutlich auf den Betrieb unterschiedlicher Anlagen zurückgehen, zu nicht vertretbaren Unterschieden bei der Beweislastverteilung führen. Der Anlagenbetreiber, dessen Haftpflicht sich nicht nach dem UmweltHG richtet, hat infolge seiner außergesetzlichen Pflicht zur Eigenüberwachung die besonderen Umstände zu berücksichtigen, während der nach dem UmweltHG Haftpflichtige sie außer Betracht lassen kann.

---

15 Siehe oben S. 109.

16 Siehe oben S. 109.

Hier ist folglich die Ansicht zu vertreten, daß die außergesetzliche Pflicht zur Eigenüberwachung bereits eine gesetzliche Grundlage hat, womit die "besonderen Betriebspflichten" nicht weniger dynamisch sind als die privatrechtlichen Betriebspflichten. Somit ist nach dieser Ansicht nicht mehr von einer privatrechtsgestaltenden Wirkung die Rede, denn öffentliches Recht und Umwelthaftpflichtrecht stellen die gleichen Anforderungen.

Bei der Beantwortung der Frage, ob es im Rahmen des BImSchG auch Betriebspflichten ohne behördliche Konkretisierung gibt, wurde darauf hingewiesen, daß der Gesetzgeber die §§ 5 und 22 BImSchG als selbständige, unmittelbar an den Betreiber gerichtete Grundpflichten konzipiert hat[17]. Danach hat der Betreiber eigenständig den Betrieb der Anlage an die geänderten Umstände und den Stand der Technik anzupassen. Wie erörtert, haben diese gesetzlichen Pflichten zur Eigenüberwachung keine Folgen für den Inhalt der erteilten Genehmigung. Dieser verengt sich nicht automatisch, wenn der Betreiber seinen Betrieb nicht eigenständig an die geänderten Umstände oder den Stand der Technik anpaßt. Aus öffentlich-rechtlicher Sicht kann die Verschärfung der öffentlich-rechtlichen Betriebspflichten nur über § 17 BImSchG - nachträgliche Anordnungen - erfolgen[18]. Diese gesetzlichen Pflichten zur Eigenüberwachung entfalten aber schon ihre Wirkung im Haftungsrecht und dies nicht nur bei der Ursachenvermutung, sondern grundsätzlich in all den Bereichen, wo die Sorgfalt die Haftpflicht mitbestimmt.

Das gleiche trifft für das Wasserrecht zu. Wie gesehen, enthält das WHG mehrere gesetzliche Pflichten zur Eigenüberwachung (§§ 1 a II, 19 g II, 19 i II, 19 k, 26, 32 b, 34 II, WHG). Grund zu ihrer Kodifizierung war die Tatsache, daß die behördliche Überwachung der Anlagen nur mittels Stichproben erfolgen konnte und dem Betreiber somit auch aus öffentlich-rechtlicher Sicht deutlich gemacht werden mußte, daß letztendlich er derjenige ist, der für den bestimmungsgemäßen Betrieb die Verantwortung trägt. Die Verletzung dieser Pflichten ist - im Gegensatz zu den Grundpflichten des BImSchG - jedoch ordnungswidrig[19].

---

17 Siehe oben S. 157.

18 Siehe oben S. 34 ff.

19 Siehe oben S. 167 ff.

Es ist fraglich, ob den wasserrechtlichen Pflichten zur Eigenüberwachung im Haftungsrecht eine gleiche Bedeutung zukommt wie im BImSchG. Die Vorschriften haben nach der herrschenden Meinung keine drittschützende Wirkung. Zudem wurde festgestellt, daß die Ursachenvermutung im WHG bis jetzt vom BGH sorgfaltsunabhängig bestimmt wurde[20]. Beide Gründe stellen aber keine unüberwindbare Hürde dar. Der Schutz allgemeiner Interessen dient letztendlich auch dem Schutz des einzelnen. Die Ursachenvermutung des UmweltHG könnte im Wasserecht analog Anwendung finden.

Für die Bestandsschutzproblematik leistet der erörterte Lösungsweg jedoch nichts Zusätzliches. Die Tatsache, daß eine Anlage i.S.d. UmweltHG, infolge des Bestandsschutzes, nach milderen Vorschriften betrieben werden darf und diese Vorschriften, obwohl sie dazu nicht taugen, über die Anwendung der Ursachenvermutung entscheiden, kann nur als ein kraft Gesetzes erweiterter Bestandsschutz verstanden werden.

2. Das FluglärmG und LuftVG

Vorweg sei darauf hingewiesen, daß die Problematik der "besonderen Betriebspflichten" bei den Beeinträchtigungen, die vom Flugplatz ausgehen, keine Rolle spielt. Das UmweltHG ist hier - wie ausgeführt - nicht anwendbar. Wenn die Flugplätze - wie befürwortet wurde - in Zukunft im Anhang I zum UmweltHG aufgenommen werden oder die Rechtsprechung die Konstruktion der "besonderen Betriebspflichten" analog anwendet, stellt sich auch hier die Frage der privatrechtsgestaltenden Wirkung.

Eine gesetzliche Pflicht zur Eigenüberwachung bezüglich der Luftverunreinigung gibt es - wie gesehen - für den Flugplatzhalter nicht. Für die Überwachung der schädlichen Lärmeinwirkungen könnte man die nicht besonders ausgeprägte Vorschrift des § 29 b I LuftVG heranziehen[21].

---

20 Siehe oben S. 120.

21 Siehe oben S. 161 ff.

Dieser Vorschrift kommt für das Umwelthaftungsrecht jedoch keine besondere Bedeutung zu. Sie bleibt ein Programmsatz. Grund dafür ist nicht die fehlende drittschützende Wirkung - das Gegenteil ließe sich mit guten Argumenten vertreten -, sondern die Tatsache, daß der Staat die Überwachung des Flugplatzes an sich gezogen hat. Er ist aus umweltrechtlicher Sicht der Betreiber des Flugplatzes. Dem Flugplatzhalter verbleiben nur eine geringfügige Zahl untergeordneter Maßnahmen zur Beschränkung der Lärmimmissionen[22]. Er trägt zwar die deliktsrechtliche Verantwortung für die schädlichen Umwelteinwirkungen, die vom Flugplatz ausgehen, es ist ihm aber nicht gestattet, die effektiveren Maßnahmen zur Lärmbekämpfung durchzuführen. Der Staat hat darüber die Verfügungsgewalt. Der Flugplatzhalter ist nicht formell imstande, die Gefahr zu steuern, ist aber dennoch haftpflichtig[23].

Zum Schluß sei darauf hingewiesen, daß es bei schädlichen Luftimmissionen sogar für den Flugplatzhalter eine Pflicht zur Eigenüberwachung geben wird, wenn der § 11 des Umweltgesetzbuches, nach dem Entwurf von *Kloepfer* c.s., eines Tages in Kraft tritt. § 11 enthält eine Pflicht zur Eigenüberwachung, die man hier mit Recht als einen Schlußstein betrachten kann im Bogen, der vom öffentlichen Recht bis zum Privatrecht reicht.

"I. Der Betreiber einer umweltgefährlichen Anlage, der Einleiter von Schadstoffen in ein Gewässer, der Hersteller, Vertreiber oder gewerbliche Verwender eines umweltgefährlichen Produkts ist verpflichtet, Art, Dauer und Ausmaß seiner Emissionen, die Zuverlässigkeit der Einrichtungen zur Verminderung der Emissionen und Verhütung von Störungen oder die wesentlichen Verwendungen der von ihm hergestellten, in den Verkehr gebrachten oder verwendeten umweltgefährlichen Produkte auf Anhalts-

---

22 Siehe oben S. 162.

23 Vgl. OLG München, NuR 1991, S. 502. Dabei handelt es sich um Geräuschimmissionen durch Froschquaken. Frösche sind kraft des BNatSchG geschützt. § 20 f I Nr. 1 BNatSchG verbietet u. a., wildlebenden Tieren der besonders geschützten Arten nachzustellen, sie zu fangen, zu verletzen, zu töten oder ihre Entwicklungsformen zu beschädigen oder zu zerstören. Der Eigentümer des Grundstückes, auf dem sich die Frösche befinden, hat also nicht die Befugnis, diese von seinem Grundstück zu entfernen, dennoch ist er seinem Nachbarn gegenüber, dessen Grundstückseigentum durch den Lärm beeinträchtigt wird, schadensersatzpflichtig. Siehe Engelhardt, NuR 1992, S. 108 (112) m.w.N.

punkte für Umweltbeeinträchtigungen zu überprüfen. Besteht ein begründeter Verdacht, daß die Emissionen, Einrichtungen oder Produkte Umweltbeeinträchtigungen verursachen, so ist er verpflichtet, Art, Dauer und Ausmaß dieser Umweltbeeinträchtigungen laufend zu ermitteln.

II. Ermittlungen nach Absatz I sind nicht vorzunehmen, soweit sie technisch nicht möglich oder dem Verpflichteten nicht zumutbar sind."[24]

D. Zusammenfassung

Der gesetzlichen Präklusion des Schadensersatzanspruches kommt kaum eine Bedeutung zu, da der Betroffene statt Schadensersatz eine Entschädigung bekommt. Die Präklusion des § 11 WHG bildet hier zudem eine Leerhülse, da die Bestimmungen des § 11 WHG und § 22 III WHG einander widersprechen.

Es wurde weiter festgestellt, daß der BGH in den Fällen, die nicht gesetzlich geregelt sind, sich zur Bestimmung der im Einzelfall verlangten Sorgfalt an den zur Zeit der schadensverursachenden Handlung vorhandenen Kenntnissen und den weiteren Tatsachen des Einzelfalles ausrichtet. Im Kupolofen-Fall wurde diesbezüglich für den Betreiber eine außergesetzliche Pflicht zur Eigenüberwachung formuliert. Der Betreiber kann sich somit nicht zu seiner Entschuldigung darauf berufen, daß er die öffentlich-rechtlichen Betriebspflichten eingehalten hat.

Mittels dieser außergesetzlichen Pflicht zur Eigenüberwachung werden die strukturellen Schwächen des öffentlichen Rechts, wie die Vollzugsdefizite und die verfehlten Gefahreneinschätzungen, möglichst ausgeglichen und nicht in das Haftungsrecht importiert. Wertungsdivergenzen zwischen beiden Teilrechtsordnungen treten hier nicht auf. Anhand öffentlich-rechtlicher Maßstäbe würde man bei der Beurteilung des Falles aufgrund des Umwelthaftungsrechts nicht zu einer weniger strengen Betriebspflicht kommen.

Wertungsdivergenzen treten aber unter Umständen schon auf, wenn die Einwirkungen von bestandsgeschützten Anlagen ausgehen. Es wurde vorgeschlagen, diese

---

24 Umweltgesetzbuch - Allgemeiner Teil -, Umweltbundesamt, Berichte 7/90.

Fälle mittels einer Erweiterung der gesetzlichen Präklusionsnorm (§ 14 BImSchG) auf bewegliche Sachen zu lösen.

Auch wenn die "besonderen Betriebspflichten" nur als öffentlich-rechtliche Betriebspflichten zu verstehen sind, verliert das Umwelthaftpflichtrecht - außer im Fall des Bestandschutzes - seine Dynamik nicht. Eine privatrechtsgestaltende Wirkung liegt nicht vor. Wertungsdivergenzen treten nicht auf. Im BImSchG und WHG gibt es bereits verschiedene gesetzliche Pflichten zur Eigenüberwachung, die als "besondere Betriebspflichten" zu bezeichnen sind. Für den Flugplatzhalter fehlen derartige Pflichten hinsichtlich schädlicher Luftverschmutzungen. Die Pflicht zur Lärmbekämpfung stellt lediglich eine Leerhülse dar. Durch die Einführung einer gesetzlichen Pflicht zur Eigenüberwachung könnte man diese Regelungslücken ausfüllen.

§ 11 ZUSAMMENFASSUNG UND GESAMTWÜRDIGUNG

1. Ziel der Arbeit war es, die privatrechtsgestaltende Wirkung des öffentlichen Rechts im Umwelthaftungsrecht zu untersuchen. Wo entscheiden öffentlich-rechtliche Rechtssätze, ob mittels des Umwelthaftungsrechts auf Unterlassung oder auf Schadensersatz geklagt werden kann?
Genügt zum Ausschluß der Haftung nach dem Umwelthaftungsrecht, daß beim Betrieb einer Anlage öffentlich-rechtliche Betriebspflichten eingehalten worden sind?

Die Problematik befindet sich dogmatisch auf der Schnittstelle von öffentlichem Recht (die Verhältnisse Behörde/Betreiber und Behörde/Dritte) und Privatrecht (das Verhältnis Betreiber/Dritte). Die Untersuchung beschränkte sich dabei auf das Wasserrecht und das Immissionsschutzrecht.

Bei der zentralen Frage geht es nicht nur um die Einwirkungen genehmigungspflichtiger Betriebe, sondern auch um die Beeinträchtigungen, die von nichtgenehmigungspflichtigen Anlagen herrühren. Auch bezüglich der Errichtung und des Betriebs dieser Anlagen enthält das öffentliche Recht nämlich Vorschriften, die bestimmen, wie der Betrieb zu führen ist, damit keine unzumutbaren Umweltbeeinträchtigungen entstehen.

Aus praktischer Sicht ist die Problematik aus folgenden Gründen wichtig. Erstens wächst die verwaltungsrechtliche Regelungsdichte im Umweltrecht. Die Genehmigungsvorschriften enthalten dabei immer mehr handlungsgestaltende Normen. Zweitens wächst die Zahl der genehmigungspflichtigen Vorhaben. Die staatliche Kontrolle dehnt sich aus. Drittens sind die Investitionen in umweltschützende Sicherheitsmaßnahmen in den letzten 20 Jahren beachtlich angestiegen. Wegen der gestiegenen Investitionen und der wachsenden staatlichen Kontrolle wird die Frage, inwieweit der Betreiber auf die Genehmigungsvorschriften vertrauen kann, immer wichtiger.

2. In § 2 wurden die Grundbegriffe - öffentliches Recht, Privatrecht und die öffentlich-rechtlichen und privatrechtlichen Betriebspflichten - definiert. Danach erfolgte in § 3, zur Verdeutlichung des grundlegenden Verhältnisses vom öffentlichen Recht zum Umwelthaftungsrecht, eine Darstellung

bezüglich der Entwicklung der Grundrechte. Nachgewiesen wurde, daß infolge dieser Entwicklung das öffentliche Recht nicht nur den Schutz allgemeiner Interessen bezweckt, sondern gerade auch die Interessen des einzelnen schützt. Im Laufe der Zeit kam es zu einer Erweiterung des öffentlichrechtlichen Rechtsschutzes. Nicht nur mittels des Privatrechts, sondern auch aufgrund öffentlich-rechtlicher Abwehransprüche kann auf Unterlassung oder die Errichtung von Schutzvorkehrungen geklagt werden. Der präventive Rechtsschutz ist doppelgleisig.

3. In § 4 erfolgte eine inhaltliche Untersuchung der von beiden Teilrechtsordnungen geschützten Eigentumsrechte und des Rechts auf Leben und körperliche Unversehrtheit. Beim Schutz dieser Rechtsgüter setzen die unterschiedlichen Betriebspflichten an. Ihr Inhalt bestimmt die Strenge der verlangten Sorgfalt. Festgestellt wurde, daß es diesbezüglich zwischen beiden Teilrechtsordnungen keine wesentlichen Unterschiede gibt. Inhaltlich werden die Rechtsgüter gleich bestimmt.

4. Die Anspruchsgrundlagen des Umwelthaftungsrechts wurden in § 5 eingehend erörtert. Aus der Beschreibung folgte, daß die verschuldensunabhängige Haftung die Leitfigur des Umwelthaftungsrechts ist. Die im Mittelpunkt stehende Frage nach der privatrechtsgestaltenden Wirkung schien, zumindest für den Schadensersatzanspruch, überholt. Unterschiede zwischen Wertungsmaßstäben beider Teilrechtsordnungen sind im Fall einer verschuldensunabhängigen Haftpflicht unerheblich.

5. Darauf wurde in § 6 untersucht, wo der Sorgfalt für den Unterlassungs- und Schadensersatzanspruch (noch) eine haftungsbestimmende Bedeutung zukommt. Für den Unterlassungsanspruch ergab sich, daß die Sorgfalt zur Bestimmung der Rechtswidrigkeit immer noch wichtig ist. Obwohl die Rechtswidrigkeit erfolgsbezogen bestimmt wird, hat die Rechtsprechung in den bedeutendsten Fällen des Umwelthaftungsrechts die Einhaltung der Sorgfaltspflicht als Rechtfertigungsgrund anerkannt. Hinsichtlich des Schadensersatzanspruches wurde festgestellt, daß es - von § 5 UmweltHG abgesehen - verschiedene, vom Gesetzgeber wahrscheinlich nicht gewollte verschuldensabhängige Haftpflichten gibt. Die Schadensersatzpflicht ist auch verschuldensabhängig bei dem Ersatz reiner Vermögensschäden und der Erstattung von Schmerzensgeld. Zudem ergab sich, daß eine

Sorgfaltsverletzung bei der Haftpflicht für Altlasten eine Voraussetzung ist. Hier wächst jedoch die Zahl der Ausnahmen. Die Sorgfalt ist auch haftungsbestimmend bei dem Nachweis höherer Gewalt. Die praktisch wichtigste Bedeutung hat die inhaltliche Bestimmung der Sorgfalt beim Kausalitätsbeweis. Steht fest, daß der Betreiber den ihm obliegenden Sorgfaltspflichten genügt hat, findet ihm gegenüber die (gesetzliche) Ursachenvermutung keine Anwendung und erfolgt auch keine Umkehrung der Kausalitätsbeweislast.

6. Damit deutlich wird, welche Anforderungen beide Teilrechtsordnungen an die Sorgfalt des Betreibers stellen, wurden in § 7 die verschiedenen privatrechtlichen Betriebspflichten zur Emissions- und Immissionsbeobachtung sowie Immissionsvermeidung, anhand verschiedener Beispiele aus der Rechtsprechung, erläutert. Im Rahmen dieser Pflichten wird die Sorgfalt eines durchschnittlichen Betreibers verlangt. Die zu erbringende Sorgfalt wächst, wenn die Wahrscheinlichkeit der Gefahrverwirklichung größer wird. Eine Ausnahme enthält § 906 BGB. Danach ist nicht die Wahrscheinlichkeit der Gefahr entscheidend, sondern ob die Maßnahmen zur Verhinderung der Beeinträchtigung für den Betrieb wirtschaftlich zumutbar sind.

7. Im öffentlichen Recht (§ 8) wird keine geringere Sorgfalt als im Umwelthaftungsrecht verlangt. In vielen Fällen sind die Anforderungen an die Errichtung und den Betrieb einer Anlage besonders streng. Infolge des Vorsorgegebots müssen regelmäßig schon unterhalb der privatrechtlichen Gefahrenschwelle - bereits bei einem bloßen Gefahrenverdacht - Maßnahmen zur Emissionsvermeidung getroffen werden. Die Regelungen des BImSchG sind dabei von besonderer Bedeutung, da die Vorschriften der § 5 I Nr. 1 und § 22 I BImSchG drittschützende Wirkung haben. Der Betroffene kann sich somit im Haftungsprozeß - nach der hier vertretenen Auffassung - auf diese Vorschriften berufen. Obwohl auch das Wasserrecht besonders strenge Betriebspflichten kennt, sind diese weniger wichtig. Der einzelne kann sich nicht auf ihre Einhaltung berufen. Sie haben keine drittschützende Wirkung.

Für den Flugplatzhalter gibt es im öffentlichen Recht nur eine sehr unvollständige Regelung. Eine Pflicht zur Verhinderung von Luftbeeinträchtigungen fehlt. Hinsichtlich der Lärmbeeinträchtigungen enthält § 29 b I LuftVG nur einen Programmsatz, der nicht als Grundlage für behördliche Anordnungen dienen kann.

Bemerkenswert ist die unterschiedliche uneinheitliche Redigierung der öffentlich-rechtlichen Betriebspflichten. Wichtig sind die unmittelbar an den Betreiber gerichteten Pflichten, die zu ihrer Wirkung im öffentlichen Recht keiner behördlichen Konkretisierung bedürfen, und deren Verletzung zudem eine Ordnungswidrigkeit darstellt. Sie ähneln in Ausgestaltung besonders stark den privatrechtlichen Betriebspflichten. Grund für ihre Einführung war die Tatsache, daß die Behörden nicht im Stande sind alle Anlagen zu kontrollieren. Eine gesetzliche Pflicht zur Eigenüberwachung war daher notwendig.

8. In § 9 wurde die privatrechtsgestaltende Wirkung des öffentlichen Rechts für den Unterlassungsanspruch beschrieben. Die Präklusionsnormen des Immissionsschutzrechts sind besondere Rechtfertigungsgründe. Die Regelung des § 14 BImSchG steht im Einklang mit der Verfassung. Die verfassungsrechtlichen Positionen sind im Rahmen des § 11 LuftVG aber nicht ausreichend abgesichert. Eine Erweiterung der Präklusionsnormen auf bewegliche Sachen wurde befürwortet. Die Auffassung, daß diese Normen auch die öffentlich-rechtliche Unterlassungsklage präkludieren, wurde als verfassungswidrig abgelehnt.

Die Präklusionsnorm des § 11 WHG ist kein Rechtfertigungsgrund, sondern eine Inhalts- und Schrankenbestimmung des Eigentumsrechts. Sie untersagt nämlich alle privatrechtlichen Abwehrmöglichkeiten.

Im Bereich der nichtgenehmigungspflichtigen Anlagen wurden die verschiedenen Theorien bezüglich des Verhältnisses vom öffentlichen zum privaten Nachbarrecht beschrieben. Die Rechtsprechung des BVerwG und des BGH geht bei der Bestimmung der Zulässigkeit von Beeinträchtigungen dahin, gleiche Wertungsmaßstäbe zu benutzen. Eine Präklusion des öffentlichen Rechts wird nicht angenommen. Die Rechtsprechung wurde vom Verfasser positiv beurteilt. Dennoch weist diese, nach seiner Meinung, sowohl bezüglich der Bestimmung der Zumutbarkeit der Beeinträchtigungen als auch hinsichtlich der Sicherheitsmaßnahmen, die der Betreiber zu erfüllen hat, Schwachstellen auf. Zur weiteren Harmonisierung beider Teilrechtsordnungen wurde vorgeschlagen, § 22 I BImSchG und § 5 I Nr. 1 BImSchG als Schutzgesetz i.S.d. § 823 II BGB anzuwenden. Die Wertungsmaßstäbe des öffentlichen Rechts fließen dann in das Umwelthaftungsrecht ein. Wertungsdivergenzen werden somit aufgehoben. Zum Schluß wurde die Verordnung zum Schutz gegen Sportlärm besprochen. Auch hier hat der Gesetzgeber sich nicht zu einer Präklusion des öffentlichen Rechts entschlossen. Vielmehr werden die planungsrechtlichen Entscheidungen des öffentlichen Rechts gegenüber den tatsächlichen Verhältnissen gerecht abgewogen.

9. In § 10 wurde die privatrechtsgestaltende Wirkung des öffentlichen Rechts bezüglich der Schadensersatzfrage untersucht. Es wurden drei Fallgruppen unterschieden: I. Trotz Einhaltung der öffentlichen Betriebspflichten entsteht Schaden, da die diesen Pflichten zugrundeliegende Gefahreneinschätzung falsch war. II. Ein Betrieb wird nach überholten Vorschriften geführt, weil die Behörde eine Nachbesserung des Betriebes nicht gefordert hat. III. Ein Betrieb darf, infolge seines Bestandsschutzes, für eine bestimmte Frist nach überholten Vorschriften durchgeführt werden.

Hinsichtlich der beiden ersten Gruppen hat der BGH eine außergesetzliche Pflicht des Betreibers zur Eigenüberwachung angenommen. Er könne sich zu seiner Entschuldigung nicht auf die Einhaltung der öffentlich-rechtlichen Betriebspflichten berufen. Ausschlaggebend seien die tatsächlichen Verhältnisse. Nach denen sollte der Betreiber seinen Betrieb einrichten. Das öffentliche Recht gestaltet die privatrechtliche Sorgfalt hier somit nicht.

Nur für den Bestandsschutz wurde vertreten, daß die privatrechtliche Sorgfalt von den öffentlich-rechtlichen Betriebspflichten entscheidend geprägt werden kann. Die Einhaltung der Vorschriften bildet hier, im Fall einer verschuldensabhängigen Haftpflicht, einen Rechtfertigungsgrund. Die Hinnahme der Beeinträchtigung sollte durch einen Aufopferungsanspruch ausgeglichen werden.

Zum Schluß wurden die "besonderen Betriebspflichten" des § 6 III UmweltHG besprochen. Nach herrschender Meinung beschränken sich diese

Pflichten, die zur Annahme oder Ablehnung der Ursachenvermutung dienen, auf die öffentlich-rechtlichen Betriebspflichten. Die privatrechtliche Sorgfalt wird hier somit entscheidend vom öffentlichen Recht bestimmt. Der Gesetzgeber hat offenbar eine außergesetzliche Pflicht zur Eigenüberwachung hinsichtlich des Kausalitätsnachweises abgelehnt. Die tatsächlichen Verhältnisse sind nicht ausschlaggebend.

Es wurde jedoch auf die Konstruktion der öffentlich-rechtlichen Pflichten zur Eigenüberwachung zurückgegriffen, wie sie in § 8 für das Wasserrecht beschrieben wurden. Die Dynamik des Umwelthaftungsrechts beherrscht darin auch das öffentliche Recht. Auch die "besonderen Betriebspflichten" stellen dann auf die tatsächlichen Verhältnisse ab. Der Betreiber hat die Gefahrenlage eigenständig zu überwachen. Die Annahme derartiger Pflichten im Bereich des BImSchG bereitete keine Probleme. Das Spannungsverhältnis zwischen der Rechtsprechung des BGH und dem UmweltHG wurde auf diese Weise gelöst.

Für die Beeinträchtigungen, die von einem Flugplatz ausgehen, ist eine gesetzliche Pflicht zur Eigenüberwachung nicht nachweisbar. Folgen für das Haftungsrecht hat dies nicht. Das UmweltHG und die dort erfaßten "besonderen Betriebspflichten" sind nicht auf Lärmbeeinträchtigungen, die vom Flugplatz ausgehen, anwendbar.

Dem vorgeschlagenen § 11 des Entwurfs eines Umweltgesetzbuches wurde aber gerade wegen derartiger Unvollständigkeiten des öffentlichen Rechts zugestimmt. Diese allgemeine gesetzliche Pflicht zur Eigenüberwachung könnte man hier als Schlußstein betrachten im Bogen, der vom öffentlichen Recht bis hin zum Privatrecht führt.

10. Schlußfolgerung ist, daß der privatrechtsgestaltenden Wirkung des öffentlichen Rechts nur eine sehr geringe Bedeutung zukommt. Das Verhältnis beider Teilrechtsordnungen hat sich seit dem 19. Jahrhundert grundlegend geändert. Das öffentliche Recht dient nicht ausschließlich allgemeinen Interessen, sondern auch dem Schutz des einzelnen; es befaßt sich nicht nur mit der Förderung der Industrie, sondern auch mit dem Schutz der Umwelt. Das Bedürfnis an einer, die Rechte des einzelnen beschränkenden, privatrechtsgestaltenden Wirkung zum Schutz des Gewerbes ist weni-

ger groß. Infolge der strengen Anforderungen des öffentlichen Umweltrechts kommt den Präklusionsnormen eine immer geringere Bedeutung zu. Sie entwickeln sich zu Normen, die die Kompetenzverteilung zwischen Verwaltungsgerichten und ordentlichen Gerichten steuern. Der präventive Rechtsschutz wird im Wasserrecht unter Ausschließung des Privatrechts in das öffentliche Recht verlagert. Wenn im öffentlichen Recht zum Schutz des einzelnen das gleiche wie im Privatrecht geleistet wird, ist diese Entwicklung zu unterstützen. Wo zweimal das gleiche geboten wird, ist das einmal zu viel. Wenn man den Inhalt der Verordnung zum Schutz gegen Sportlärm und die Rechtsprechung des BVerwG zur Kenntnis nimmt, ist für das Immissionsschutzrecht nicht zu befürchten, daß die Verwaltungsgerichte die planungsrechtlichen Entscheidungen ohne weiteres über die tatsächlichen Verhältnisse obsiegen lassen.

Für den Schadensersatz ist festzuhalten, daß der Sorgfaltsbestimmung durch die Entwicklung der verschuldensunabhängigen Haftpflichten, trotz ihrer Bedeutung für die Beweislastverteilung bezüglich der Kausalität, eine immer geringere Bedeutung zukommt. Wertungsdivergenzen zwischen öffentlichem Recht und Umwelthaftungsrecht können so erst überhaupt nicht zum Tragen kommen. Dennoch gibt es in einzelnen Bereichen (Bestandsschutz und verschuldensabhängige Haftpflicht sowie, "besondere Betriebspflichten") erhebliche dogmatische Schwierigkeiten. Die Probleme ließen sich für die verschuldensabhängigen Haftpflichten lösen, indem man sie mittels eines Aufopferungsanspruchs in verschuldensunabhängige verwandelte. Eine gesetzliche Regelung wäre zu bevorzugen. Praktisch sind die Fälle aber unwichtig. Damit die außergesetzliche Pflicht zur Eigenüberwachung und somit die Dynamik des Umwelthaftungsrechts im UmweltHG auch beim Kausaltätsbeweis erhalten bleibt, ist § 11 des Entwurfs eines Umweltgesetzbuches einzuführen.

Sven Erichsen

Der ökologische Schaden im internationalen Umwelthaftungsrecht

Völkerrecht und Rechtsvergleichung

Frankfurt/M., Berlin, Bern, New York, Paris, Wien, 1993. X, 273 S.
Europäische Hochschulschriften: Reihe 2, Rechtswissenschaft. Bd. 1408
ISBN 3-631-46208-5 br. DM 79.--*

Ökologische Schäden sind in den letzten Jahren immer wieder durch spektakuläre Unfälle in das Bewußtsein der internationalen Öffentlichkeit gerückt worden (Sandoz-Brand, Öltankerunfälle z.B. Exxon-Valdez, Braer). Die vorliegende Studie untersucht die Frage, ob und in welchem Umfang die Verursacher für diese Schäden nach Völkerrecht und in nationalen Rechten haftbar gemacht werden können. Zu diesem Zweck wird nach einem Überblick über das bestehende internationale Haftungsrecht die vorhandene Staatenpraxis zum Haftungstatbestand und den Rechtsfolgen für ökologische Schäden analysiert. Diese ergibt, daß diese Schäden vom Verursacher ersetzt werden müssen. Es folgt eine Untersuchung der nationalen Haftungsnormen. Abschließend werden Methoden zur monetären Bewertung vorgestellt. Daraus wird ein Modell zur möglichst exakten Bemessung ökologischer Schäden entwickelt.

Aus dem Inhalt: Der Begriff des ökologischen Schadens · Das völkerrechtliche Haftungssystem · Tatbestand und Rechtsfolgen der Verursacher ökologischer Schäden · Ausgleich nach nationalen Vorschriften · Versicherbarkeit und Bemessung ökologischer Schäden

Printed by
CPI books GmbH, Leck

Kolibri 360 GmbH
Ferdinand-Jühlke-Straße 7
99095 Erfurt, Deutschland
produktsicherheit@kolibri360.de